面向新工科普通高等教育系列教材

PHP 动态网站开发实践教程

卢欣欣　李　靖　主　编
郭丽萍　林新然　副主编

机　械　工　业　出　版　社

本书共13章，系统讲解了PHP动态网站开发所涉及的技术和流程。主要内容包括PHP动态网页基础、PHP语法基础、数组、函数、数据交互、MySQL数据库、PHP操作MySQL数据库、会话技术、文件操作、图像操作、PHP面向对象编程、Git、志愿者服务网的设计与实现。

本书内容以项目需求为导向，循序渐进、深入浅出。每章均由知识点讲解和案例实践两部分组成，而“志愿者服务网”综合案例整合了动态网页的开发技术和完整流程，全书做到了叙述上的前后呼应和技术上的逐步加深。

本书既可作为高等院校“动态网站开发”“Web程序设计”等课程的教材，也可作为Web应用程序开发人员的技术参考书。

本书提供全部案例源代码、电子课件、课后习题答案、讲解视频、教案、教学大纲、教学进度表等教学资源，需要的教师可登录www.cmpedu.com免费注册，审核通过后下载，或联系编辑索取（微信：15910938545，电话：010-88379739）。

图书在版编目（CIP）数据

PHP动态网站开发实践教程/卢欣欣，李靖主编. --北京：机械工业出版社，2021.2（2023.8重印）
面向新工科普通高等教育系列教材
ISBN 978-7-111-67309-5

Ⅰ.①P… Ⅱ.①卢… ②李… Ⅲ.①PHP语言-程序设计-高等学校-教材 Ⅳ.①TP312.8

中国版本图书馆CIP数据核字（2021）第014863号

机械工业出版社（北京市百万庄大街22号 邮政编码100037）
策划编辑：胡 静 责任编辑：胡 静
责任校对：张艳霞 责任印制：郜 敏

北京富资园科技发展有限公司印刷

2023年8月第1版·第7次印刷
184mm×260mm·18.75印张·465千字
标准书号：ISBN 978-7-111-67309-5
定价：69.00元

电话服务
客服电话：010-88361066
010-88379833
010-68326294

网络服务
机 工 官 网：www.cmpbook.com
机 工 官 博：weibo.com/cmp1952
金 书 网：www.golden-book.com
机工教育服务网：www.cmpedu.com

前　言

百年大计，教育为本。习近平总书记在党的二十大报告中强调“教育、科技、人才是全面建设社会主义现代化国家的基础性、战略性支撑”，首次将教育、科技、人才一体安排部署，赋予教育新的战略地位、历史使命和发展格局。

计算机科学是建立在数学、物理等基础学科之上的一门基础学科，对于社会发展以及现代社会文明都有着十分重要的意义。程序设计语言是计算机基础教育的最基本的内容之一。

PHP 作为一种功能强大的 Web 编程语言，具有速度快、开源、跨平台、支持面向对象、支持多种数据库等优势，现已被广泛用于 Web 开发当中，并逐渐成为全球网站使用最多的脚本语言之一。目前，“动态网站”已成为大多数高校计算机科学与技术、软件工程、信息管理等专业的一门重要专业课程。

本书编者具有丰富的项目开发经验，以“从项目中来到项目中去”为主旨，从 PHP 动态网站开发所用到的基本概念入手，先后介绍 PHP 7.0 的语法基础、数组、函数、数据交互、MySQL 数据库、PHP 操作 MySQL 数据库、会话技术、文件操作、图像操作、PHP 面向对象编程、Git 等知识。按照“知识点讲解+示例解析+案例详讲+实践操作”的方式安排全书的章节内容，引导学生从理解到掌握，再到实践应用，有效培养学生的实践应用能力，与新工科的理念相吻合。在案例详讲阶段，按照“案例呈现+案例分析+案例实现”的方式，对前面所学知识点进行实践，使读者能够根据实际功能需求进行编程开发，培养学生的综合应用能力。本书具有以下特色。

（1）精选思政元素，通过志愿者服务网的设计与实现将“课程思政”元素有机融入教材，积极传递“政”能量，在培养学生软件开发综合能力的同时，引导学生树立正确的价值观。

（2）案例源于真实项目需求。例如，打印月历、学习时长统计、随机验证码生成、考试答题、商品浏览足迹、用户登录、文件管理器、相册管理器、网约车等，新颖实用，符合时代特色。

（3）每章均由知识点讲解和案例实践两部分组成，最后通过“志愿者服务网”综合案例将动态网页的开发技术和流程进行整合，涵盖了动态网站从需求设计到发布部署的完整流程，做到了叙述上的前后呼应和技术上的逐步加深。

（4）基于 PHP 7.0 版本进行讲解并引入常见的 Web 安全、Git 版本控制工具等相关知识，引导学生关注网络安全，培养安全编程、协调编程的思维，更贴合企业工作需求。

本书为读者提供全部案例源代码、电子课件、课后习题答案、讲解视频、教案、教学大纲、教学进度表等教学资源，并有 QQ 学习群，提供线上学习跟踪指导服务。

本书编写过程中，编者竭尽全力，力求为读者提供最好的教材和教学资源，但由于水平和经验有限，不足和疏漏之处在所难免，恳请各位专家和读者批评指正并提出宝贵意见和建议。联系邮箱是 luxinxin@zknu.edu.cn，教材 QQ 交流群：951427472。

编　者

目　　录

第 1 章　PHP 动态网页基础

PHP 是当前主流的一种开发动态网页的脚本语言，其具有代码开源、语法简单、跨平台等优点。本章主要讲解静态网页与动态网页、PHP 执行流程、PHP 环境的搭建以及 PHP 相关开发工具的安装与使用。

本章要点

- PHP 执行流程
- 搭建 PHP 运行环境
- PhpStorm 的安装与使用
- Xdebug 断点调试

1.1　静态网页与动态网页

静态网页和动态网页是两种不同的网页形式，其使用技术和执行方式均存在一定的区别，但各有自身的优势和应用场景。本节详细介绍两种网页形式的概念、异同及使用场景。

1.1.1　静态网页

静态网页通常是指使用 HTML、CSS、JavaScript、jQuery 等技术编写的网页，扩展名为 .html 或 .htm。早期的网页一般都是静态网页，静态网页适用于更新频率较低的宣传、展示性场景中，主要用于固定内容的展示，其内容可以包含文字、图片、音频、视频等，也可以借助 JavaScript 或 jQuery 等客户端脚本程序实现一些特效或客户端交互。

静态网页的“静”主要指不同的用户在不同的时间访问网页，网页的内容都是固定不变的。静态网页的缺点在于网页内容更新不方便，以及无法与用户实现交互，但也正是这样的特点使其具有响应速度快、安全性能高、可跨平台等优势。

1.1.2　动态网页

动态网页是与静态网页相对的一种网页呈现形式。在动态网页中除了包含静态网页的内容之外还包含一些实现特定功能的程序代码，这些程序代码可以实现用户与服务器端的交互，可以针对不同用户、不同请求动态生成并显示不同的网页内容。动态网页的优势主要体现在以下三个方面。

1）交互性：用户不再仅作为浏览者被动地接收网页中的信息，还可以参与到网页内容的建设中，如常见的发表评论、发布微博等交互功能。动态网页实现了用户与网站建设者之间的双向信息交流。

2）自动更新：动态网页中显示的内容大多是由存储在数据库中的数据动态生成的，当需要更新数据时，只需通过相应的后台管理程序将待更新的数据写入到数据库即可实现内容的更新，整个过程不需要修改网页的内容或制作新的页面。

3）可实现个性化服务：动态网页可以在不同的时刻针对不同的用户提供更有针对性的个性化服务。如图 1-1 所示的天气预报信息，用户在不同的时间访问这个程序，其数据都是动态变化的，且会根据用户的位置信息自动显示当前所处城市的天气信息。

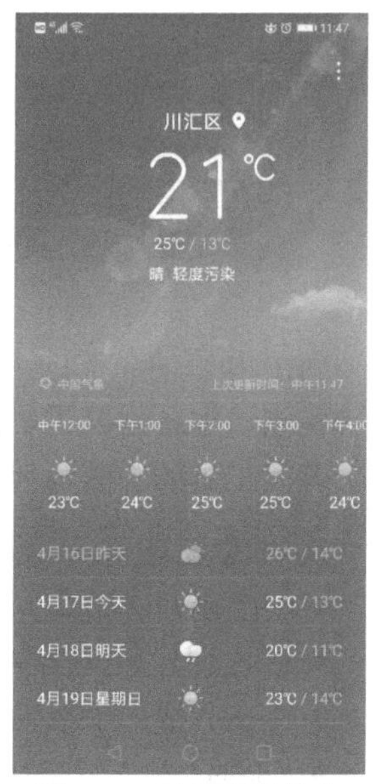

图 1-1　天气预报信息

1.1.3　静态网页与动态网页的区别

静态网页和动态网页的区别不在于“网页视觉的动”，而在于“网页内容的动”。不能误以为网页中有轮播图、滚动字幕、漂浮广告等能动的元素就是动态网页。两者的主要区别在是否使用动态网页技术和服务器端交互。下面从使用技术、文件类型、更新维护、交互性、响应速度对静态网页和动态网页进行比较，如表 1-1 所示。

表 1-1　静态网页和动态网页的区别

比较项目	静态网页	动态网页
使用技术	HTML、CSS、JavaScript、jQuery	在静态网页基础上加入 ASP、ASP. Net、PHP、JSP 等动态网页技术
文件类型	. html 或 . htm	. asp、. aspx、. jsp、. php 等
更新维护	需修改源代码，工作量大	数据库做支持，无须修改页面，更新维护方便
交互性	交互性差，用户被动接受	可实现更丰富的功能，在用户和网站建设者之间实现信息双向交流
响应速度	响应速度快	需在服务器端执行相应程序，进行数据库等操作，响应速度慢

但是，不能由此就认为动态网页比静态网页好。因为虽然动态网页在信息的更新维护上更加方便快捷，但动态网页技术和数据库操作也增加了访问过程中的时间开销，使请求过程由之前的“请求—响应”的方式变成了“请求—服务器端处理—响应”的方式，从而降低了响应速度。另一方面由于动态网页的交互性使其更易受到安全威胁。因此，在实际应用中通常结合两者的优点，采用动态网页静态化的方式进行优化处理以加快网页的访问速度和提高安全性。

1.2　PHP 概述

常见的动态网页开发技术有 ASP、ASP. Net、PHP、JSP 等，本书以 PHP 进行讲解。PHP（PHP：Hypertext Preprocessor，PHP：超文本预处理器）是一种通用、开源、HTML 内嵌式脚本语言，其语法混合了 C 语言、Perl 语言的特点。PHP 将程序嵌入到 HTML 文档中去执行，执行速度比 CGI 或者 Perl 更快，具有速度快、开源免费、跨平台、支持面向对象、支持多种数据库等优势，被广泛用在 Web 开发当中，并逐渐成为全球网站使用最多的脚本语言之一。

PHP 7+版本极大地改进了性能，在一些 WordPress 基准测试当中，性能可以达到 PHP

5.6 的 3 倍。同时在 PHP 7+中还新增了一些新特性，例如，标量类型与返回值类型声明、NULL 合并运算符、太空船运算符等。

1.3 PHP 执行流程

一个 PHP 程序的执行需要浏览器、Web 服务器、PHP 解析器、数据库服务器等共同协调完成。在整个执行过程中浏览器负责与用户交互，为用户提供一个输入、输出的界面。Web 服务器负责解析和响应 HTTP 请求。当 Web 服务器接收到浏览器的一个 HTTP 动态请求时，Web 服务器会调用与请求对应的资源文件，如果请求的是静态资源，那么直接返回给客户端；如果请求的是 PHP 文件，服务器则需要把 PHP 文件交给 PHP 解析器（php.exe）进行处理。程序经 PHP 解析器解释执行后，Web 服务器将 PHP 预处理之后的内容发送给浏览器作为 HTTP 响应，该响应是 PHP 文件解析后生成的 HTML 代码。浏览器收到该 HTTP 响应后，将执行结果渲染成一个具体的网页呈现给用户。PHP 执行流程如图 1-2 所示。

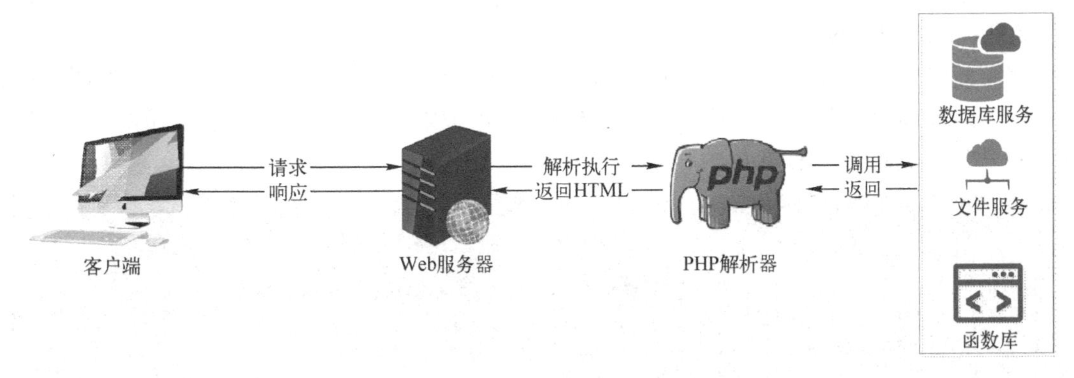

图 1-2　PHP 执行流程

1.4 使用 phpStudy 搭建 PHP 环境

1.4　使用 phpStudy 搭建 PHP 环境

搭建 PHP 运行环境需要安装配置 Apache、PHP、MySQL 等工具。为了简化 PHP 环境的安装与配置过程，现有很多 PHP 环境的程序集成工具包，工具包将 Apache、PHP、MySQL 等模块的安装与配置打包为一个安装程序或压缩包，用户可实现一键安装。PHP 工具包有 phpStudy、AppServ、XAMPP、WampServer 等，本节以 phpStudy 为例讲解 PHP 环境的搭建。

1.4.1 phpStudy 的安装与启动

phpStudy 是一款方便易用的 PHP 调试环境的程序集成包，本书使用的版本是 8.1，支持 Windows 和 Linux 系统，可以实现一键创建网站、FTP、数据库、SSL 等功能，同时支持安全管理、计划任务、文件管理、PHP 多版本共存及切换。

1. 获取 phpStudy

访问 phpStudy 的官方网站（https://www.xp.cn/download.html），如图 1-3 所示。在导

航栏中可选择 Windows 版或 Linux 版下载安装，在本书中选择 Windows 版本进行下载安装。

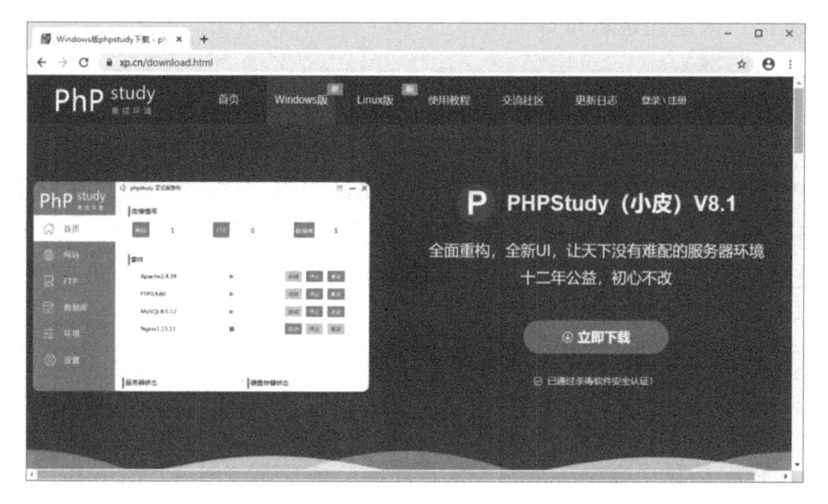

图 1-3　phpStudy 官网

2. 安装 phpStudy

将下载的安装包解压后，双击 phpstudy_x86_8. 1. 0. 1. exe 运行安装程序。在如图 1-4a 所示的安装界面中可单击“立即安装”按钮进行快速安装，也可以单击右下角的“自定义选项”选择安装路径，如图 1-4b 所示。

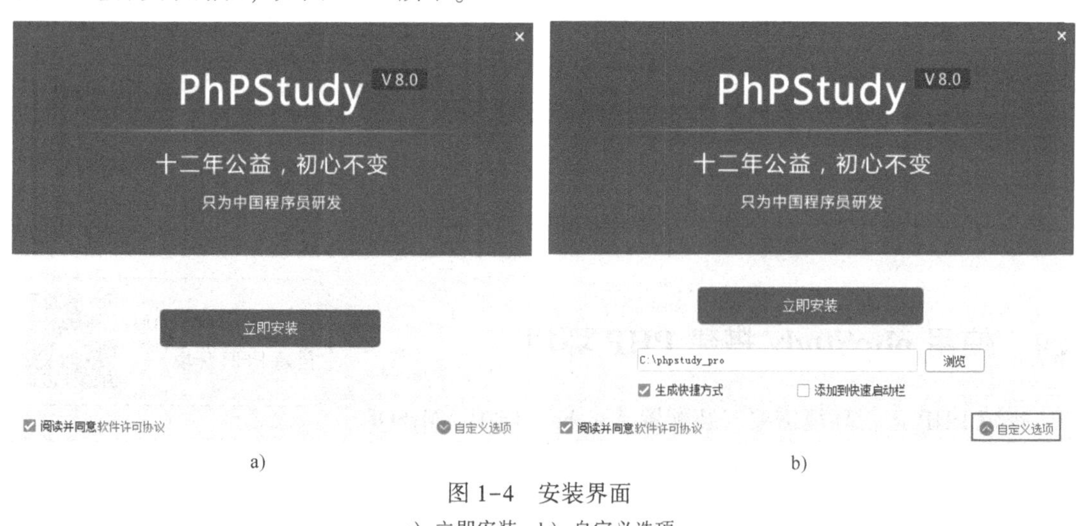

a)　　　　　　　　　　b)

图 1-4　安装界面

a）立即安装　b）自定义选项

程序的安装过程采用静默安装方式进行，安装过程中不需要做其他设置，安装过程如图 1-5 所示。程序安装完毕后单击“安装完成”按钮即可完成 Apache、PHP、MySQL 等 PHP 运行所需全部软件环境的安装，如图 1-6 所示。

3. 启动 phpStudy

安装完成后，双击桌面上的快捷方式启动 phpStudy，其主界面如图 1-7 所示。在主界面中包含了首页、网站、FTP、数据库、环境、设置六个功能模块。在“首页”中主要展示了服务器当前的整体情况，包含服务器当前搭建的网站、FTP、数据库的个数，服务器运行的状态、硬盘存储状态，以及对支持的各种服务的启动、停止、重启。

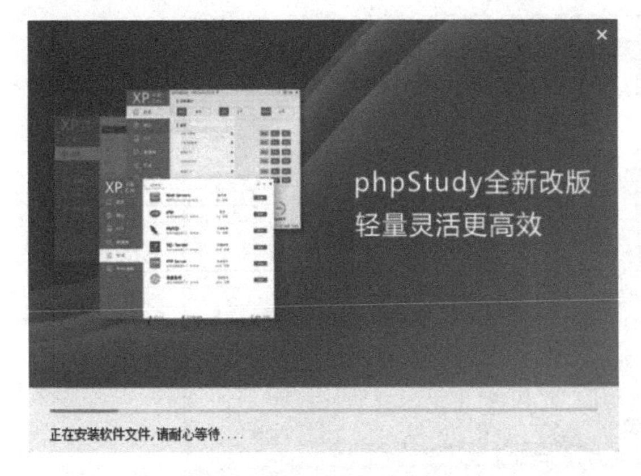

图 1-5　安装过程

图 1-6　安装完成

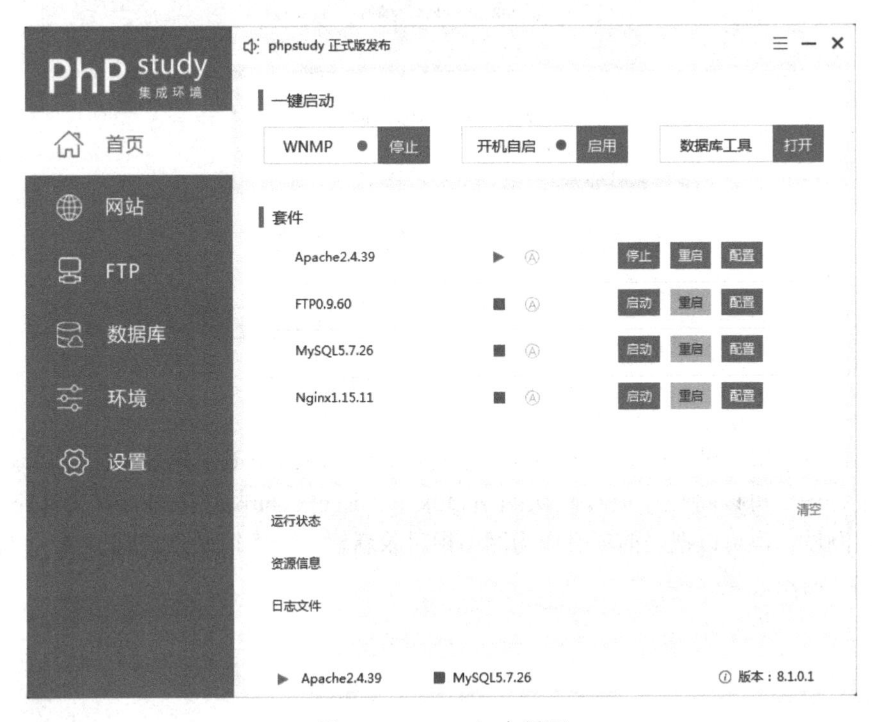

图 1-7　phpStudy 主界面

默认情况下 Apache 服务和 MySQL 服务是未启动的，在首页中单击对应的按钮即可启动相应的服务。Apache 服务启动后在浏览器中输入本地测试地址：http://localhost 或者 http://127.0.0.1 进行测试，如果出现如图 1-8 所示的提示页面即表示 PHP 环境安装成功。

如果在启动服务的过程中出现如图 1-9 所示的错误提示，则是由于缺少相关的 VC 运行库而引起的，根据当前操作系统类型、PHP 的版本、Apache 的版本下载安装对应版本的 VC 运行库即可。

1.4.2　目录结构

在 phpStudy 的安装目录下，COM 目录为 phpStudy 程序自身的文件目录；Extensions 目录为各种扩展套件的目录，主要包含了 Apache、FTP、MySQL、Nginx、PHP 等扩展套件；WWW

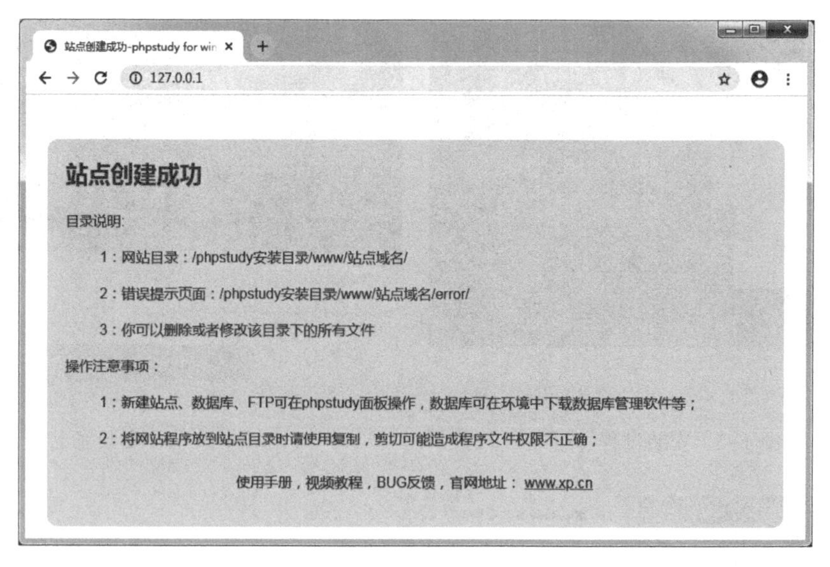

图 1-8　测试页面

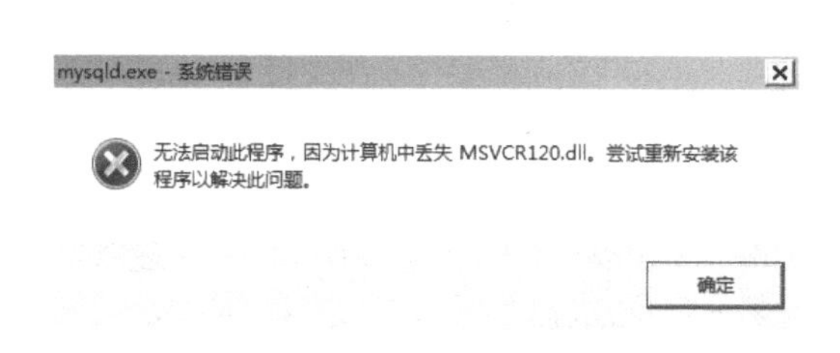

图 1-9　缺少 VC 运行库错误

目录为默认站点的根目录，即 http://localhost 或者 http://127.0.0.1 地址指向该目录。在程序开发调试过程中，可以将程序放在默认网站目录下，通过“http://localhost/文件路径”的形式进行访问测试，也可以把当前项目作为网站根目录新建一个虚拟站点进行测试。phpStudy 的目录结构如下所示。

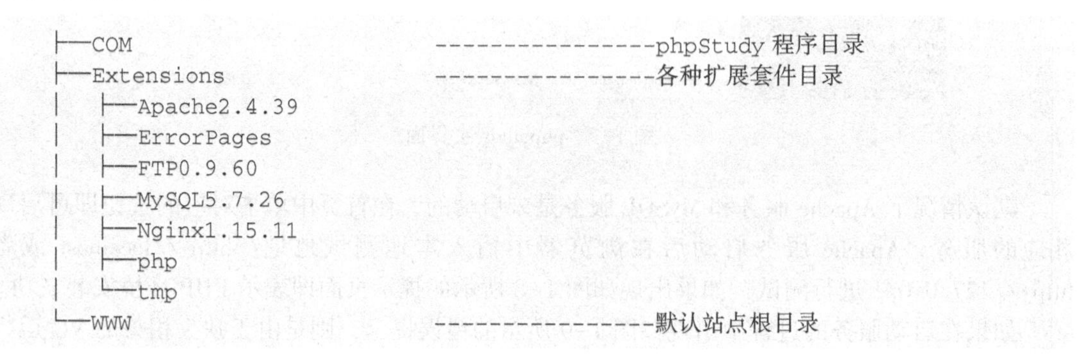

```
├──COM                          -----------------phpStudy 程序目录
├──Extensions                   -----------------各种扩展套件目录
│   ├──Apache2.4.39
│   ├──ErrorPages
│   ├──FTP0.9.60
│   ├──MySQL5.7.26
│   ├──Nginx1.15.11
│   ├──php
│   └──tmp
└──WWW                          -----------------默认站点根目录
```

1.4.3　创建虚拟站点

1. 创建本地网站

启动 phpStudy，单击左侧的“网站”选项，然后单击“创建网站”按钮，在弹出的“网站”对话框中填写网站的域名、选择网站根目录和 PHP 版本（注意：phpStudy 中的 PHP 版本与手动安装配置 PHP 环境时的版本不一致），其他选项保留默认值即可，最后单击“确认”按钮，Apache 服务会自动重启，然后完成新建网站的创建，如图 1-10 所示。

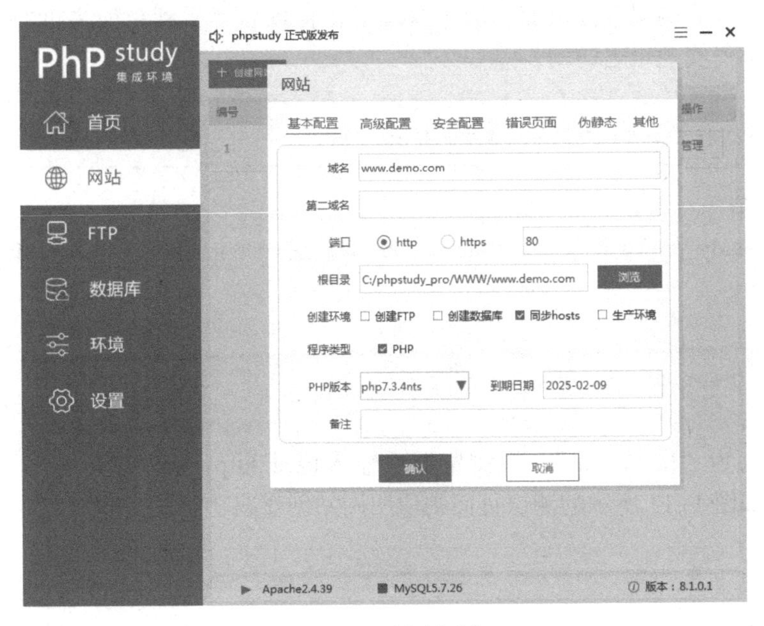

图 1-10　创建网站

📖 网站目录中不允许出现汉字，否则会造成 Apache 服务无法正常启动。

---

2. 添加本地解析记录

在创建网站的过程中填写的域名仅作为本地测试使用，可随意填写。在“创建环境”选项中默认“同步 hosts”选项是选中状态，这样会在创建网站的同时在 C:\Windows\System32\drivers\etc 下的 hosts 文件中增加一条域名本地解析记录。如果在创建网站时未选中“同步 hosts”选项则需要手工编辑 hosts 文件，在该文件末尾添加一条如图 1-11 所示的本地域名解析记录，这样才能实现在访问填写的域名时自动将其解析到 127.0.0.1，以便能够使用该域名访问创建的本地站点。

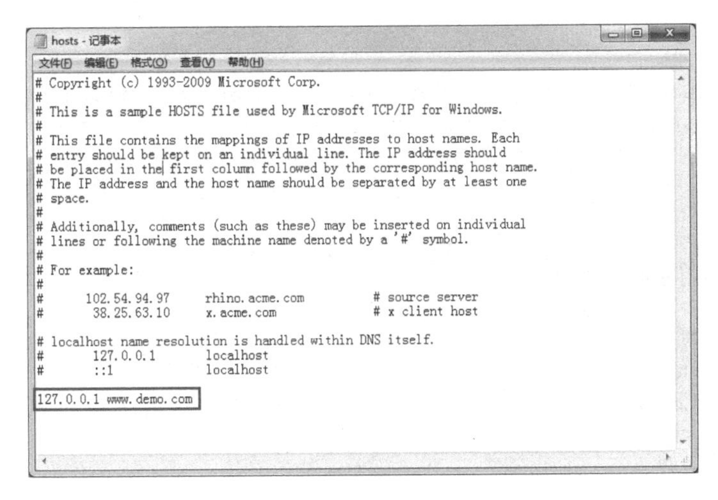

图 1-11　hosts 文件

如果填写的域名是已经在互联网服务提供商处注册的正式域名则不需要做本地域名解析，而需要通过互联网服务提供商的域名管理平台将域名解析到当前主机的公网 IP，待域名解析生效后即可实现域名访问。

📖 手工编辑 hosts 文件需要当前用户具有管理员权限。

---

3. 测试网站

在 C:\phpstudy_pro\WWW\www.demo.com 中新建一个记事本文件，在该文件中写入如下代码。

```
<?php
echo "hello world";
?>
```

将文件另存为“hello.php”，在浏览器中输入地址 http://www.demo.com/hello.php 进行测试，显示如图 1-12 所示的测试页面则说明网站创建成功。

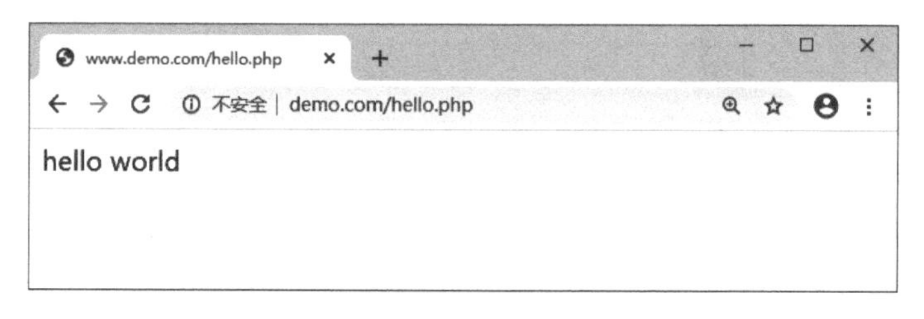

图 1-12　测试效果

实际上，创建站点的本质是在 Apache 的配置文件 vhost.conf 中新增了站点的相关信息，通过 phpStudy 可视化窗口创建的站点也同样会自动生成相关的配置信息，具体代码如下。

```
设置端口
<VirtualHost *:80>
    #指定网站根目录
    DocumentRoot "C:/phpStudy_pro/WWW/www.demo.com"
    #绑定域名
    ServerName www.demo.com
    ServerAlias
    FcgidInitialEnv PHPRC "C:/phpStudy_pro/Extensions/php/php7.3.4nts"
    AddHandler fcgid-script .php
    FcgidWrapper "C:/phpStudy_pro/Extensions/php/php7.3.4nts/php-cgi.exe".
php
#指定目录分配权限
  <Directory "C:/phpStudy_pro/WWW/www.demo.com">
      #允许使用分布式文件配置
      OptionsFollowSymLinks ExecCGI
      #支持重写
      AllowOverride All
      Orderallow,deny
      Allow from all
    #允许所有访问
    Require all granted
```

```
    </Directory>
</VirtualHost>
```

1.5　手动安装配置 PHP 环境

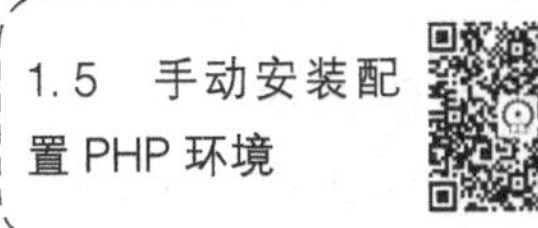

使用 phpStudy 软件可以快速搭建 PHP 运行环境，但手动安装 PHP 环境可以个性化配置 PHP 运行环境，同时有助于更深入地理解 PHP 内部结构和运行机制。本节主要介绍在 Windows 10 操作系统下手动安装与配置 PHP 运行环境。

1.5.1　PHP 的安装与配置

1. 获取 PHP

访问 PHP 的官方网站（https://windows.php.net/download/）获取 PHP 软件包，在如图 1-13 所示的下载页面中根据操作系统类型选择下载对应的版本，本节选择“VC15 x86 Thread Safe”版本。

📖 None Thread Safe 表示非线程安全，在执行时不进行线程安全检查；Thread Safe 表示线程安全，在执行时会进行线程安全检查，以防止一有新要求就启动新线程，浪费系统资源。

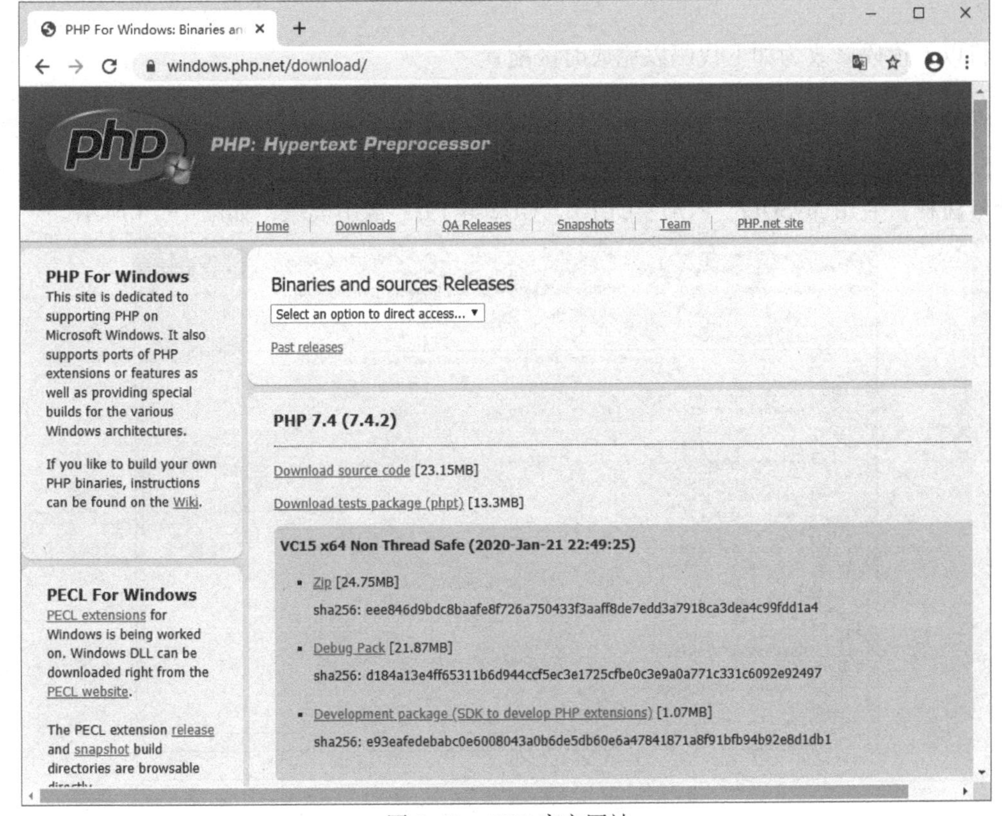

图 1-13　PHP 官方网站

2. 解压文件

在 C 盘根目录创建一个名称为 webServer 的文件夹，以此文件夹作为 PHP 环境的安装目录，将下载的“php-7.4.2-Win32-vc15-x86.zip”解压至 C:\webServer\php7.4 目录。

📖 每个版本的 PHP 都与相应版本的 Apache 配套使用，可以查看 PHP 目录下的 php*apache*.dll 文件，如 php7apache24.dll，说明与 PHP 7 对应的 Apache 版本为 2.4。

---

3. 配置 PHP

在 C:\webServer\php7.4 目录中包含了“php.ini-development”和“php.ini-production”两个预配置模板，其中前者适用于开发环境，后者适用于生产环境。需要修改配置模板中相关项以完成 PHP 的配置，具体操作如下。

1）复制 php.ini-development 并重命名为 php.ini。

2）用记事本或 Notepad++打开 php.ini 文件。

3）搜索“extension_dir”，找到如下代码。

```
;extension_dir = "ext"
```

将上面的代码修改为如下代码以完成扩展目录配置：

```
extension_dir = "C:\webServer\php7.4\ext"
```

4）搜索“date.timezone”，找到如下代码。

```
;date.timezone =
```

将以上代码修改为如下代码以完成时区配置。

```
date.timezone =PRC
```

5）搜索“Dynamic Extensions”找到 Dynamic Extensions 设置组，建议删除常用模块前的分号注释，启用 MySQLi、PDO、CURL、GD2 等 PHP 常用模块，如图 1-14 所示。

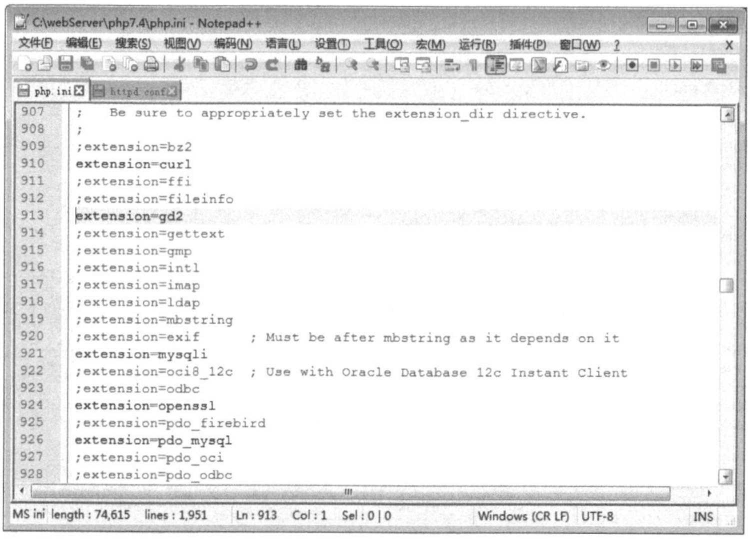

图 1-14　开启常用模块

📖 在 php. ini 配置文件中，分号表示注释。

1.5.2 Apache 的安装与配置

1. 获取 Apache

Apache 是 Apache 软件基金会发布的一款 Web 服务器软件，其官方网站提供软件源代码的下载，但是没有提供编译版本的下载，可以通过 Apache Lounge 网站（https://www.apachelounge.com/download/）进行下载，该网站提供了 VC14、VC15、VC16 等不同版本，如图 1-15 所示。本节选择“httpd-2. 4. 41-win32-VC15. zip”。

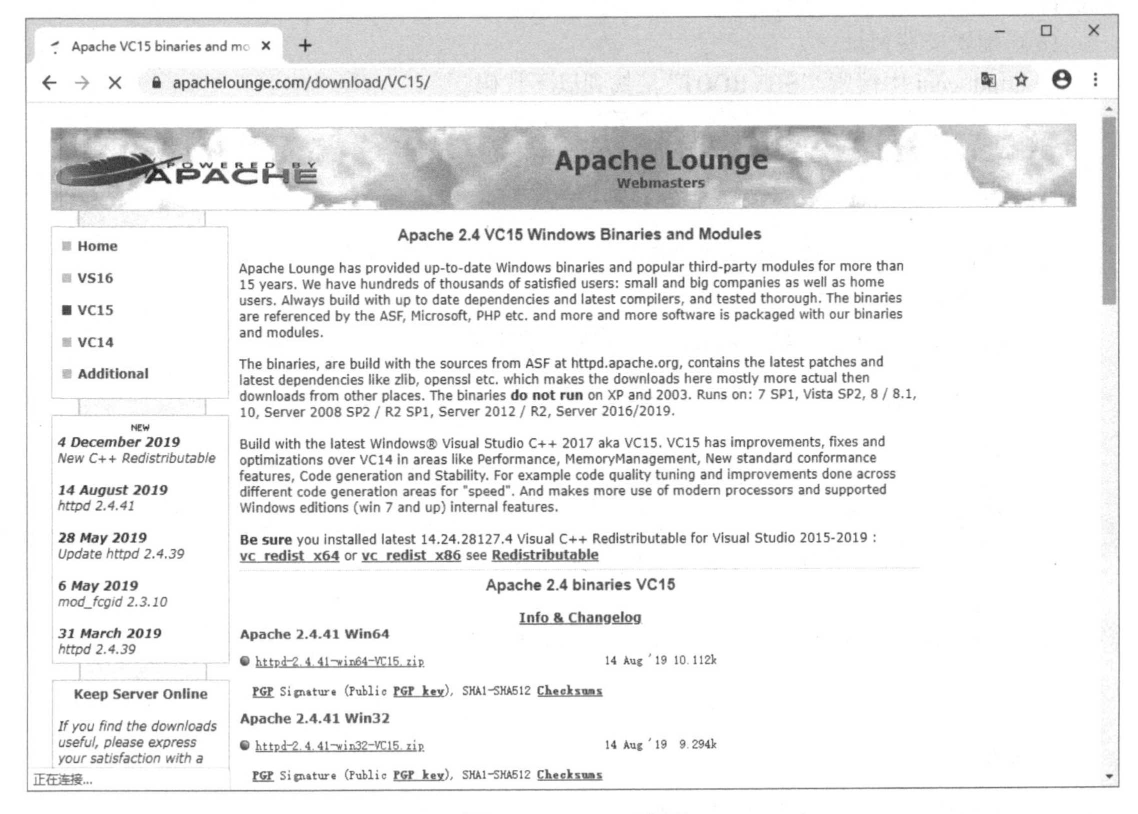

图 1-15 Apache 官网

📖 文件名“httpd-2. 4. 41-win32-VC15”中 httpd 表示软件名称，2. 4. 41 表示版本号，win32 表示适用于 32 位 Windows 操作系统，VC15 表示该包由 Visual Studio 2017 进行编译，需要安装 VC2017 运行库。

2. 解压文件

将压缩包“httpd-2. 4. 41-win32-VC15. zip”解压出的 Apache24 文件夹复制到 C:\webServer。Apache24 文件夹中部分目录说明如表 1-2 所示。

表 1-2 Apache24 部分目录说明

目录名称	说　明
conf	配置文件目录

（续）

目录名称	说　　明
htdocs	默认站点根目录
bin	可执行文件目录，例如，httpd. exe、ApacheMonitor. exe
modules	动态加载模块目录
logs	日志文件目录，例如，访问日志 access. log、错误日志 error. log
manual	帮助手册目录

3. 配置 Apache

在安装 Apache 前，需要修改 conf 文件夹中 httpd. conf 配置文件中的相关项，以完成相应的配置工作。

（1） 配置安装目录

在 httpd. conf 中搜索 "SRVROOT"，找到以下代码。

```
Define SRVROOT "c:/Apache24"
```

修改为：

```
Define SRVROOT "c:/webServer/Apache24"
```

（2） 配置服务器域名

在 httpd. conf 中搜索 "ServerName"，找到以下代码。

```
#ServerName www.example.com:80
```

修改为：

```
ServerName www.demo.com:80
```

同时，参照 1. 4. 3 节在 hosts 文件中增加相应的本地域名解析记录。

（3） 配置默认主页

在 httpd. conf 中搜索 "DirectoryIndex"，找到以下代码。

```
DirectoryIndex index.html
```

修改为：

```
DirectoryIndex index.html index.php
```

指定文件列表后，Apache 能够按照优先级自动访问、打开这些文件。

（4） 引入 PHP 模块

为了能够正常解析 PHP 文件，需要在 Apache 中设置 PHP 本地路径、引入 PHP 接口和支持模块、添加 PHP mimeType 类型。在 httpd. conf 中添加如下代码。

```
#设置 PHP 在本地的物理路径
PHPIniDir "C:\webServer\php7.4\"
#导入 PHP7 接口
LoadFile "C:\webServer\php7.4\php7ts.dll"
#导入 PHP7 支持模块
loadModule php7_module "C:\webServer\php7.4\php7apache2_4.dll"
#添加 PHP 的 mimeType 类型,使 Apache 能正常解析 PHP 文件
```

```
<IfModule mime_module>
    #下面代码中 .php 前有一个空格
    AddType application/x-httpd-php .php
</IfModule>
```

📖 在 httpd. conf 配置文件中，#号表示注释。为防止由于配置文件修改错误而造成无法启动 Apache 服务，修改配置文件前建议先备份。

4. 安装 Apache

Apache 的安装指的是将其安装为 Windows 系统的服务项，可以通过 bin 目录下的 Apache 服务程序 httpd. exe 进行安装，具体步骤如下。

1）单击“开始”菜单，选择“所有程序”→“附件”命令，在“命令提示符”上右击，在弹出的快捷菜单中选择“以管理员身份运行”命令，进入“管理员：命令提示符”窗口。

2）输入以下命令，将操作目录切换至“C:\webServer\Apache24\bin”。

```
cd C:\webServer\Apache24\bin
```

3）输入以下命令进行安装，提示“The ‘Apache 2. 4’ service is successfully installed”即表示安装成功，如图 1-16 所示。

```
httpd.exe -k install
```

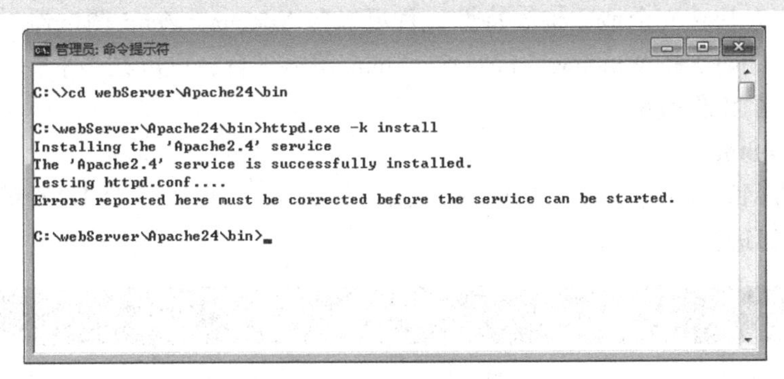

图 1-16　Apache 服务安装成功

4）启动服务。安装 Apache 服务之后，可以在“管理员：命令提示符”窗口进入 C:\webServer\Apache24\bin 目录并执行以下命令启动服务。

```
httpd.exe -k start
```

此外，也可以使用 Apache 提供的服务监视工具“ApacheMonitor”来管理 Apache 服务。运行 C:\webServer\Apache24\bin 下的 ApacheMonitor. exe，在系统任务栏右下角状态栏出现的图标上右击，在弹出的快捷菜单中选择“Open ApacheMonitor”命令打开如图 1-17 所示的管理界面，可以对 Apache 服务进行开启、停止、重启等操作。

📖 进入“管理员：命令提示符”窗口安装 Apache 服务时必须使用管理员模式，否则会提示“Failed to open the Windows service manager”错误，且安装 Apache 服务前必须先安装对应版本的 VC 运行库。

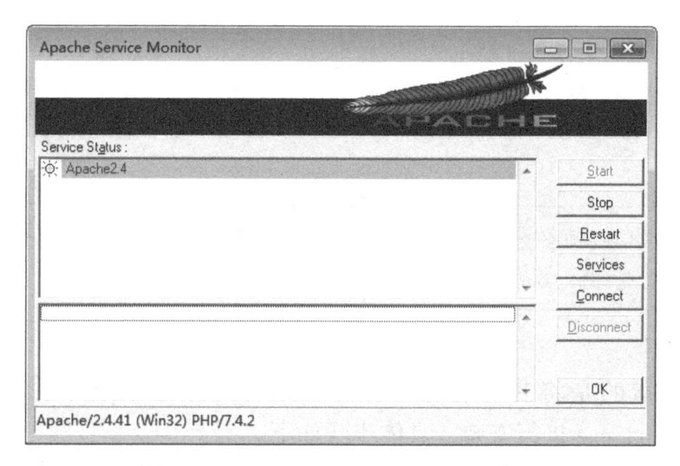

图 1-17 “Apache Server Monitor” 窗口

1.6 PhpStorm 的安装与使用

1.6 PhpStorm 的安装与使用

工欲善其事，必先利其器。一款好的开发工具不仅能够提高代码的编写效率，更有利于在开发过程中调试排错。PhpStorm 是由 JetBrains 公司开发的一款功能强大的 PHP 集成开发工具。该工具可深刻理解用户的编码，具有智能代码辅助、智能代码导航以及快速安全地重构等特性，且可以与 Xdebug、Zend 调试器一起工作实现轻松调试和测试；同时支持 Windows、macOS、Linux 等多平台，可以在多平台上协作办公，大大提高开发人员的工作效率。

1. 获取 PhpStorm

访问其官方网站 https://www.jetbrains.com/phpstorm/，在如图 1-18 所示的页面中单击“Download”按钮进行下载。

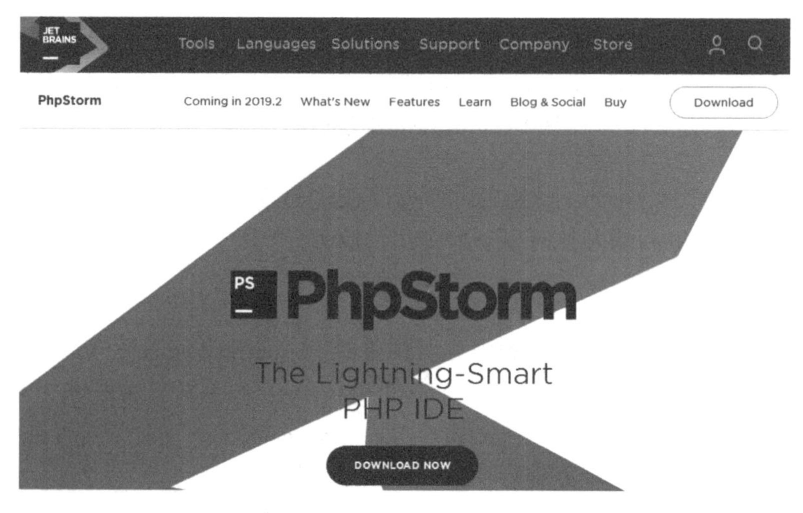

图 1-18 PhpStorm 官网

2. 安装 PhpStorm

1）开始安装。双击运行下载的安装程序 PhpStorm-2019.1.3.exe，在如图 1-19 所示的安装欢迎界面中单击“Next”按钮开始安装。

2）选择安装目录。默认安装目录为 C:\Program Files\JetBrains\PhpStorm 2019.1.3，如需更改安装目录则单击“Browse”按钮进行选择，否则单击“Next”按钮继续安装，如图 1-20 所示。

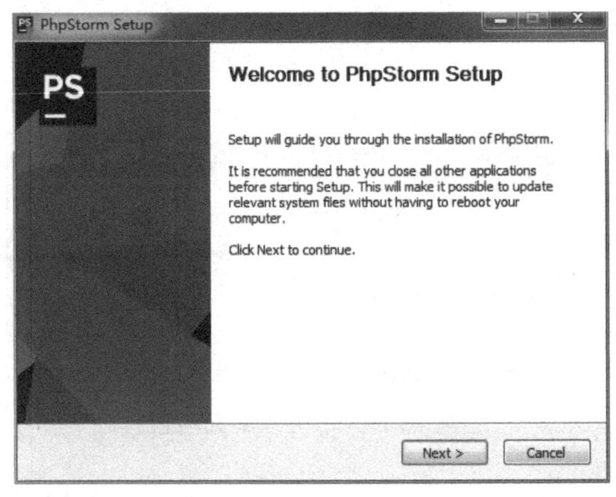

图 1-19　欢迎界面

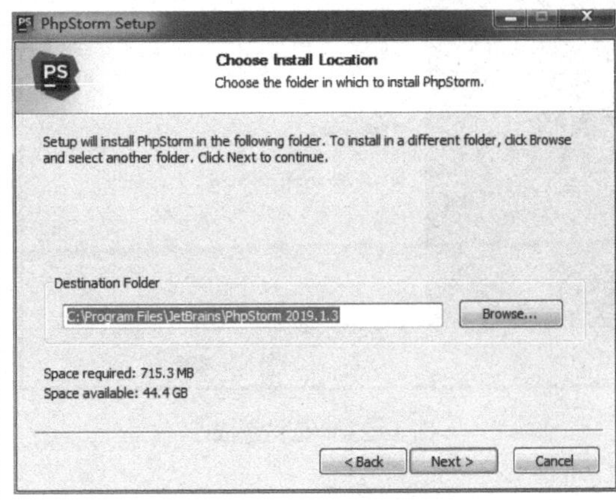

图 1-20　选择安装目录

3）选择安装选项。在如图 1-21 所示的界面中可选中创建桌面快捷方式（Create Desktop Shortcut）、添加环境变量（Update PATH variable）、添加右键菜单（Update context menu）、创建文件关联（Create Associations）等选项。为方便编辑 PHP 文件，在此建议将 .php 文件与 PhpStorm 软件进行文件关联，其他选项根据实际需要进行选择，也可以直接采用默认选项。选择完毕后单击“Next”按钮继续安装。

4）选择开始菜单所在目录。可直接使用默认值，单击“Install”按钮继续安装，如图 1-22 所示。

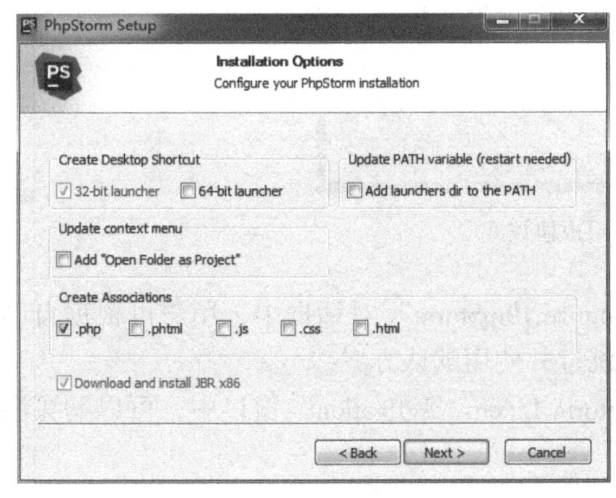

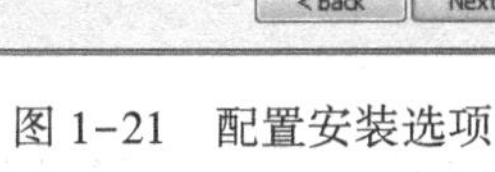
图 1-21　配置安装选项

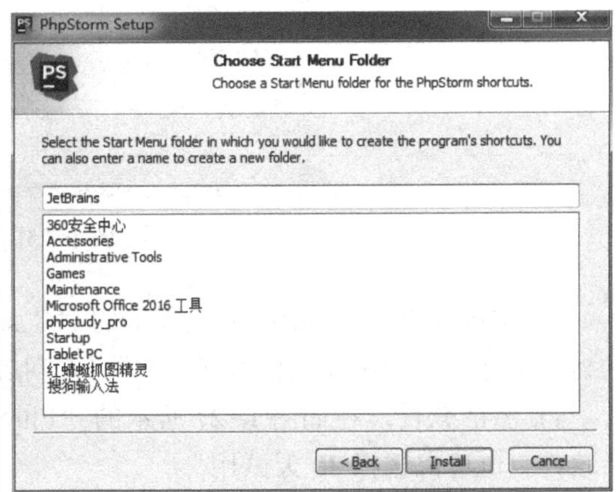

图 1-22　选择开始菜单位置

5）完成安装。软件完成安装后可选择现在重启或稍后重启，单击“Finish”按钮完成软件安装，如图 1-23 所示。

3. 启动 PhpStorm

1）启动软件。双击桌面上 PhpStorm 的快捷方式即可启动软件。初次使用会询问用户是否导入配置信息，直接选择 “Do not import settings” 选项后单击 “OK” 按钮即可，如图 1-24 所示。

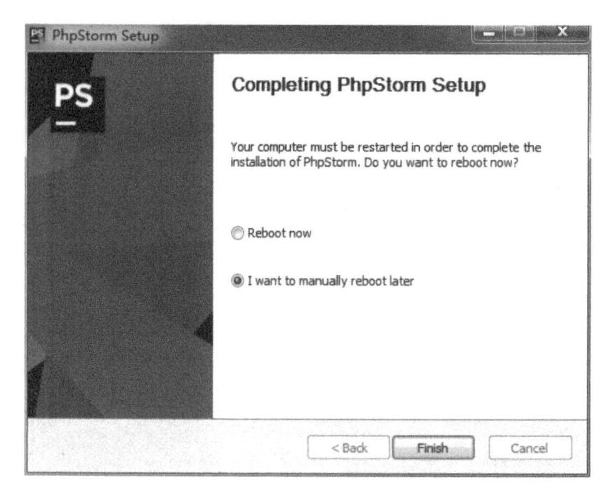

图 1-23　安装完成

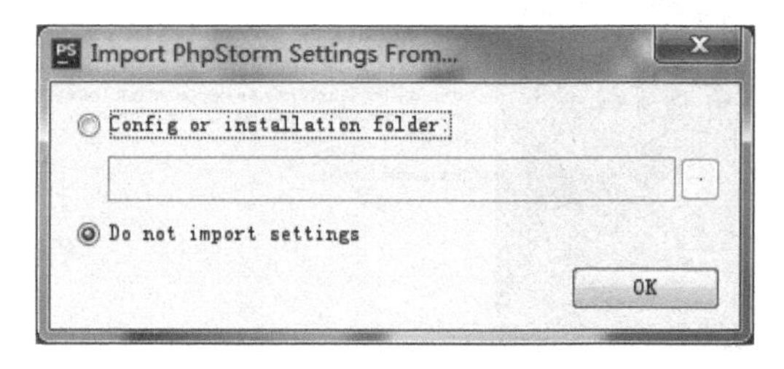

图 1-24　导入配置信息

2）用户协议。在如图 1-25 所示的 “PhpStorm User Agreement” 对话框中，选择 “I confirm that I have read and accept the terms of this User Agreement” 选项，然后单击 “Continue” 按钮。

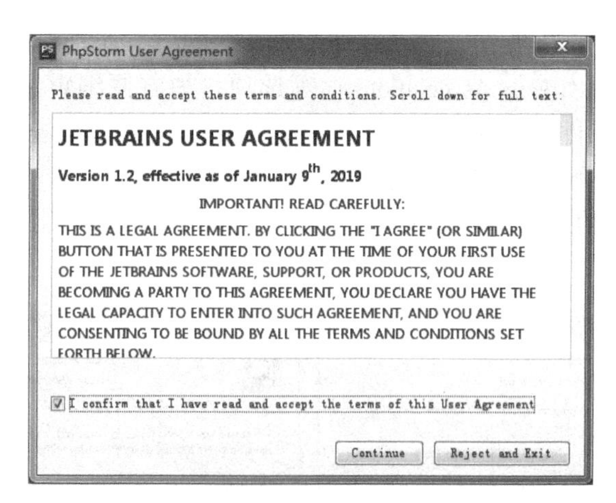

图 1-25　用户协议

3）选择主题。在如图 1-26 所示的 “Customize PhpStorm” 对话框中，用户可根据自己的喜好选择合适的主题配色方案，也可以直接跳过并使用默认方案。

4）激活软件。在如图 1-27 所示的 “PhpStorm License Activation” 窗口中，可以购买激活软件，也可以选择 30 天试用。

4. 创建项目

软件启动成功后会出现创建项目界面，可以选择创建新项目也可以选择打开目录、从现有文件创建新项目、从版本控制工具签出项目等方式来创建项目，如图 1-28a 所示。初次使用选择创建新项目，然后在弹出的新窗口中选择 “PHP Empty Project” 选项并为项目选择一个保存的位置，最后单击 “Create” 按钮即可完成项目创建，如图 1-28b 所示。

在 PhpStorm 工作主界面中，上方为菜单栏，左侧为项目文件目录信息，右侧为代码编

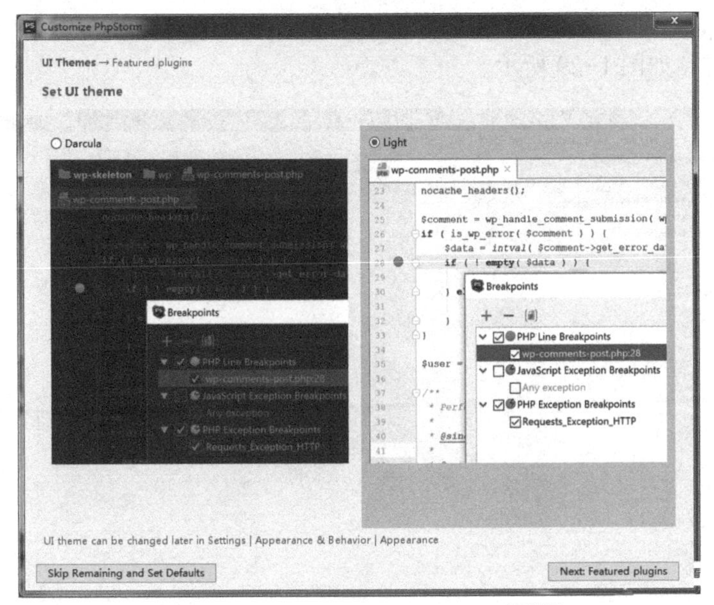

图 1-26 “Customize PhpStorm”对话框

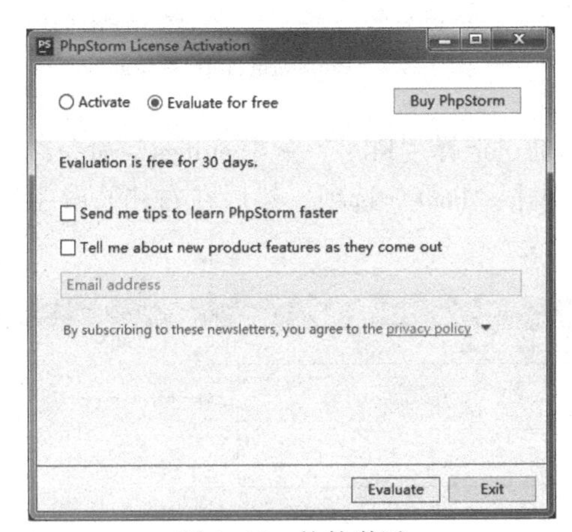

图 1-27 软件激活

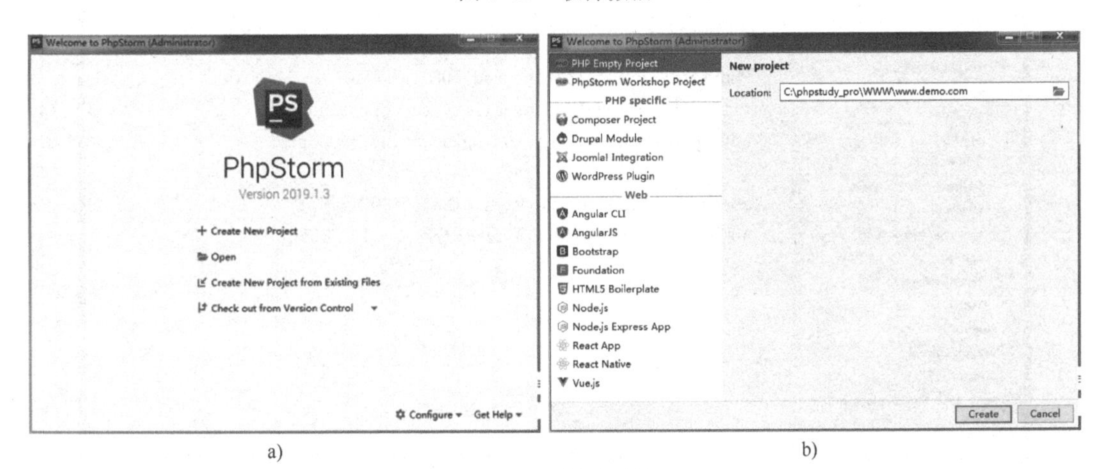

图 1-28 创建项目

a）多种方式创建项目 b）创建新项目

辑区。在左侧项目名上右击，在弹出的快捷菜单中选择“New”→“PHP File”命令即可添加一个 PHP 文件，如图 1-29 所示。

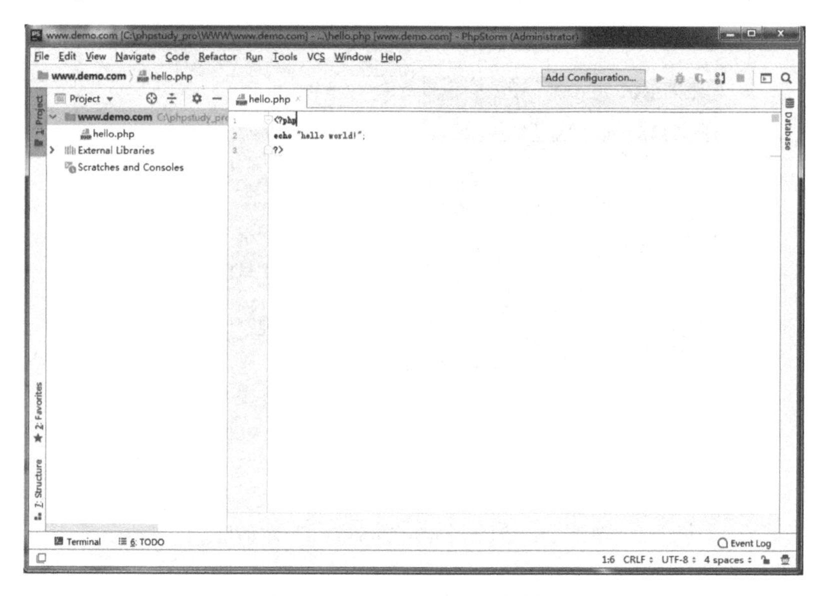

图 1-29　PhpStorm 工作主界面

为便于编写代码，可以通过选择“File”→“Settings”命令，在弹出的“Setting”对话框中展开“Editor”选项，再单击“Font”选项，然后在右侧修改字体的大小、行间距等信息，如图 1-30 所示。

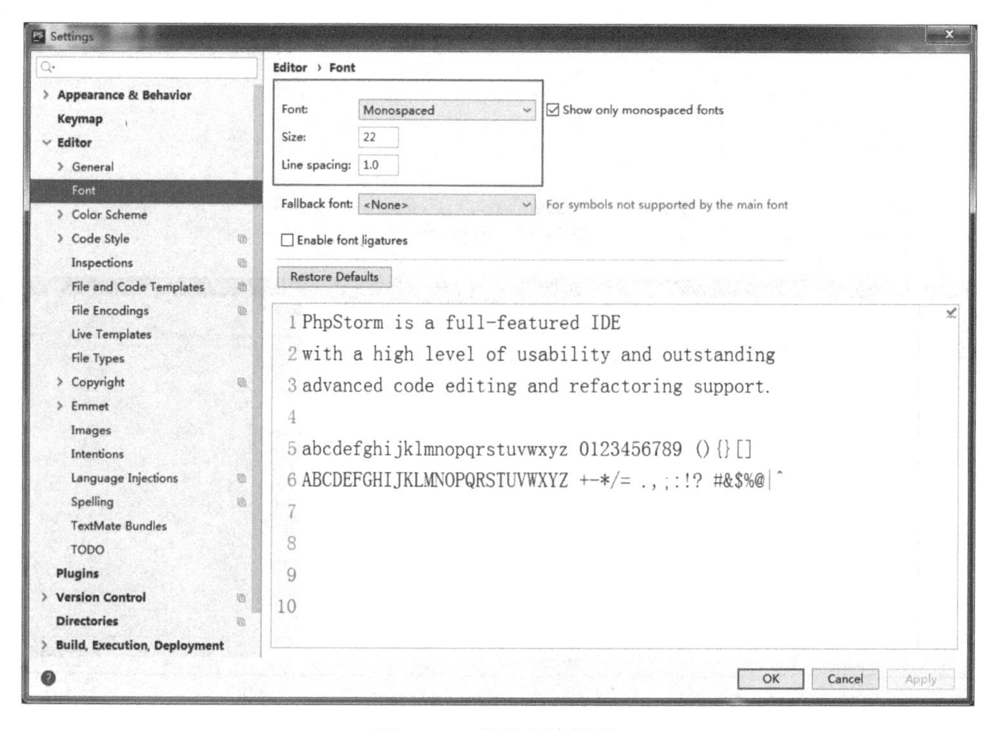

图 1-30　代码字体设置

1.7 Xdebug 断点调试

1.7 Xdebug 断点调试

调试是软件开发过程中一定会经历的过程，在 PHP 开发过程中虽然可以借助 echo、print_r( )、var_dump( )、printf( ) 等函数输出要监视的变量的值，进而进行程序调试，但是如果想更便利、高效地进行断点调试则需要借助第三方插件 Xdebug 来实现。Xdebug 是一个开放源代码的 PHP 程序调试器，可以用来跟踪、调试和分析 PHP 程序的运行状况。本节以 1.4 节中使用 phpStudy 搭建的 PHP 运行环境为例来安装配置 Xdebug。

1. 获取 Xdebug

Xdebug 和当前使用的 PHP 环境版本有密切关系，在下载时需要选择与之对应的版本。在选择版本时可以借助 Xdebug 官方提供的一个检测工具来快捷地选择合适的版本。

1）检测 PHP 环境信息。在本地站点中新建一个 phpInfo. php 文件，在该文件中输入以下代码：

```
<?php
echo phpinfo();
?>
```

2）分析版本信息。运行 phpInfo. php 文件，结果如图 1-31 所示。按〈Ctrl+A〉和〈Ctrl+C〉组合键全选并复制该页面中的所有信息。在浏览器中访问“https://xdebug. org/wizard”，将之前复制的信息粘贴到图 1-32 所示的文本框中，然后单击“Analyse my phpinfo( ) output”按钮。

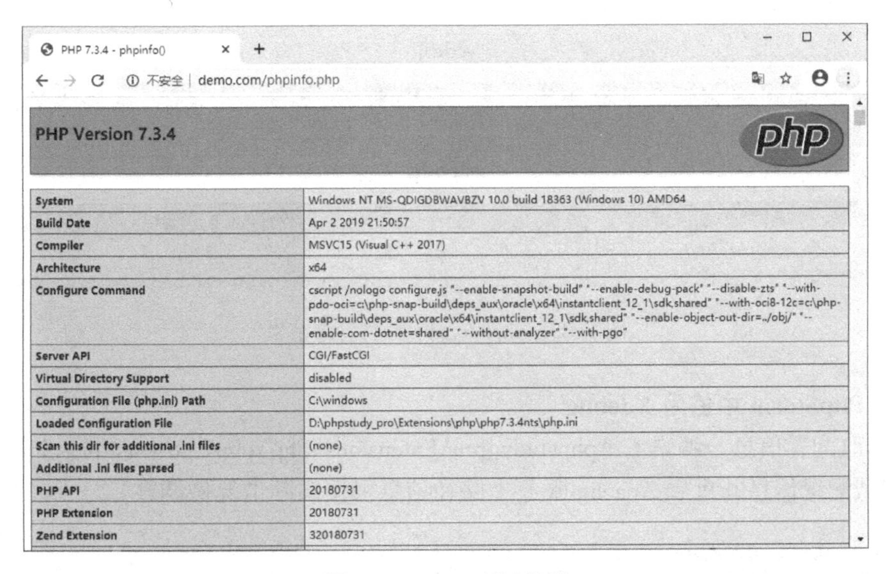

System	Windows NT MS-QDIGDBWAVBZV 10.0 build 18363 (Windows 10) AMD64
Build Date	Apr 2 2019 21:50:57
Compiler	MSVC15 (Visual C++ 2017)
Architecture	x64
Configure Command	cscript /nologo configure.js "--enable-snapshot-build" "--enable-debug-pack" "--disable-zts" "--with-pdo-oci=c:\php-snap-build\deps_aux\oracle\x64\instantclient_12_1\sdk,shared" "--with-oci8-12c=c:\php-snap-build\deps_aux\oracle\x64\instantclient_12_1\sdk,shared" "--enable-object-out-dir=../obj/" "--enable-com-dotnet=shared" "--without-analyzer" "--with-pgo"
Server API	CGI/FastCGI
Virtual Directory Support	disabled
Configuration File (php.ini) Path	C:\windows
Loaded Configuration File	D:\phpstudy_pro\Extensions\php\php7.3.4nts\php.ini
Scan this dir for additional .ini files	(none)
Additional .ini files parsed	(none)
PHP API	20180731
PHP Extension	20180731
Zend Extension	320180731

图 1-31 PHP 环境检测

Xdebug 官网会自动分析提交的 PHP 环境信息并给出下载链接，按照给出的提示信息进行下载即可。

2. 安装 Xdebug

1）将下载的文件移动到 C:\phpstudy_pro\Extensions\php\php7. 3. 4nts\ext。

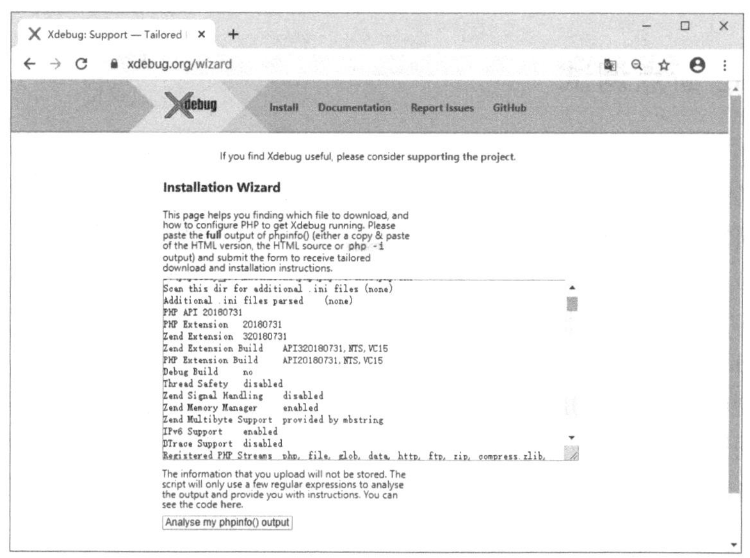

图 1-32　分析 phpinfo( )信息

2）编辑 C:\phpstudy_pro\Extensions\php\php7. 3. 4nts\php. ini 并添加行 zend_extension = C:\phpstudy_pro\Extensions\php\php7. 3. 4nts\ext\php_xdebug-2. 7. 2-7. 3-vc15-nts. dll。

3）重新启动 Apache 服务。

3. 检查是否安装成功

重新运行 phpinfo. php 文件，如果返回的信息中包含如图 1-33 所示的 xdebug 相关信息则说明安装成功。

wddx

WDDX Support	enabled
WDDX Session Serializer	enabled

xdebug

xdebug support	enabled
Version	2.7.2
IDE Key	*no value*

图 1-33　phpinfo. php 环境检测结果

4. 在 PhpStorm 中使用 Xdebug

1）修改配置信息。编辑 C:\phpstudy_pro\Extensions\php\php7. 3. 4nts\php. ini 文件，增加如下调试配置信息并重启 Apache 服务（路径信息根据实际情况做调整）。

```
xdebug.profiler_append = 0
;效能监测的设置开关
xdebug.profiler_enable = 1
xdebug.profiler_enable_trigger = 0
;profiler_enable 设置为 1 的时候,效能监测信息写入文件所在的目录
xdebug.profiler_output_dir ="C:\phpstudy_pro\tmp\xdebug"
;设置的函数调用监测信息的输出路径
xdebug.trace_output_dir ="C:\phpstudy_pro\tmp\xdebug"
;生成的效能监测文件的名字
```

```
xdebug.profiler_output_name = "cache.out.%t-%s"
;远程开启项,1 表示默认远程开启,0 表示关闭
xdebug.remote_enable = 1
xdebug.remote_handler = dbgp
;远程主机地址,本节设置的是本地解析的域名
xdebug.remote_host = www.demo.com
;远程自动启动,1 表示开启,0 表示关闭
xdebug.remote_autostart = 1
;远程端口,可自己定义
xdebug.remote_port = 9100
xdebug.idekey = PHPSTORM
```

2）设置 Xdebug 端口。选择“File”→“Settings”命令，打开“Settings”对话框，选择“Languages & Frameworks”→“PHP”→“Debug”选项，在如图 1-34 所示的对话框中将端口号修改为 9100（和 xdebug. remote_port = 9100 保持一致），然后单击“Apply”按钮。

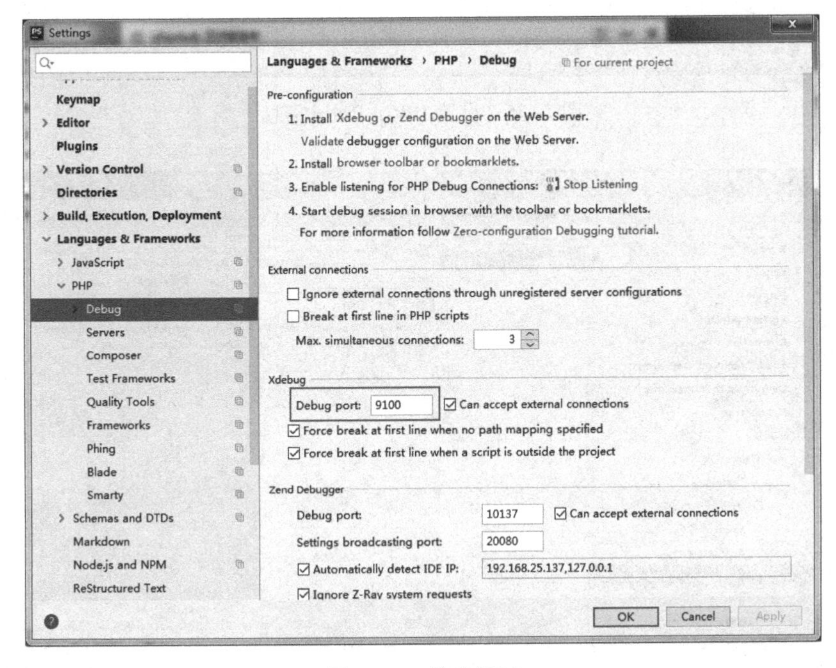

图 1-34　修改端口

3）配置 DBGp Proxy。在“Setting”对话框中，选择“PHP”→“Debug”→“DBGp Proxy”选项，在如图 1-35 所示的对话框中填写“IDE Key”（和 xdebug. idekey = PHPSTORM 保持一致）和“Host”（和 xdebug. remote_host = www. demo. com 保持一致），“Port”默认为 9001 可不修改，单击“Apply”按钮。

4）配置 Servers。在“Setting”对话框中，选择“PHP”→“Servers”选项，创建一个本地调试服务器，在如图 1-36 所示的界面中单击“+”按钮新增一个 Server，“Name”可自己定义，“Host”依然填写 www. demo. com，“Port”默认为 80，“Debugger”选择 Xdebug，最后单击“OK”按钮，关闭“Setting”对话框。

5）配置测试项目。选择“Run”→“Edit Configurations”命令，新建一个运行调试配置，

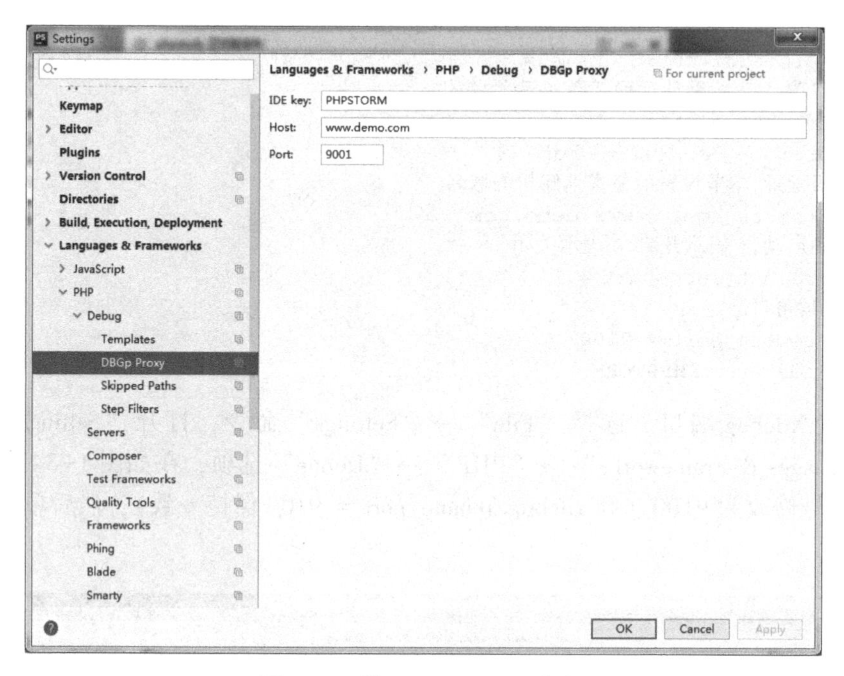

图 1-35　设置 DBGp Proxy 信息

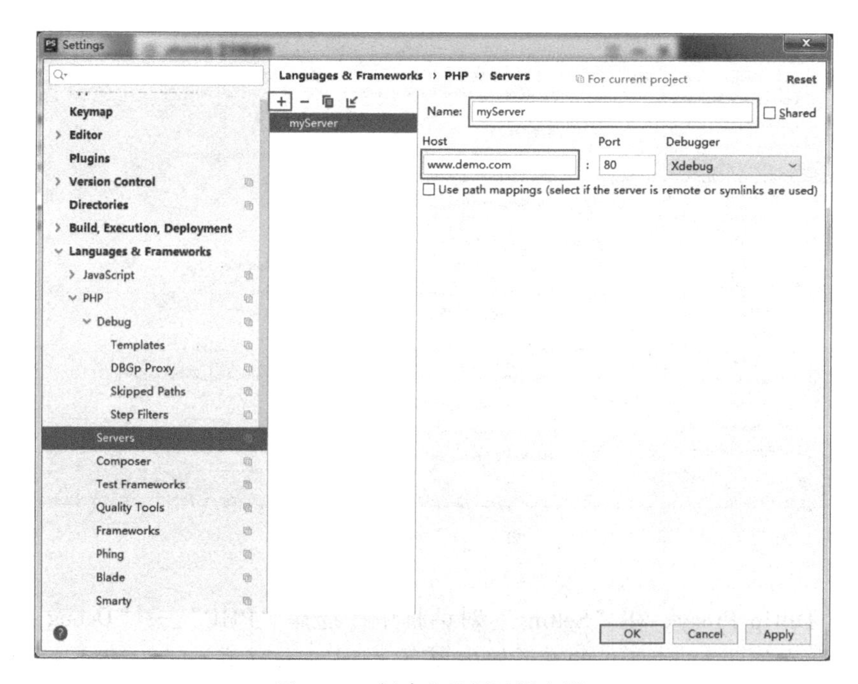

图 1-36　创建本地调试服务器

在弹出的如图 1-37 所示的对话框中单击左侧的“+”按钮，在弹出的下拉菜单中选择“PHP Web Page”选项，打开如图 1-38 所示的对话框，然后自定义运行调试配置的“Name”，在“Server”下拉列表框中选择在图 1-36 中创建的本地调试服务器，即“myServer”。

6）断点测试。在项目中新建一个名为“test. php”的文件，单击代码视图中行号的位置新增一个断点。在窗口右上角选择“testDebug”的调试配置，单击“Start | Stop Listening

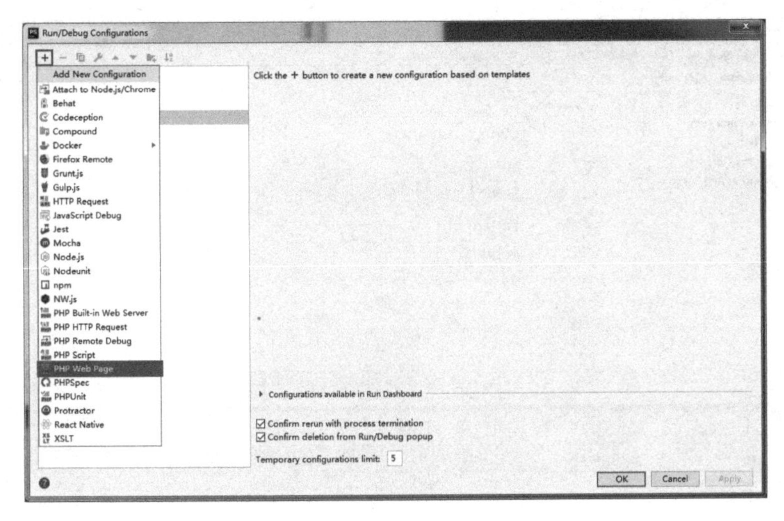

图 1-37　新增运行调试配置

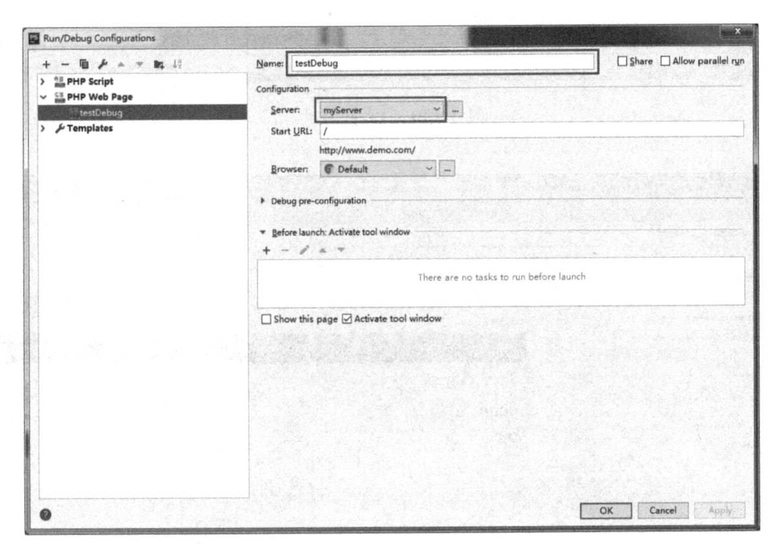

图 1-38　填写配置信息

for PHP Debug Connections” 按钮，其中，为开启监听，为停止监听。最后单击按钮或直接在浏览器中通过地址 www. demo. com/test. php 进入调试模式。

程序会在设置断点的位置暂停程序运行，如图 1-40 所示。此时可以在下方的调试面板中查看当前的调试信息，也可通过快捷键〈F8〉（Step Over）、〈F7〉（Step Into）来继续执行程序。

Step Over（单步跳过）将子函数整体作为一步，不会进入子函数内部单步执行。Step Into（单步跳入）遇到子函数后进入子函数内部继续单步执行。

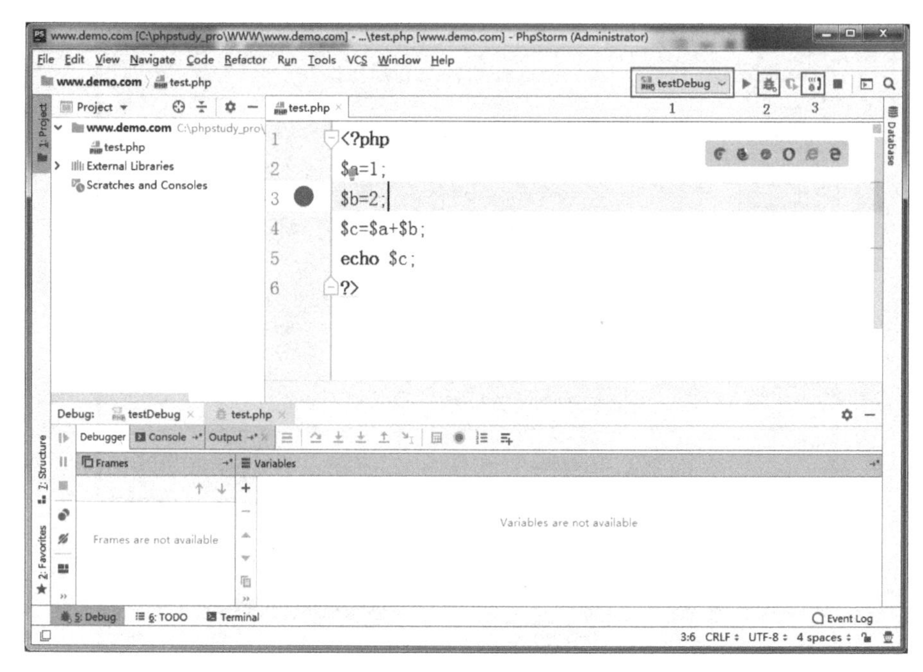

图 1-39　设置断点

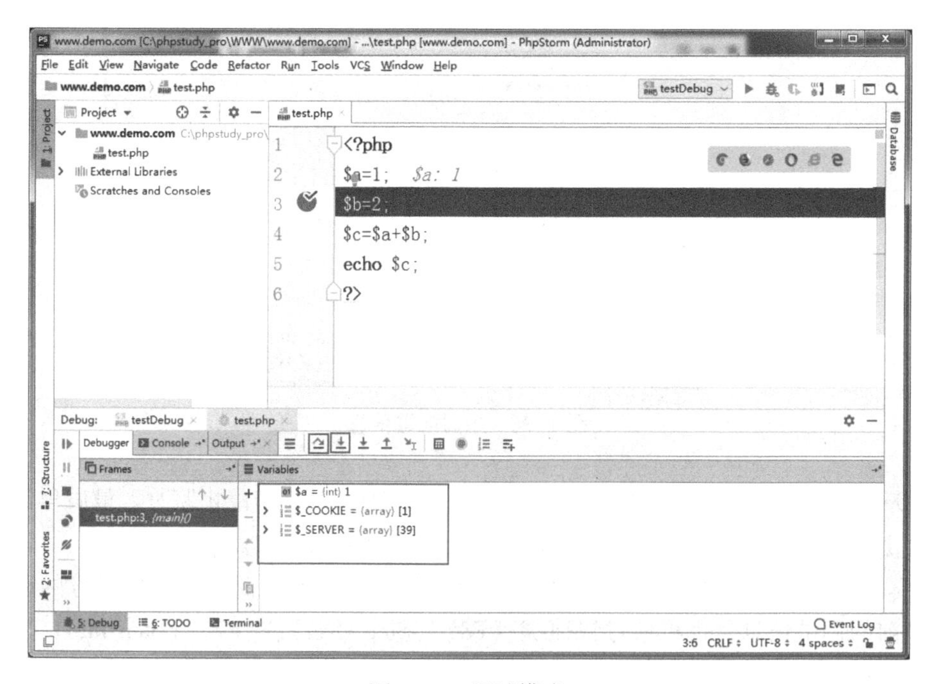

图 1-40　调试模式

1.8　实践操作

1）使用 phpStudy 搭建 PHP 的运行环境。

2）手动安装与配置 PHP 运行环境。

3）安装配置 Xdebug 实现断点调试。

第 2 章　PHP 语法基础

如果把掌握一门计算机语言比作修建一座宏伟的大厦，那么语法基础就像是大厦的地基，是掌握好这门语言的前提，PHP 语言也不例外。要想熟练运用 PHP 进行网站开发，必须掌握 PHP 基础语法。本章主要对 PHP 常用语法基础进行讲解，包括 PHP 的标记风格、常量、变量、运算符、表达式、流程控制结构等。

本章要点

- PHP 标记、注释、输出语句
- 标识符、常量、变量
- 运算符、表达式
- 流程控制语句

2.1　PHP 基本语法

PHP 是一门运行在服务器端的脚本语言，和 ASP、JSP 等其他脚本语言类似，在脚本编写时有自己独特的书写风格。本节主要对 PHP 中的标记、注释、常用输出语句进行介绍。

2.1.1　PHP 标记

PHP 在解析代码时，通过寻找开始和结束标记来确定代码的解析范围，PHP 脚本可以放置在文档中的任何位置，通过特定的标记将 PHP 代码和其他代码进行区分。PHP7 支持以下两种标记风格。

1. XML 风格

```
<?php
//PHP 代码;
?>
```

这种形式通过使用“<?php”和“?>”一对标记将 PHP 代码括起来，也是 PHP 推荐使用的标记形式。该风格的标记在 XML、XHTML 中均可以使用。如果是在 PHP 文件中，最好省略结束标记“?>”，否则，如果在结束标记之后意外加入了空格或者换行符等不可见字符，PHP 会向浏览器发送并输出这些空白内容，而开发者本无意输出这些内容。

2. 简短风格

```
<?
//PHP 代码;
?>
```

这种标记形式更加简洁明了，如果使用这种标记风格，需要在 php. ini 配置文件中设置 short_open_tag 选项的值为 On，并重启 Apache 服务器。出于程序的兼容性考虑，不建议使用这种形式。

2.1.2 PHP 注释

注释是对代码的解释和说明文字，一般出现在代码的上方。注释主要对代码的功能、创建者、修改者、时间等内容进行说明。合理利用注释可以提高代码的可读性。在程序执行的时候，PHP 解释器会自动忽略注释部分。

PHP 支持 C、C++ 和 UNIX Shell 风格（Perl 风格）的注释，可分为以下 3 种。

1. 单行注释（//）

单行注释源于 C++，这种注释方式一次可以注释一行内容。

```
<?php
//单行注释
echo "单行注释";
?>
```

如果在单行注释符号后出现了 PHP 结束标记，则注释停止于 PHP 结束标记。结束标记之后的内容将被显示出来。

```
<?php
echo "单行注释";
//单行注释?>此处内容会显示
?>
```

2. 多行注释（/*... */）

多行注释源于 C 语言注释风格，由“/*”和“*/”对注释内容进行间隔。“/*”会和它后面第一个出现的“*/”进行匹配。

```
<?php
/*
这是多行注释块
它横跨了多行
*/
echo "多行注释";
?>
```

在对类或函数进行注释说明时，有时也采用如下形式的多行注释。

```
<?php
/**函数说明:把字符串转成大写
* @param $str
* @return mixed
*/
function strUpper($str)
{
    //具体实现代码
    return $str;
}
?>
```

注意，多行注释不允许嵌套，否则，在对大块内容进行注释时可能会出错。

3. #号注释（#）

#号注释是 UNIX Shell 风格的单行注释。用法和“//”类似，#号注释的内容中不要出现 PHP 的结束标记“?>”。

```
<?php
echo "#号注释";   #这是 PHP#号单行注释
?>
```

2.1.3　PHP 输出语句

PHP 输出语句可以将脚本内容显示在浏览器上，方便用户查看程序的执行结果。PHP 常用输出语句如下。

1. echo 语句

echo 是一种语言结构，它可以输出紧跟在 echo 后面的一个或多个字符串、变量的值，但它不是函数，因此，echo 后面输出的内容可以不带小括号。

```
<?php
echo("中国加油!");
echo "中国加油!";
?>
```

运行结果为：

```
中国加油!中国加油!
```

echo 语句在输出多个字符串时，字符串可以作为多个参数单独传递，也可以连接在一起作为单个参数传递。作为多个参数传递时，参数之间用逗号分隔。

```
<?php
echo "天下之至柔," . "驰骋天下之至坚." . "<br>";
echo "山川异域,", "风月同天.";
?>
```

运行结果为：

```
天下之至柔,驰骋天下之至坚.
山川异域,风月同天.
```

2. print 语句

print 也是一种语言结构。和 echo 不同的是：它每次只能输出一个字符串或者变量的值，且总是返回 1。下列代码通过 print 语句输出一个字符串。

```
<?php
print "青山一道同云雨,明月何曾是两乡.";
?>
```

运行结果为：

```
青山一道同云雨,明月何曾是两乡.
```

除了以上两种输出方法之外，PHP 还提供了 print_r 函数、var_dump 函数用于输出复合数据类型。通过 printf 函数可以对字符串进行格式化输出，后续章节中会详细介绍，此处不再赘述。

2.2 数据与运算

在 PHP 开发过程中，开发者经常需要保存一些有用的信息，并对这些信息进行处理。本节主要介绍 PHP 中用于存储数据的变量、常量，以及和数据相关的操作方法。

2.2.1 数据类型

在 PHP 程序中支持 9 种数据类型，具体又可细分如下。

1）4 种标量类型：boolean（布尔型）、integer（整型）、float/double（浮点型）、string（字符串）。

2）3 种复合类型：array（数组）、object（对象）、callable（可调用）。

3）2 种特殊类型：resource（资源）、NULL（空类型）。

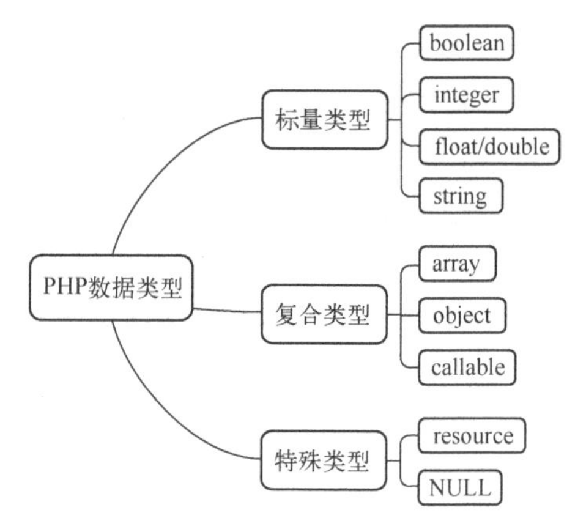

图 2-1 PHP 数据类型

PHP 数据类型划分如图 2-1 所示。

后续章节将对复合类型和特殊类型做详细介绍，本节仅介绍标量数据类型。

1. 布尔型

布尔型是 PHP 中最简单的数据类型，只有 true 和 false 两个值，true 表示“真”，false 表示“假”，不区分大小写。例如：

```
$foo = TRUE;
$bar = false;
```

2. 整型

整型值就是数学意义上的整数，可以使用十进制、十六进制、八进制或二进制表示。使用十六进制表示时需要在数字前面加 0x，使用八进制表示时需要在数字前面加 0，使用二进制表示时需要在数字前面加 0b。

```
$num1 = 2020;
$num2 = 011;     //八进制,等于十进制数字 9
$num3 = 0x1A;    //十六进制,等于十进制数字 26
$num4 = 0b111;   //二进制,等于十进制数字 7
```

在对这些不同进制的变量值进行输出时，默认按照十进制输出。

3. 浮点型

浮点型数据可以表示浮点数。浮点数是小数点位置可以变动的数，可以用来表示带小数点的数字。浮点数通常有两种表示形式：标准形式和指数形式，示例代码如下。

```
$a = 1.23456789;  //标准形式
$b = 1.23E-2;     //指数形式
$c = 3e4;         //指数形式
```

以上均为合法的浮点数，浮点数的精度和系统有关。由于内部表达方式的原因，尽量不要直接对两个浮点数比较大小。

4. 字符串

字符串类型是 PHP 中非常重要的一个数据类型，字符串一般是一个连续的字符序列，可以是计算机能够表示的任何字符序列。PHP 中字符串需要使用单引号或者双引号括起来，示例如下。

```
$name = 'Jim';
$profession = "doctor";
echo "$name is a " . $profession . "<br>";
echo '$name is a ' . $profession . '<br>';
```

运行结果为：

```
Jim is a doctor
$name is a doctor
```

由输出结果可以看出，把变量放在双引号中输出时，结果为变量的值；把变量放在单引号中输出时，结果为变量字符串本身，即双引号具有解析变量的作用。需要注意的是，在输出转义字符时，单引号除了能对“ ' ”和“ \ ”进行转义外，其他内容都将原样输出。双引号则可以对双引号、反斜杠、制表符、美元符号等特殊符号进行转义输出。

2.2.2 标识符与关键字

在实际开发过程中，经常需要自定义一些符号来代表一些名称，如变量名、函数名、数组名、类名等，这些符号称为标识符。PHP 中标识符的定义需要遵循以下规则。

1）标识符只能由字母、数字、下划线组成，且不能以数字开头。

2）标识符用作变量、常量或数组的名称时，区分大小写。

3）用作函数名、类名时不区分大小写。

关键字是指 PHP 中一些带有特殊含义的名称，它们是语言结构的一部分。关键字不可以作为常量名、类名或方法名；关键字可以作为变量名使用，但为了避免引起歧义，不推荐使用关键字作为变量名。

从 PHP7.0 开始，这些关键字中除了 class 不能被用作常量名之外，其他允许被用作类、接口，以及 trait 的常量、属性和方法名称。PHP7 中关键字如表 2-1 所示。

表 2-1 PHP 关键字

__halt_compiler()	abstract	and	array()	as
break	callable	case	catch	class
clone	const	continue	declare	default
die()	do	echo	else	elseif
empty()	enddeclare	endfor	endforeach	endif

（续）

endswitch	endwhile	eval()	exit()	extends
final	finally	for	foreach	function
global	goto	if	implements	include
include_once	instanceof	insteadof	interface	isset()
list()	namespace	new	or	print
private	protected	public	require	require_once
return	static	switch	throw	trait
try	unset()	use	var	while
xor	yield			

2.2.3 常量

PHP 使用常量来表示在程序执行过程中始终保持不变的数据。一个常量一旦被定义，就不能再改变或者取消定义。常量一般采用全大写形式表示，如果常量名称由多个单词构成，采用下划线对单词进行分隔。PHP 常量分为预定义常量和自定义常量两类。

1. 预定义常量

PHP 对于一些在开发过程中经常会用到的通用信息进行预定义，称之为预定义常量，开发者可以直接使用这些预定义常量。常用的预定义常量如表 2-2 所示。

表 2-2 PHP 常用的预定义常量

常量名称	说明
__LINE__	默认常量，获取当前代码所在行数
__FILE__	默认常量，获取当前文件的绝对路径，如果用在被包含的文件中，则返回被包含文件的绝对路径
__DIR__	获取当前文件所在的目录，如果用在被包含的文件中，则返回被包含文件所在的目录
PHP_VERSION	内建常量，获取 PHP 程序的版本
PHP_OS	内建常量，PHP 程序所在的操作系统名称
M_PI	数学上的圆周率 π
M_E	数学上的自然常数 e
TRUE	代表真值（true）
FALSE	代表假值（false）
NULL	代表一个不存在的值，即 null 值
__FUNCTION__	获取当前函数的名称，区分大小写
__CLASS__	获取当前类的名称
__METHOD__	获取当前方法的名称
E_ERROR	运行时错误。这个常量指到最近的错误处，脚本停止执行
E_WARNING	运行时警告。这个常量指到最近的警告处，脚本不会终止运行
E_PARSE	编译时语法解析错误。这个常量指解析语法有潜在问题处
E_NOTICE	运行时通知。表示脚本可能会出现错误的情况，不一定是错误处

可以通过 echo 语句直接输出预定义常量的值，下面通过例子来演示 echo 语句输出预定义常量。

【例 2-1】输出预定义常量。

```
<?php
echo "当前代码所在行数:" . __LINE__ . "<br>";
echo "当前 PHP 版本:" . PHP_VERSION . "<br>";
echo "圆周率:" . M_PI . "<br>";
echo "自然常数:" . M_E . "<br>";
?>
```

运行结果为：

```
当前代码所在行数:2
当前 PHP 版本:7.0.12
圆周率:3.1415926535898
自然常数:2.718281828459
```

上述代码中的“.”为 PHP 的字符串连接符，“<br>”为换行标记。

2. 自定义常量

除了预定义常量之外，PHP 还提供了 define 函数和 const 关键字来定义常量。

（1）define 函数

define 函数的语法格式如下。

```
bool define ( string $name , mixed $value [, bool $case_insensitive = false ] )
```

其中，mixed 为 PHP 数据类型中的一种伪类型，表示该参数可以接受多种不同类型的数据。该函数的参数说明如表 2-3 所示。

表 2-3　define( )函数的参数说明

参　数	说　明
name	必选，表示常量名称
value	必选，表示常量值，PHP7 中除了可以设置一个标量外，还可以设置为一个数组的值
case_insensitive	可选，表示常量的名称对大小写是否敏感，默认值为 false，即对大小写敏感；设置为 true 时，对大小写不敏感

【例 2-2】利用 define 定义常量。

```
<?php
define('UPLOAD_PATH', './upload/');
define('CONFIG', array(
    'localhost',
    'root',
    '123456',
    'myDB'
));
echo UPLOAD_PATH; //输出:./upload/
echo "<br>";
echo CONFIG[1]; //输出:root
?>
```

（2）const 关键字

const 关键字一般用于在类内部定义常量，自 PHP 5.3.0 起，const 关键字也支持在类外部定义常量。定义格式如下。

```
const NAME = VALUE;
```

其中，NAME 为常量名，VALUE 为常量值。当常量值为标量类型时，可以通过 echo 输出常量值，代码如下。

```
const CITY = "nanjing";
echo CITY; //输出:nanjing
```

2.2.4　变量

PHP 用变量保存在程序执行过程中可能发生变化的数据。为了便于区分每个变量，开发者可以给每个变量起一个简洁明了、容易记住的名字，也就是“变量名”。变量名指向计算机内存中的某个地址，真正的数据存储在内存中。这和日常生活中取快递的过程相似。

在日常生活中，当快递被送到快递超市后，快递超市会给顾客发送一个“提货码”，然后顾客可以通过出示“提货码”给快递超市的服务人员，从而拿到自己的快递。在这个过程中，“快递超市”相当于“内存”，顾客在网上购买的物品相当于存在“内存”中的“数据”，“提货码”相当于“变量名”，顾客不需要知道自己的“物品”存在快递超市的哪个角落，只要通过“提货码”就可以找到自己的“物品”。

PHP 通过“$”符号和一个标识符表示变量，变量名由数字、字母、下划线组成，且不能以数字开头。此外，PHP 变量名一般采用小写字母，且区分大小写。例如，$name、$_book 都是合法的变量名称。

PHP 提供两种给变量赋值的方式：传值赋值和引用赋值。

1. 传值赋值

变量默认采用传值赋值方式，即将一个表达式赋给一个变量时，实际是将表达式的值赋给变量。

【例 2-3】 传值赋值。

```
<?php
$city1 = "Beijing";
$city2 = $city1;
$city1 = "Nanjing";
echo $city1;    //输出:Nanjing
echo $city2;    //输出:Beijing
?>
```

在上述例子中，把$city1 赋给$city2 后，虽然两者的值相同，但是它们的值保存在不同的内存空间中。因此，对$city1 进行重新赋值后，$city2 的值并不受影响，仍然输出“Beijing”。变量在内存中的存储变化如图 2-2 所示。

此外，PHP 还支持可变变量，即把一个变量的值作为另一个变量的名称。

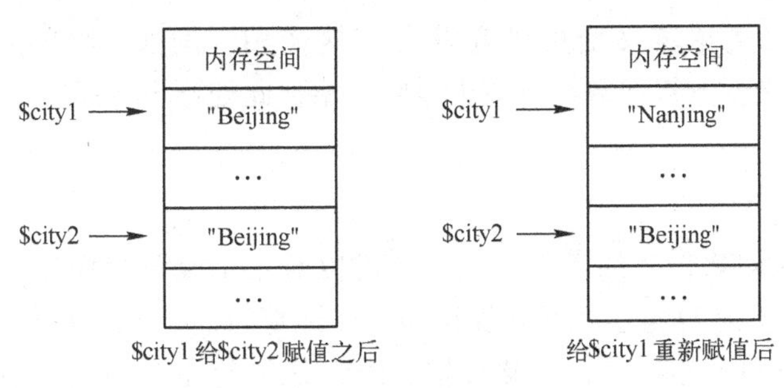

图 2-2　传值赋值

【例 2-4】 可变变量。

```
<?php
$city = "cityName";
$$city = "Beijing";
echo $cityName; //输出:Beijing
?>
```

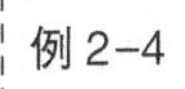

2. 引用赋值

除了传值赋值之外，PHP 还提供了另一种给变量赋值的方式：引用赋值。通过引用赋值，可以使两个变量指向同一个内存空间，改变其中一个变量的值，另一个变量的值也随之改变。这就好像一个班级里班长和副班长都拥有班级的钥匙，他们两人中任何一人都可以通过钥匙打开教室存取班级里的物品。采用引用赋值时，需要在将要赋值的变量前加一个“&”实现。

【例 2-5】 引用赋值。

```
$city1 = "Beijing";
$city2 = & $city1;
$city1 = "Nanjing";
echo $city1;     //输出 Nanjing
echo $city2;     //输出 Nanjing
```

通过前两行代码，$city1 和$city2 指向了同一个值，$city1 改变后，$city2 也随之改变。引用赋值相当于给变量起了一个别名。$city1 和$city2 在内存中的指向变化如图 2-3 所示。

📖 虽然 PHP 中不需要对变量进行初始化，但对变量进行初始化是一个非常好的编程习惯。未初始化的变量会具有其类型的默认值——布尔类型的变量默认值是 false，整型和浮点型变量的默认值是零，字符串型变量的默认值是空字符串，数组变量的默认值是空数组。

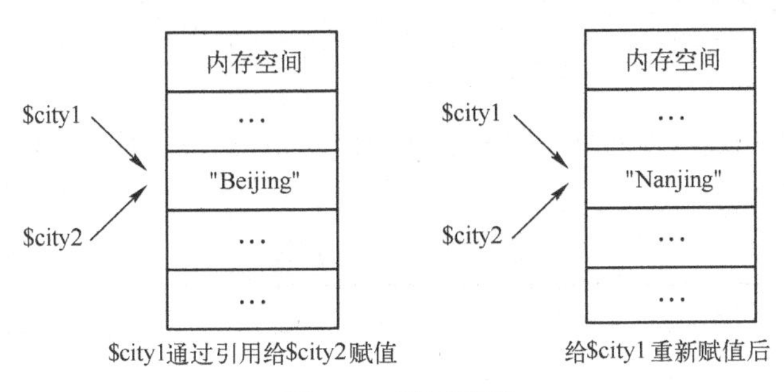

图 2-3　引用赋值

PHP 还提供了大量预定义变量供开发者直接使用，例如，$GLOBALS、$_GET、$_POST 等。这些预定义变量将在数组章节中详细介绍，此处不再赘述。

2.2.5 运算符

PHP 运算符提供对操作数的运算方式，它可以对一个及多个操作数进行运算，根据操作数的个数可分为一元运算符、二元运算符和三元运算符。一元运算符只接收一个操作数，二元运算符可以接收两个操作数，以此类推。PHP 运算符主要包括：字符串运算符、算术运算符、赋值运算符、递增/递减运算符、比较运算符、条件运算符、逻辑运算符、位运算符等，本节将对 PHP 常用的运算符进行介绍。

1. 字符串运算符

字符串运算符“.”可以连接两个字符串，并返回连接后的字符串。

【例 2-6】 连接字符串。

```
$city = "南京市";
$district = "玄武区";
echo $city . $district;//输出:南京市玄武区
```

2. 算术运算符

算术运算符主要用于处理加、减、乘、除等数学运算，常用的算术运算符如表 2-4 所示。

表 2-4 算术运算符

运　算　符	描　　述	举　　例
-	取反运算	-$a，$a 的负值
+	加法运算	$a + $b，$a 和$b 的和
-	减法运算	$a - $b，$a 和$b 的差
*	乘法运算	$a * $b，$a 和$b 的乘积
/	除法运算	$a / $b，$a 除以$b 的商
%	取模运算	$a % $b，$a 除以$b 的余数
**	幂运算	$a ** $b，$a 的$b 次幂

📖 除法运算符的运算结果一般为浮点数。只有两个操作数都是整数且正好能整除时，它才返回整数。取模运算符的操作数在运算之前都会自动转换成整数。取模运算符的运算结果和被除数的符号相同，即 $a % $b的结果和 $a 的符号相同。

3. 赋值运算符

赋值运算符“=”表示把右侧表达式的值赋给左侧的操作数。PHP 中常用的赋值运算符如表 2-5 所示。

表 2-5 赋值运算符

运　算　符	描　　述	举　　例
=	赋值	$a=$b，把$b 的值赋给$a
+=	加等于	$a+=$b，等价于$a=$a+$b

（续）

运 算 符	描 述	举 例
-=	减等于	$a-=$b，等价于$a=$a-$b
*=	乘等于	$a *=$b，等价于$a=$a * $b
/=	除等于	$a/=$b，等价于$a=$a/$b
%=	模等于	$a%=$b，等价于$a=$a%$b
.=	连接等于	$a.=$b，等价于$a=$a. $b

4. 递增/递减运算符

自增运算符“++”和自减运算符“--”均为一元运算符，只接收一个操作数，根据操作数和运算符的相对位置不同，分为前递增、后递增、前递减、后递减四种情况，具体应用如表 2-6 所示。

表 2-6　递增/递减运算符

示 例	描 述	作 用
++$a	前递增	$a 先加 1，再返回值
$a++	后递增	先返回$a 的值，$a 再加 1
--$a	前递减	$a 先减 1，再返回值
$a--	后递减	先返回$a 的值，$a 再减 1

例 2-7 中举例说明了递增运算符的用法。

【例 2-7】 递增运算。

```
$num = 18;
$res1 = ++ $num;
$age = 18;
$res2 = $age++;
echo $num;     //输出 19
echo $age;     //输出 19
echo $res1;    //输出 19
echo $res2;    //输出 18
```

由输出结果可以得出：无论操作数在运算符的前面还是后面，通过自增运算后，操作数本身加 1。区别主要体现在给其他变量赋值时，前递增运算会把操作数加 1 后的值赋给变量$res1；后递增会先把操作数的值赋给变量$res2，然后操作数加 1。递减运算符和递增运算符的用法相同，不再举例说明。

5. 比较运算符

比较运算符用于对两个操作数进行比较，比较的结果为真时返回 true，结果为假时返回 false。PHP 中的比较运算符如表 2-7 所示。

表 2-7　比较运算符

运算符	名 称	示 例	结 果
<	小于	$a < $b	$a 小于 $b 时，返回 true
>	大于	$a > $b	$a 大于 $b 时，返回 true
<=	小于等于	$a <= $b	$a 小于或者等于 $b 时，返回 true

（续）

运算符	名　称	示　例	结　果
>=	大于等于	$a >= $b	$a 大于或者等于 $b 时，返回 true
==	等于	$a == $b	$a 等于 $b 时，返回 true
!=	不等	$a != $b	$a 不等于 $b 时，返回 true
<>	不等	$a <> $b	$a 不等于 $b 时，返回 true
===	全等	$a === $b	$a 和$b 的值和类型都相同时，返回 true
!==	不全等	$a !== $b	$a 和$b 的值或类型不同时，返回 true
<=>	太空船运算符	$a <=> $b	当$a 小于$b 时，返回-1 当$a 大于$b 时，返回 1 当$a 等于$b 时，返回 0 PHP7 开始支持

需要特别说明的是，PHP 是弱类型语言，不需要特意声明变量的类型。如果进行比较的两个操作数类型不同时，除了“===”和“!==”之外，其他操作符会进行类型转换之后再比较。全等运算符“===”只有当$a 和$b 的类型和值均相等时，结果才为 true。例如，“'12'=== 12”的值为 false，因为两者类型不同。

PHP7 提供了一个新的比较运算符——太空船运算符，太空船运算符根据两个操作数的比较结果返回不同的值：第 1 个操作数小于、等于、大于第 2 个操作数时，分别返回-1、0、1，代码如下：

```
$a = 10;
$b = 20
echo $a <=> $b; //输出:-1
```

6. 条件运算符

条件运算符是三元运算符，需要三个操作数，语法格式如下。

```
条件表达式?表达式 1:表达式 2
```

条件运算符根据条件表达式的真假返回不同的值，当条件表达式为真时，返回表达式 1 的值，当条件表达式为假时，返回表达式 2 的值。

【例 2-8】 输出两者中比较大的值。

```
$a = 10;
$b = 20;
echo ($a > $b) ? $a : $b; //输出:20
```

PHP7 新增了一个 NULL 合并运算符“??”，它用于判断给定的操作数是否为 null，如果左边操作数不为 null，则返回左边操作数；如果左边操作数为 null，则返回右边的操作数。

【例 2-9】 NULL 合并运算符。

```
echo "<br>";
$num = 10;
echo ($num) ?? 100;      //输出:10
```

上述代码先判断$num 是否为 null，由于$num 不为 null，直接返回$num 的值。

7. 逻辑运算符

逻辑运算符可以把两个或多个表达式连接成一个表达式或使表达式的逻辑反转。PHP逻辑运算符如表 2-8 所示。

表 2-8 逻辑运算符

<table>
<tr><th>运算符</th><th>名　称</th><th>示　例</th><th>说　明</th></tr>
<tr><td>and</td><td>逻辑与</td><td>$a and $b</td><td>$a 和 $b 都为 true 时，结果为 true</td></tr>
<tr><td>or</td><td>逻辑或</td><td>$a or $b</td><td>$a 或 $b 任一为 true 时，结果为 true</td></tr>
<tr><td>xor</td><td>逻辑异或</td><td>$a xor $b</td><td>$a 的$b 真值相反时，结果为 true</td></tr>
<tr><td>!</td><td>逻辑非</td><td>! $a</td><td>对$a 的值取反</td></tr>
<tr><td>&&</td><td>逻辑与</td><td>$a && $b</td><td>$a 和 $b 都为 true 时，结果为 true</td></tr>
<tr><td>||</td><td>逻辑或</td><td>$a || $b</td><td>$a 或 $b 任一为 true 时，结果为 true</td></tr>
</table>

需要注意的是：表 2-8 中分别包含两个逻辑与、逻辑或，但是它们的优先级不同。

8. 位运算符

位运算符主要用于对二进制数进行运算，运算时需要把两个数字先转成二进制，并从低位到高位对齐后再进行运算。位运算符如表 2-9 所示。

表 2-9 位运算符

<table>
<tr><th>运算符</th><th>名　称</th><th>示　例</th><th>说　明</th></tr>
<tr><td>&</td><td>按位与</td><td>$a & $b</td><td>$a 和 $b 中都为 1 的位为 1，其他位为 0</td></tr>
<tr><td>|</td><td>按位或</td><td>$a | $b</td><td>$a 和 $b 中任何一个为 1 的位设为 1</td></tr>
<tr><td>^</td><td>按位异或</td><td>$a ^ $b</td><td>将 $a 和 $b 中一个为 1 另一个为 0 的位设为 1</td></tr>
<tr><td>~</td><td>按位取反</td><td>~ $a</td><td>将 $a 中为 0 的位设为 1，反之亦然</td></tr>
<tr><td><<</td><td>左移</td><td>$a << $b</td><td>将 $a 中的位向左移动 $b 次（相当于“乘 2”）</td></tr>
<tr><td>>></td><td>右移</td><td>$a >> $b</td><td>将 $a 中的位向右移动 $b 次（相当于“除 2”）</td></tr>
</table>

左移时右侧用零补齐，右移时左侧用符号位填充。

9. 错误控制运算符

PHP 提供了一个错误控制运算符“@”，当将它放在 PHP 表达式之前，该表达式可能产生的任何错误信息都被忽略掉。需要注意的是：这里的表达式指的是拥有“值”的表达式，不能把它放在函数或类的定义前面。

10. 运算符的优先级

运算符优先级是指多个运算符同时进行运算时，优先运算哪个运算符。例如，1+2 * 3 表达式的结果是 7，而不是 9，因为乘法比加法的优先级高。

如果运算符的优先级相同，则需要按照结合方向来决定运算顺序。例如，乘法运算符是向左结合，所以 2 * 3 * 4 等价于(2 * 3) * 4；赋值运算符“=”是向右结合，所以$a=$b=$c 等价于$a=($b=$c)，即先把$c 的值赋给$b，再把$b 的值赋给$a。

建议通过增加小括号来明确显示运算符的优先级，从而增强程序的可读性。PHP 各种运算符的优先级如表 2-10 所示。

表 2-10 运算符优先级

<table>
<tr><th>结合方向</th><th>运算符</th><th>说明</th></tr>
<tr><td>无</td><td>clone new</td><td>clone 和 new</td></tr>
<tr><td>左</td><td>[</td><td>array ()</td></tr>
<tr><td>右</td><td>**</td><td>算术运算符</td></tr>
<tr><td>右</td><td>++ -- ~ (int) (float) (string) (array) (object) (bool) @</td><td>类型和递增/递减</td></tr>
<tr><td>无</td><td>instanceof</td><td>类型</td></tr>
<tr><td>右</td><td>!</td><td>逻辑运算符</td></tr>
<tr><td>左</td><td>* / %</td><td>算术运算符</td></tr>
<tr><td>左</td><td>+ - .</td><td>算术运算符和字符串运算符</td></tr>
<tr><td>左</td><td><< >></td><td>位运算符</td></tr>
<tr><td>无</td><td>< <= > >=</td><td>比较运算符</td></tr>
<tr><td>无</td><td>== != === !== <> <=></td><td>比较运算符</td></tr>
<tr><td>左</td><td>&</td><td>位运算符和引用</td></tr>
<tr><td>左</td><td>^</td><td>位运算符</td></tr>
<tr><td>左</td><td>|</td><td>位运算符</td></tr>
<tr><td>左</td><td>&&</td><td>逻辑运算符</td></tr>
<tr><td>左</td><td>||</td><td>逻辑运算符</td></tr>
<tr><td>左</td><td>??</td><td>比较运算符</td></tr>
<tr><td>左</td><td>? :</td><td>三元运算符</td></tr>
<tr><td>右</td><td>= += -= *= **= /= .= %= &= |= ^= <<= >>=</td><td>赋值运算符</td></tr>
<tr><td>左</td><td>and</td><td>逻辑运算符</td></tr>
<tr><td>左</td><td>xor</td><td>逻辑运算符</td></tr>
<tr><td>左</td><td>or</td><td>逻辑运算符</td></tr>
</table>

2.2.6 类型转换

不同类型的数据参与运算时，有时会用到类型转换。PHP 类型转换可以分为自动类型转换和强制类型转换两种。

1. 自动类型转换

PHP 是一门弱类型语言，在使用变量时，变量的类型取决于给它赋值的类型。不同类型的数据在运算过程中，会发生自动类型转换。

(1) 其他类型转布尔型

其他类型转换为布尔值时，会被看作 false 的数据如表 2-11 所示，除表中数据外，其他数据会作为 true 参与运算。

表 2-11 其他类型转换布尔型

需要转换的数据	布尔值	需要转换的数据	布尔值
0	false	null	false
0.0	false	未赋值的变量	false
'0'、''	false	空数组	false

其中，浮点型 0.0 后面无论添加多少个 0，值均为 false，只要有一个非 0 数值即为 true；字符串'0'和空字符串''的值为 false，但包含一个空格的字符串' '的布尔值为 true。

（2）其他类型转数值型

布尔型和整型、浮点型数据进行数学运算时，true 会自动作为整型 1 或浮点型 1 参与运算，false 会自动作为整型 0 或浮点型 0 参与运算。

浮点型和整型数据一起进行运算时，整型数据会被当作浮点型进行运算。

在参与数值运算时，以非数字开头的字符串会被当作数字 0；以整型或浮点型字符开头的字符串会转成对应的整型或浮点型数据，示例代码如下。

```
<?php
$str1 = "12abc";
$str2 = "5.67fm";
$str3 = "abc123";
$n = 15;
echo $str1 + $n;
echo "<br>";
echo $str2 + $n;
echo "<br>";
echo $str3 + $n;
```

运行结果如图 2-4 所示。

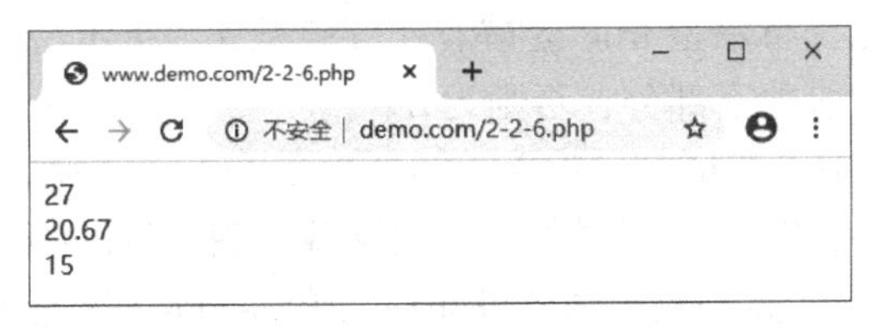

图 2-4 字符串转数值

在使用字符串参与数学运算时，PHP7.1 及以上版本会给出 Notice 及 Warning 警告，提示数据格式不正确，但仍然能够给出运算结果。

（3）其他类型转字符串型

在参与字符串运算时，数值型数据会直接被看作字符串；布尔值 true 会被看作 1，布尔值 false 会被看作空字符串，代码如下。

```
$b = true;
$f = false;
$str = "abc";
$n = 365;
$float = "87.0";
echo $b . $str . $f . $n . $float;
```

运行结果为：

```
1abc36587.0
```

📖 在自动发生类型转换时，并不会改变操作数本身的类型，改变的仅仅是这些操作数如何被求值以及表达式本身的类型。

2. 强制类型转换

强制类型转换可以把一种数据类型强制转为另一种数据类型，PHP 通过三种方式实现强制类型转换。

（1）使用转换操作符

PHP 通过在变量前添加转换操作符实现强制类型转换，转换操作符一般由小括号和类型两部分组成，常用的转换操作符如表 2-12 所示。

表 2-12　转换操作符

转换操作符	说　明	举　例
(int), (integer)	转换为整型 integer	(int)$b, (integer) $s
(float), (double), (real)	转换为浮点型 float	(float)$n, (double)$b
(bool), (boolean)	转换为布尔类型 boolean	(bool)$n, (boolean) $s
(string)	转换为字符串 string	(string)$n
(array)	转换为数组 array	(array) $s
(object)	转换为对象 object	(object) $s
(unset)	转换为 NULL	(unset) $s

在强制转为整型时，布尔型 true 会被看作整数 1，布尔型 false 会被看作整数 0；以数字开头的字符串会截取整数字符部分，否则为 0；浮点型数据只保留整数部分。

在强制转为浮点型时，布尔型 true 会被看作浮点数 1，布尔型 false 会被看作浮点数 0；以数字开头的字符串会截取数字部分，否则为 0。

（2）intval()、floatval()、doubleval()、boolval()、strval()函数

除了转换操作符之外，PHP 还提供了一系列函数实现变量的强制转换。

intval()函数用于获取变量的整数值，floatval()和 doubleval()函数用于获取变量的浮点值、boolval()函数用于获取变量的布尔值，strval()函数用于获取变量的字符串值。这些函数和转换操作符一样，并不会改变操作数本身的类型。下面代码以 intval()函数为例，说明强制转换函数的用法。

```
$str = "12.56abc";
echo intval($str);      //输出:12
echo $str;              //输出:12.56abc
```

（3）settype()函数

settype()函数用于设置变量的类型，与 intval()等函数不同的是，它会改变变量本身的类型。下面代码通过 settype()函数把变量$str 的类型转成了整型。

```
$str = "12.56abc";
settype($str, "integer");
echo $str;   //输出:12
```

2.2.7 表达式与语句

表达式是 PHP 语言的重要元素，任何有值的东西皆可称之为表达式，PHP 中最基本的表达式就是常量和变量。例如，$a、12、$a=12、$b=$a=100 都是合法的表达式。

有一些表达式加上分号之后即可变成语句，例如，“$a=12;”“$b=$a=5;”都是合法的语句。

2.3 流程控制语句

流程控制语句用于实现对程序流程的选择、循环、跳转等，流程控制语句对编程语言起着至关重要的作用，程序的执行流程直接决定最后的结果。在编码时，只有清楚每条语句的执行流程，才能选择合适的流程控制语句来实现想要的功能。合理的流程控制结构能够使程序代码更加清晰、减少代码冗余，有利于提高开发效率。本节主要对 PHP 中的流程控制结构进行介绍。

2.3.1 选择结构

选择结构根据选择条件的不同，执行不同的分支语句，从而得到不同的结果。例如，如果学生成绩大于等于 60，则该学生的成绩及格；否则，成绩不及格。如果淘宝用户的积分在 4~250 之间，信用等级为“红心”；在 250~10000 之间，信用等级为“蓝钻”等。

常用的选择结构包括 if 条件语句和 switch 条件语句两种。

1. if 条件语句

在 PHP 中，if 条件语句可细分为 if、if…else、if…elseif…else 三种。

(1) if 语句

if 语句的语法格式为

```
if(条件表达式){
    代码块;
}
```

如果条件表达式的结果为真，则执行代码块。下面演示 if 语句的用法。

【例 2-10】 判断成绩是否及格。

```
$score = 87;
if ($score >= 60)
    echo "该成绩等级为及格!";
```

运行结果为:

```
该成绩等级为及格!
```

(2) if…else 语句

if…else 语句的语法格式为

```
if(条件表达式){
    代码块 1;
```

```
}else{
    代码块 2;
}
```

if…else 语句在条件表达式的结果为真时，执行代码块 1；否则，执行代码块 2。

【例 2-11】输出较大的数字。

```
$num1 = 10;
$num2 = 20;
if ($num1 > $num2)
    echo"较大的数是" . $num1;
else {
    echo"较大的数是" . $num2;
}
```

运行结果为：

```
较大的数是 20
```

（3）if…elseif…else 语句

if…else 语句只能用于包含两个分支结果的情况，当分支结果更多时，可以使用 if…elseif…else 语句，其中可以包含多个 elseif，下面举例说明该结构的用法。

【例 2-12】判断会员积分等级。

某电商网站根据用户积分数量共设定四个会员等级：积分不超过 1000 分为普通会员，积分大于 1000 分且不超过 5000 分为黄金会员，积分大于 5000 分且不超过 10000 分为铂金会员，积分大于 10000 分为超级会员。现有一用户积分为 3000 分，判断其会员等级，代码如下。

```
$integral = 3000;
if ($integral <= 1000) {
    echo "普通会员";
} elseif ($integral <= 5000) {
    echo "黄金会员";
} elseif ($integral <= 10000) {
    echo "铂金会员";
} else {
    echo "超级会员";
}
```

运行结果为：

```
黄金会员
```

2. switch 语句

当表达式的值可以进行列举时，也可以采用 switch 语句，其语法格式为

```
switch(变量或表达式){
    case 常量 1:
        语句块 1;
        break;
```

```
    case 常量 2:
        语句块 2;
        break;
    …
    case 常量 n:
        语句块 n;
        break;
    default:
        语句块 n+1;
}
```

switch 语句根据变量或者表达式的值，从上往下依次与每个 case 后面的常量值进行比较，直至找到与变量或表达式相等的常量，进而执行该分支下的语句块。如果没有满足的 case 分支时，则执行 default 分支。需要注意的是：一般每个 case 分支的语句块后面都会带一个 break 语句，否则，执行完当前 case 后，会继续执行下一个 case 分支。

【例 2-13】 判断用户角色。

在线考试系统中支持三种角色登录，分别是管理员、教师、学生，不同的角色登录后看到的系统页面不同，能够使用的功能也不尽相同。使用 switch 语句可以根据角色不同，显示不同的页面。在实际应用中，可通过数字标识不同角色，本例中分别用数字 0、1、2 代表管理员、教师、学生角色。

```
$role = 1;
switch ($role) {
    case 0:
        echo "显示管理员角色页面";
        break;
    case 1:
        echo "显示教师角色页面";
        break;
    case 2:
        echo "显示学生角色页面";
        break;
    default:
        echo "没有访问权限";
}
```

运行结果为：

```
显示教师角色页面
```

2.3.2 循环结构

对于一些需要反复执行且有规律的代码，可以采用循环结构进行编写。循环结构能够使代码结构更加清晰，有效减少重复代码。循环结构包含 for、while、do…while 三种形式。

1. for 循环

当循环次数固定时，一般采用 for 循环结构。for 循环结构的语法格式为

```
for (初始化表达式; 结束条件表达式; 迭代表达式) {
    循环代码块;
}
```

初始化表达式只在第一次循环开始前无条件执行一次。结束条件表达式在每次循环开始前计算一次值，如果值为 true，则继续循环并执行循环代码块；否则，终止循环。迭代表达式在每次循环后执行一次。

【例 2-14】求 100~1000 之间的自然数之和。

```
$sum = 0;
for ($i = 100; $i <= 1000; $i++) {
    $sum += $i;
}
echo $sum;
```

运行结果为：

```
495550
```

for 循环语句还可以结合条件语句实现更加复杂的功能，例 2-15 演示在 for 循环中使用 if 语句的情况。

【例 2-15】打印考场座位号。

在英语四级考试中，每个考场可以安排 30 名同学，考务人员在打印考场座位号时，每行可以放置 5 个考试座位号，输出一个考场中的座位号排列顺序，主要代码如下。

```
<h3>讲台</h3>
<?php
for ($id = 1; $id <= 30; $id++) {
    $id = $id < 10 ? ("0" . $id) : $id;
    echo "<span>$id</span>";
    if ($id % 5 == 0)
        echo "<br>";
} ?>
```

运行结果如图 2-5 所示。

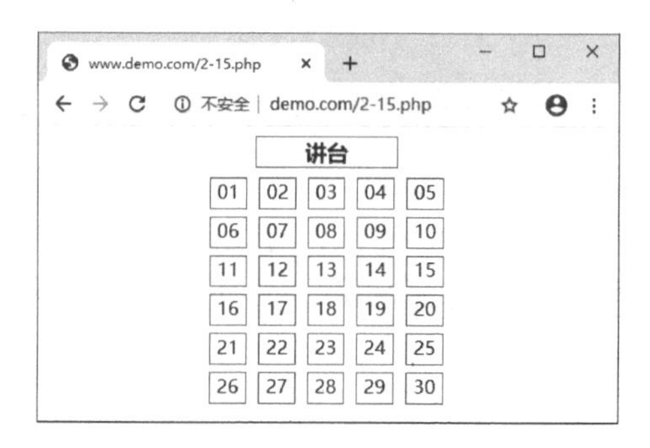

图 2-5 打印考场座位号

有时，只用一层循环语句可能无法实现想要的功能，需要在循环体语句中继续使用循环语句，即“循环嵌套”。例 2-16 演示循环嵌套的用法。

【例 2-16】 考场设置。

全国研究生考试需要占用 X 考点的教学楼，教学楼共 4 层，每层 6 间教室，一楼教室编号依次为：101、102、103……，对应考场编号为 01、02、03……；二楼教室编号依次为 201、202、203……，对应考场编号为 07、08、09……，依次类推。打印教室编号和考场编号的对应关系。

由于上述题目中既包含楼层、每个楼层还包含多间教室，只用一层循环无法实现，可以使用双层循环解决该问题，代码如下。

```
<!DOCTYPE html>
<htmllang="en">
<head>
    <meta charset="UTF-8">
    <title>Examination Room Distribution</title>
    <style type="text/css">
    /*CSS 代码在此省略,完整代码请参考配套源代码*/
    </style>
</head>
<body>
<?php
echo "<h3>全国研究生考试 X 考点考场设置</h3>";
for ($i = 4; $i >= 1; $i--) {
    for ($j = 1; $j <= 6; $j++) {
        $n = ($i - 1) * 6 + $j;
        $num = $n < 10 ? "0" . $n : $n;
        echo $i . "0" . $j . "—" . $num . "考场  ";
    }
    echo "<br>";
}
?>
</body>
</html>
```

上述代码中$i 代表层数，$j 代表第$j 间教室，教室编号由$i、0、$j 三部分拼接而成；$n 代表考场序号，由于存在个位数的考场序号，对$n 进行格式化处理后，得到考场编号$num。运行结果如图 2-6 所示。

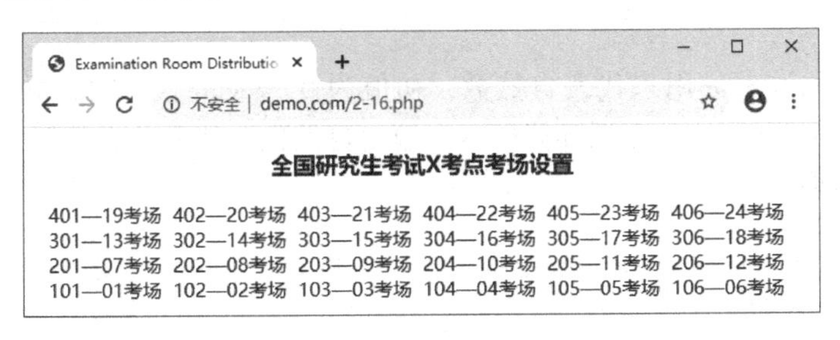

图 2-6　考场分布图

2. while 循环

while 循环根据循环条件的真假决定是否执行循环体，语法格式为

```
while (循环条件) {
    循环代码块;
}
```

while 循环在每次循环前会先判断循环条件，如果条件为真，则执行代码块；否则跳出循环。

【例 2-17】 一张纸的厚度大约是 0.1 毫米，假设这张纸可以无限次对折，计算对折几次可以超过珠峰（8844.43 米）。

```
$h = 0.1;
$count = 0;  //折叠次数
while ($h<=8844430) {
    $h = $h * 2;
    $count++;
}
echo $count;
```

运行结果为：

```
27
```

3. do…while 循环

do…while 循环是 while 循环的变种。在 do…while 循环中，无论循环条件是否为真，都会至少执行一次代码块。do…while 循环的语法格式为

```
do {
    循环代码块;
} while (循环条件);
```

【例 2-18】 依次输出累加和不大于 10 的自然数。

```
$sum = 0;
$num = 0;
do {
    echo $num . "<br>";
    $num++;
    $sum += $num;
} while ($sum <= 10);
```

在上述例子中，$num 用来代表自然数，初值为 0，$sum 代表自然数之和，初值为 0。循环条件为“$sum <= 10”。在循环体中，先输出自然数，然后让自然数递增 1，并累加到 $sum 中。运行结果为：

```
0
1
2
3
4
```

【例 2-19】while 和 do…while 的区别。

```
$n = 10;                        $n = 10;
while ($n < 10) {               do {
    echo $n;                        echo $n;
}                               } while ($n < 10);
```

例 2-19

运行结果：　　　　　　　　运行结果：

```
无输出                          10
```

在上述左右两个代码块中：$n 的初值相同，循环条件和循环体也相同。while 循环首先判断循环条件是否成立，由于条件不满足，因此不执行循环体；do…while 循环先执行循环体，再判断循环条件是否成立，虽然条件不成立，但是也执行了一次循环体。

4. 循环跳出语句

只要循环条件成立，循环语句便会一直执行下去。如果希望在循环过程中跳出循环，可以采用循环跳出语句。PHP 循环跳出语句包括 break 和 continue 两种。

break 语句可以直接跳出 for、while 和 do…while 循环，需要特别注意的是：当有多层循环嵌套时，break 语句只能跳出离得最近的一层循环。

【例 2-20】判断给定数字是否为素数。

```
$num = 23517;
$flag = true;
for ($i = 2; $i <=$num /2; $i++) {
    if ($num % $i == 0) {
        $flag = false;
        break;
    }
}
if ($flag && $num>1) {
    echo "该数字是素数";
} else {
    echo "该数字不是素数";
}
```

运行结果为：

```
该数字不是素数
```

在上述例子中，在 2~$num/2 区间内只要发现一个可以整除该数字的自然数，即可证明该数字不是素数，程序也没必要继续执行下去，所以用 break 语句直接跳出 for 循环。

此外，PHP 也支持在 break 后面接收一个数字参数来决定跳出几重循环，该参数不能大于最大的循环嵌套层数。例如，下面代码表示跳出最近 3 层循环。

```
break 3;
```

continue 语句只能跳出本次循环，并继续进入下一次循环。下面举例说明 continue 的用法。

【例 2-21】输出 10 以内的奇数。

```
for ($i = 1; $i <= 10; $i++) {
    if ($i % 2 == 0) continue;
    echo $i . "<br>";
}
```

运行结果为：

```
1
3
5
7
9
```

continue 后面也可以接收一个可选的数字参数来决定跳过几层循环的当前次循环。例如，下列代码表示跳过最近 3 层循环的当前循环。

```
continue 3;
```

2.4 案例：打印月历

2.4 案例：打印月历

日历能够帮助用户选择日期，避免用户手动输入时可能出现的格式错误，广泛应用于各类网站中。本节主要实现打印日历中一个月的日期。

2.4.1 案例呈现

本节中使用流程控制语句中的选择结构和循环结构实现如图 2-7 所示的打印月历功能。由于目前还没有学习日期相关函数，因此本节仅打印 2020 年 1 月的月历。在案例中主要实现以下功能。

1）以表格形式打印 2020 年 1 月月历。

2）日期和星期之间要一一对应。

图 2-7　打印月历

2.4.2 案例分析

月历中一般根据星期采用 7 列形式显示，第一列代表星期日，第二列代表星期一，第三列代表星期二，以此类推。在编写代码时，需要考虑 1 号是星期几，例如，2020 年 1 月 1 日是星期三，因此需要在 1 号前面输出 3 个空格。在学习完第 4 章函数的相关知识后，可以通过日期函数获得某一天是星期几。本例把“2020 年 1 月 1 日是星期三”作为一个已知条件。根据以上需求，可以得出案例的实现需要分为以下几个步骤。

1）定义变量$days 表示 2020 年 1 月份的天数，定义变量$space 表示 1 月 1 日前需要打印的空格数目，同时代表 1 月 1 日是星期几，定义最终需要打印的字符串$str。

2）在$str 中初始化月历头部。

3）通过 for 循环输出 1 月 1 日前的空格。

4）通过 for 循环输出每个日期，当空格数目和当前日期之和除以 7，余数为 1 时，需要添加 tr 开始标记，表示另起一行进行输出；当空格数目和当前日期之和是 7 的倍数时，通过添加 tr 结束标记进行换行。

5）当$days 和$space 之和不是 7 的倍数时，需要在最后添加 tr 结束标记，表示最后一行输出完毕。

2.4.3 案例实现

经过以上分析，本案例的完整代码如下，运行结果如图 2-7 所示。

```
<!DOCTYPE html>
<head>
    <meta charset="UTF-8">
    <title>打印月历</title>
    <style type="text/css">
        body {
            text-align: center;
        }
    </style>
</head>
<body>
<?php
echo "<h3>2020 年 1 月月历</h3>";
//打印月历头部
$str = "<table align=\"center\"><tr><td>日</td><td>一</td><td>二</td><td>三</td><td>四</td><td>五</td><td>六</td></tr>";
$days = 31;//1 月份天数
$space = 3;//星期三,即在 1 号前面需要添加的空格数目
//打印空格
$str .= "<tr>";
for ($i = 0; $i < $space; $i++) {
    $str .= "<td> </td>";
}
//打印日期
for ($j = 1; $j <= $days; $j++) {
    //每行开头添加 tr 开始标记
    if (($j + $space) % 7 == 1) {
        $str .= "<tr>";
    }
    $str .= "<td>$j</td>";
```

```
    //每行末尾添加 tr 结束标记
    if (($j + $space) % 7 == 0)
        $str .= "</tr>";
}
//当数字加空格不是 7 的倍数时,需要最后加一个 tr 结束标记
if (($days + $space) % 7 != 0) {
    $str .= "</tr>";
}
$str .= "</table>";
echo $str;
?>
</body>
</html>
```

2.5 实践操作

1）打印如图 2-8 所示的乘法口诀表。

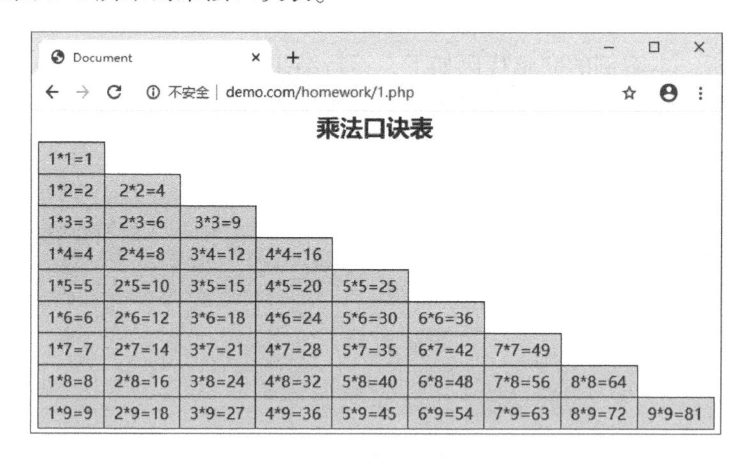

图 2-8　乘法口诀表

2）棋盘上放芝麻。假设在 64 格的棋盘上放置芝麻，第 1 格上放置 1 粒芝麻，第 2 格上放置 2 粒芝麻，第 3 格上放置 4 粒芝麻，下一格放置的芝麻数量是前一格的 2 倍，以此类推，假设棋盘无限大，计算第 64 格上应该放置多少粒芝麻？

第3章　数　　组

标量类型的变量只能保存一个数据，当需要保存并处理一批数据时，需要用到复合类型的数组变量，它可以保存一批数据，方便对数据进行分类和批量处理，从而有效地提高程序开发效率。数组是 PHP 中最重要的复合数据类型之一，在 PHP 中应用广泛。本章将对 PHP 数组的相关知识进行介绍。

本章要点

- 数组概述
- 定义数组
- 访问、遍历与删除数组
- 常用数组函数
- 超全局数组变量

3.1　数组概述

数组可以存放一批数据，方便用户对数据进行批量处理，本节主要介绍数组的基本概念和分类。

3.1.1　数组的基本概念

在程序中经常会对一批数据进行操作，例如，在微信运动中，对每天好友的运动步数进行排序，如果用整型变量来表示每位好友每天的运动步数，有多少个好友就需要定义多少个变量，这样做不仅麻烦，而且容易出错。这时，可以使用数组来解决。

什么是数组呢？数组，顾名思义，就是一组有某种共同特性的元素组成的集合，相当于存储多个元素的容器。在 PHP 中，每个元素都包括键（key）和值（value）两个项，每个元素是一个“键值对”（key=>value），键值是成对出现的，是一一对应的关系。其中“键”为元素的识别名称，也被称为数组的下标，可以是数字、字符串或者数字与字符串的组合；而“值”为元素的值，可以定义为任意类型。

3.1.2　数组的分类

在 PHP 中，根据维度可以将数组分成一维数组、二维数组和多维数组。一维数组的“值”是非数组类型的数据，二维数组的“值”是一个一维数组，当二维数组的“值”是一个二维数组或二维以上的数组时，就形成了多维数组。

在 PHP 中，根据下标的数据类型，可以将数组分为索引数组和关联数组。其中索引数组使用数字作为键名，关联数组通常使用字符串作为键名。

1. 索引数组

索引数组的键名由数字组成，默认键名从 0 开始，并依次递增，利用键名来表示每个数组元素对应的位置。例如，图 3-1 表示一个一维数组中的 5 个元素在内存中的分配情况，其值分别是 58、100、68、46、87，其键为 0~4。

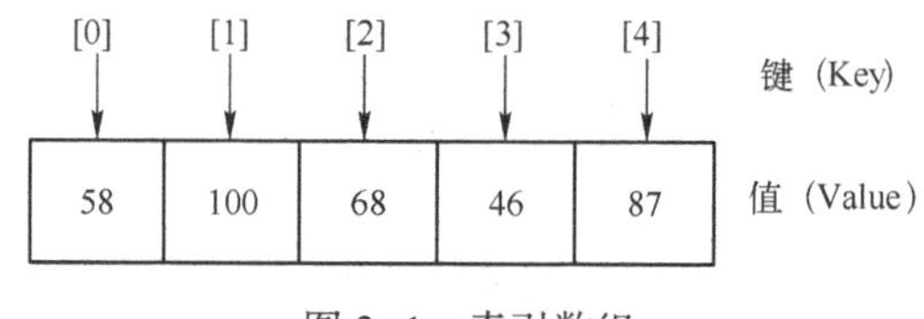

图 3-1　索引数组

📖 索引数组的“键”也可以自己指定，默认情况下，键从 0 开始。

2. 关联数组

关联数组的键名可以是字符串和数字混合的形式，不像索引数组的键名只能为数字，在一个数组中只要键名中有一个不是数字，那么这个数组就叫作关联数组。通常情况下，键名使用字符串，且键名的命名一般要做到见名知义。图 3-2 表示一个存储个人信息的关联数组及其元素在内存中的分配情况。

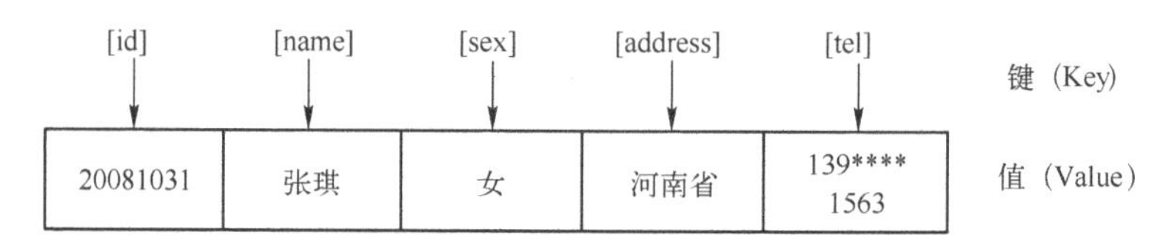

图 3-2　关联数组

3.2　定义数组

在 PHP 中，定义数组的方式有三种，第一种是使用[ ]定义数组，第二种是使用 array( ) 函数定义数组，第三种是短数组语法定义数组。

3.2.1　使用[ ]定义数组

通过在方括号内指定键名来给数组赋值，其语法格式如下。

```
$arr[$key] = value;
```

其中，$arr 为数组名；$key 为键名，其类型可以为整型或字符串；value 为值，可以为任意数据类型。

1. 索引数组

定义一个索引数组，示例如下。

```
$student[0] = '张亮';
$student[1] = '李丽';
$student[2] = '王坤';
```

该示例将几个人的姓名存至数组$student 中，第一个元素的值为张亮，第二个元素的值为李丽，第三个元素的值为王坤。

也可以定义如下索引数组，value 的值可以为任意数据类型。

```
$student[0] = 123;          //值为整型
$student[1] = '孙琦';       //值为字符串
$student[2] = 65.5;         //值为浮点数
$student[3] = true;         //值为布尔值
```

📖 需要注意的是，如果没有指定“键”，即 [ ] 内省略不写，则使用默认键，从当前最大键值开始依次递增。

---

2. 关联数组

定义关联数组，示例如下。

```
$student['id'] = '2008001';
$student['name'] = '张琪';
$student['sex'] = '女';
$student['address'] = '河南省';
$student['tel'] = '139****1563';
```

上述示例定义了一个关联数组$student，数组元素的“键”都是字符串，并且“键”与“值”具有一一对应的关系。

3.2.2 使用 array( )定义数组

使用 array( )定义数组时，是使用“键=>值”的方式接收数组的元素，各个元素之间用逗号分隔，语法格式如下。

```
$arr = array(key1 => value1, key2 => value2,…)
```

其中，$arr 表示数组名；key1、key2 表示键名；可以是数字，也可以是字符串；value1、value2 表示对应的值，可以是任意类型的数据。

1. 索引数组

定义索引数组，示例如下。

```
$student1 = array('张亮', '李丽', '王飞');            //省略键名
$student2 = array(1 => '张琪', 4 => '王飞');          //指定键名
```

上述代码中，定义了一个数组$student1。在定义该数组时，只指定了数组元素的值，没有指定键名，则$student1 默认为索引数组，且键名从 0 开始，依次递增，分别是“0、1、2”。$student2 数组变量的键名是指定的，第一个元素的键名为 1，第二个元素的键名为 4，这种定义方法不常使用。

2. 关联数组

定义关联数组，示例如下。

```
$student = array('id' => '2008001', 'name' => '张琪', 'sex' => '女', 'address' => '河南省',
    tel'=>'139****1563');
```

上述代码中，通过关联数组的键名可以准确地描述该数组元素的含义，例如，id 表示学号，name 表示姓名，sex 表示性别，address 表示地址，tel 表示电话号码。

在使用数组时需要注意以下几点。

1）数组的键名可以是整型和字符串类型，如果是其他类型，会自动进行类型转换。整型的字符串会被转换为整型，如“2”会转为2；浮点数会被舍去小数部分直接转换成整型，如“2.6”会转换成2；布尔类型的true和false会转换成1和0；null会转换为空字符串。

2）当定义数组时没有给某个元素指定下标，PHP会自动将目前最大的整数的键加1后，作为该元素的键名，并依次递增后面元素的键名。

3）当数组中存在相同键名元素时，后面的元素会覆盖前面元素的值。

4）当定义没有任何元素的数组时，可以使用$arr=array()来定义。

5）还可以定义既有索引表示方式又有关联表示方式的数组元素，例如，$arr=array(5,'a','id'=>123,3=>'b','c')，5的键名为0，'a'的键名为1，123的键名为'id'，'b'的键名为3，'c'的键名为4。这种方式在实际应用中很少使用。

3.2.3 使用短数组语法定义数组

自PHP5.4起可以使用短数组定义语法，用[]替代array()，示例如下。

```
$student = ['id' =>'2008001', 'name' =>'张琪', 'sex' =>'女'];
$name = ['张亮', '李丽', '王飞'];
```

在上述代码中，用[]代替array()，分别定义一个关联数组$student和一个索引数组$name。

3.2.4 二维数组的定义

二维数组的定义和使用与一维数组一样，唯一的区别是二维数组的元素仍是一个一维数组。大多使用array()定义二维数组，示例代码如下。

```
$students=array(
    '科学1班' =>array('1' =>'张亮', '2' =>'李丽'),
    '科学2班' =>array('1' =>'李风', '2' =>'张森'),
    '科学3班' =>array('1' =>'李艳丽', '2' =>'马良龙')
)
```

上述代码中，实现了二维数组$students的定义，该数组中相当于包含三个一维数组，其键名分别是“科学1班”“科学2班”“科学3班”。按照这种思路，可以定义多维数组。

3.3 访问、输出数组

定义好数组后，可以使用访问键名的方式来获取元素的值，具体语法格式如下。

```
$数组名[键名]
```

示例1。

```
$student = array('id' =>'2008001', 'name' =>'张琪', 'sex' =>'女'); //定义一个关联数组$student
echo $student['id'];                    //输出结果:2008001
echo $student['name'];                  //输出结果:张琪
echo $student['sex'];                   //输出结果:女
```

```
$name = array('张亮', '李丽', '王飞');      //定义一个索引数组$name
echo $name[0];                              //输出结果:张亮
echo $name[1];                              //输出结果:李丽
echo $name[2];                              //输出结果:王飞
```

通过以上方式可以访问数组的某一个元素，如果想输出数组元素的所有值，可以使用 print_r( )和 var_dump( )函数来实现。

1. print_r( )函数

语法格式如下。

```
print_r(mixed $expression [, bool $return])
```

其中，参数 expression 是要打印的表达式，如果参数 expression 是字符串、整型或 float 类型，则输出变量值本身，如果参数 expression 是数组变量，将按照一定格式显示键和元素。

示例 2：

```
$student = array('id' =>'2008001', 'name' =>'张琪', 'sex' =>'女');
print_r($student);
```

运行结果：

```
Array([id] => 2008001 [name]=>张琪 [sex]=>女)
```

如果想获取 print_r( )输出的内容，可使用 return 参数。该参数默认值为 false，当此参数为 true 时，print_r( )会直接返回 string 格式的信息，而不是输出。

示例 3：

```
$student = array('id' =>'2008001', 'name' =>'张琪', 'sex' =>'女');
$a =print_r($student, true);                 //$a 包含了 print_r 的输出
echo $a;
```

运行结果：

```
Array ( [id] => 2008001 [name] =>张琪 [sex] => 女)
```

在示例 3 中，执行到第二句时将 print_r( )函数的返回值给$a，通过第三句输出$a，可以知道$a 是包含所有数组元素的字符串。

2. var_dump( )函数

语法格式如下。

```
void var_dump ( mixed $expression [, mixed $expression [,…]])
```

该函数中参数 expression 可以是任意表达式，用来显示一个或多个表达式的结构信息，包括表达式的类型与值。

示例 4：

```
$student = array('id' =>'2008001', 'name' =>'张琪', 'sex' =>'女');
var_dump($student);
```

运行结果：

```
array(3) { ["id"]=> string(7) "2008001" ["name"]=> string(6) "张琪" ["sex"]=>
string(3) "女" }
```

示例 4 中，var_dump( )函数不仅输出元素的值，而且输出元素的数据类型。

在输出数组时，建议使用<pre>标签将 print_r( )函数和 var_dump( )函数的调用语句包围。〈pre〉标签将保留空格和换行符，使输出更加清晰明了。示例代码如下。

```
echo '<pre>';
$student = array('id' =>'2008001', 'name' => '张琪', 'sex' => '女');
print_r($student);
echo '</pre>';
```

运行结果：

```
Array
(
    [id] => 2008001
    [name] =>张琪
    [sex] =>女
)
```

3.4 遍历数组

3.4 遍历数组

所谓遍历数组，就是对数组的每一个元素依次进行访问。

在 PHP 中，遍历数组最方便的语句就是 foreach 语句，它的语法格式有两种，具体如下。

第一种格式：

```
foreach (array_expression as $value)
{
    statement
}
```

第二种格式：

```
foreach (array_expression as $key => $value)
{
    statement
}
```

以上两种语法格式均可实现数组的遍历，其中，array_expression 为遍历的数组名，$key 为键，$value 为元素的值，statement 为循环体语句。第一种语法格式仅将数组的值赋值给$value，第二种语法格式不仅将数组的值赋值给$value，而且将当前元素的键名赋值给$key。具体使用示例见例 3-1 和例 3-2。

【例 3-1】 使用第一种格式遍历一维数组。

```
<?php
$student = array('id' =>'2008001', 'name' => '张琪', 'sex' => '女');
foreach ($student as $value) {
    echo $value;
    echo '<br/>';
}
?>
```

运行结果：

```
2008001
张琪
女
```

【例 3-2】使用第二种格式遍历一维数组。

```
<?php
$student = array('id' => '2008001', 'name' => '张琪', 'sex' => '女');
foreach ($student as $key => $value) {
    echo $key . '=>' . $value;
    echo '<br/>';
}
?>
```

运行结果：

```
id=>2008001
name=>张琪
sex=>女
```

以上两个示例均可以实现对数组元素的遍历，使用时可以根据情况灵活选择，也可以使用上述方法对二维数组进行遍历，具体示例见例 3-3。

【例 3-3】遍历二维数组。

```
<?php
$students = array(
    '科学 1 班' => array('张亮', '李丽'),
    '科学 2 班' => array('李风', '张森'),
    '科学 3 班' => array('李艳丽', '马良龙')
);                                          //定义二维数组$students
foreach ($students as $key => $value)       //循环读二维数组,$value 仍为数组
{
    echo $key . ':  ';              //输出第一维度的键名
    foreach ($value as $k => $v)            //遍历一维数组$value 中的数据
    {
        echo $k . '=>' . $v;                //输出一维数组的键名和值
        echo ' ';                       //输出空格
    }
    echo '</br>';                           //输出换行
}?>
```

运行结果：

```
科学 1 班:  0=>张亮 1=>李丽
科学 2 班:  0=>李风 1=>张森
科学 3 班:  0=>李艳丽 1=>马良龙
```

foreach()函数能访问遍历数组中的每一个元素值，那么在遍历数组时，如果改变了当前元素$value 的值，数组中的值是不会变的，示例如下。

```
$arr=array(2,3,6);
foreach($arr as $v)
```

```
{
    $v=$v+4;
}
print_r($arr);
```

上述代码输出结果为 Array ([0]=> 2[1]=>3[2]=>6)，并没有改变数组元素的值，这是因为默认情况下，foreach()在遍历数组时，数组元素的值$v 为传值赋值。若想通过$v 改变数组中的值，可以在关键字 as 后的元素值前面加上“&”符号，即遍历数组语句改为 foreach($arr as & $v)，输出结果为 Array ([0]=>6 [1]=>7[2]=>10)。

3.5 删除数组

当数组中不需要某个元素时，可以使用 unset()函数进行删除，其语法格式为

```
void unset ( mixed $var [, mixed…])
```

其中，参数 var 表示要删除的变量名。具体如例 3-4 所示。

【例 3-4】 删除一维数组元素。

```
<?php
$arr = array(2, 3, 6);
unset($arr[1]);         //删除数组中一个元素
print_r($arr);          //输出 Array ( [0] => 2 [2] => 6 )
unset($arr);            //数组$arr 被删除
print_r($arr);          //数组$arr 已经被删除
}?>
```

上述示例第 3 行代码删除数组$arr 中第 2 个元素，第 5 行代码将$arr 数组删除，此时数组$arr 就不存在了，运行结果如图 3-3 所示。

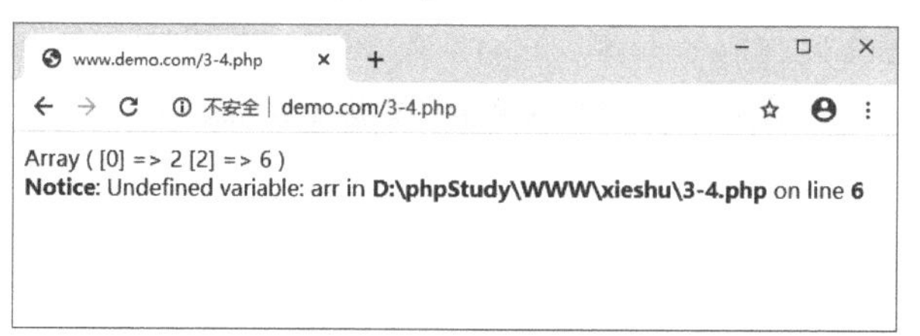

图 3-3　运行结果

【例 3-5】 删除二维数组元素。

```
<?php
$student = array(
    array('2008001', '李真'),
    array('2008002', '张震'),
    array('2008003', '王兰')
);
unset($student[0]);             //删除键为 0 的数组元素
echo '<pre>';
print_r($student);
echo '</pre>';
?>
```

运行结果如图 3-4 所示。

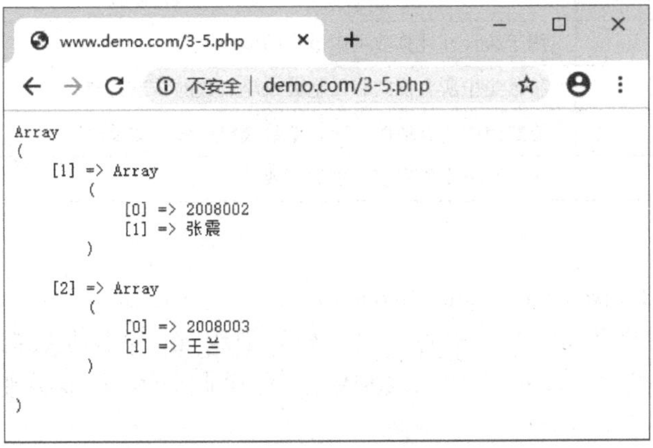

```
www.demo.com/3-5.php
不安全 | demo.com/3-5.php

Array
(
    [1] => Array
        (
            [0] => 2008002
            [1] => 张震
        )

    [2] => Array
        (
            [0] => 2008003
            [1] => 王兰
        )

)
```

图 3-4　运行结果

在例 3-5 中，通过 unset($student[0])删除键名为 0 的数组元素。从运行结果看，数组元素被删除后，数组中的键名不会自动填补空缺的数字。另外，也可以通过 unset($student)删除整个数组。

3.6　常用数组函数

PHP 提供了丰富且功能强大的数组函数，主要包括统计函数、数组指针函数、检索函数、排序函数、数组元素操作函数等，具体如表 3-1 所示。

表 3-1　常用数组函数

数组函数分类	函 数 名
统计函数	count()、max()、min()、array_sum()、array_product()、array_count_values()
数组指针函数	current()、key()、next()、prev()、end()、reset()
检索函数	array_keys()、array_values()、in_array()、array_search()、array_key_exists()、array_unique()
排序函数	sort()、asort()、rsort()、arsort()、ksort()、krsort()、shuffle()、array_reverse()
数组元素操作函数	array_push()、array_pop()、array_unshift()、array_shift()
其他函数	is_array()、array_merge()、array_rand()、range()

3.6.1　统计函数

PHP 提供的数组统计函数较多，如统计元素个数、求最大值、最小值等，在此主要介绍表 3-2 所示的一些函数。

表 3-2　统计函数

函 数 名	功 能 描 述
count()	用于统计数组中元素的个数
max()	用于统计并计算数组中最大的值

（续）

函　数　名	功 能 描 述
min( )	用于统计并计算数组中最小的值
array_sum( )	将数组中所有值的和以整数或浮点数的结果返回
array_product( )	将数组中所有值的乘积以整数或浮点数的结果返回
array_count_values( )	统计数组中所有值出现的次数

1. count( )函数

语法：int count (mixed $arr [,int $mode])

功能：用于统计数组 arr 中元素的个数。如果数组 arr 为多维数组的话，可以将 mode 参数的值设置为 1 或者 COUNT_RECURSIVE，会递归计算多维数组 arr 中所有元素的个数。

示例：

```
$arr1 = array(4, 8, 9);
echo count($arr1);                    //输出 3
$arr2 = array(
    array(1, 2, 3),
    array(4, 5, 6),
    array(7, 8, 9)
);
echo count($arr2);                    //输出 3
echo count($arr2, 1);                 //输出 12
```

2. max( )函数

语法：mixed max(array $values)

功能：用于统计并计算数组中最大的值。values 为统计的数组。

示例：

```
$arr1 = array(4, 8, 9);
echo max($arr1);                      //输出 9
$arr2 = array('张亮', '王飞');
echo max($arr2);                      //输出王飞
```

3. min( )函数

语法：mixed min (array $values)

功能：用于统计并计算数组中最小的值。values 为统计的数组。

示例：

```
$arr1 = array(4, 8, 9);
echo min($arr1);                      //输出 4
$arr2 = array('张亮', '王飞');
echo min($arr2);                      //输出张亮
```

4. array_sum( )函数

语法：number array_sum (array $arr)

功能：将数组 arr 中所有值的和以整数或浮点数的结果返回。

说明：PHP 会自动将数组中的非数值类型的数据转换成整数或浮点数。

示例：

```
$arr1 = array(4, 8, 9);
echo array_sum($arr1);                //输出 21
$arr2 = array('1 张亮', '2 王飞');
echo array_sum($arr2);                //输出 3
$arr3 = array('张亮', '王飞');
echo array_sum($arr3);                //输出 0
```

📖 number 是 PHP 数据类型中的一种伪类型，表示整型和浮点型。

---

5. array_product( )函数

语法：number array_product (array $arr)

功能：将数组 arr 中所有值的乘积以整数或浮点数的结果返回。

说明：PHP 会自动将数组中的非数值类型的数据转换成整数或浮点数。

示例：

```
$arr1 = array(4, 8, 9);
echo array_product($arr1);                //输出 288
$arr2 = array('1 张亮', '2 王飞');
echo array_product($arr2);                //输出 2
$arr3 = array('张亮', '王飞');
echo array_product($arr3);                //输出 0
```

6. array_count_values( )函数

语法：array array_count_values(array $arr)

功能：统计数组 arr 中所有值出现的次数，结果返回一个新数组。新数组中用 arr 的值作为键名，该值出现的次数作为新数组的值。

示例：

```
$arr1=array(4,8,9,4,8);
print_r(array_count_values($arr1));   //输出 array ([4] => 2 [8] => 2 [9] => 1)
$arr2=array('张亮','王飞','张亮');
print_r(array_count_values($arr2));   //输出 array ([张亮] => 2 [王飞] => 1)
```

3.6.2 数组指针函数

PHP 内置了管理数组“当前指针”的函数，使用这些函数可以移动数组“当前指针”并读取数组元素，从而实现数组的遍历。在此主要介绍表 3-3 所示的一些函数。

表 3-3 数组指针函数

函 数 名	功 能 描 述
current( )	用于返回数组中当前单元的值
key( )	用于返回数组中当前单元的键名
next( )	用于返回数组内部指针指向的下一个单元的值
prev( )	用于返回数组内部指针指向的前一个单元的值
end( )	用于返回数组内部指针移动到最后一个单元的值
reset( )	用于返回数组内部第一个单元的值

1. current( )函数

语法：mixed current（array &$arr）

功能：用于返回数组 arr 中当前单元的值。

说明：每个数组中都有一个内部的指针，指向它“当前的”单元，初始指向插入到数组中的第一个单元。current( )返回当前被内部指针指向的数组单元的值，并不移动指针。如果内部指针指向超出了单元列表的末端，current( )返回 false。

示例：

```
$arr1 = array(4, 8, 9);
echo current($arr1);                //输出 4
$arr2 = array('01' => '张亮', '02' => '王飞', '03' => '李娟');
echo current($arr2);                //输出张亮
```

2. key( )函数

语法：mixed key（array $arr）

功能：用于返回数组 arr 中当前单元的键名。

示例：

```
$arr1 = array(4, 8, 9);
echo key($arr1);                    //输出 0
$arr2 = array('01' => '张亮', '02' => '王飞', '03' => '李娟');
echo key($arr2);                    //输出 01
```

3. next( )函数

语法：mixed next(array &$arr)

功能：将数组 arr 中的内部指针向前移动一位，返回数组内部指针指向的下一个单元的值，如果没有更多单元，则返回 false。

示例：

```
$arr1 = array(4, 8, 9, 10);
echo next($arr1);                //输出 8
$arr2 = array('01' => '张亮', '02' => '王飞', '03' => '李娟');
echo next($arr2);                //输出王飞
```

4. prev( )函数

语法：mixed prev(array &$arr)

功能：将数组 arr 的内部指针倒回一位，返回数组内部指针指向的前一个单元的值，如果没有更多单元，则返回 false。

示例：

```
$arr1 = array(4, 8, 9, 10);
next($arr1);
echo prev($arr1);                //输出 4
$arr2 = array('01' => '张亮', '02' => '王飞', '03' => '李娟');
next($arr2);
echo prev($arr2);                //输出张亮
```

5. end( )函数

语法：mixed end(array &$arr)

功能：将数组 arr 的内部指针移动到最后一个单元，并返回该单元的值。

示例：

```
$arr1 = array(4, 8, 9, 10);
echo end($arr1);                    //输出 10
$arr2 = array('01' => '张亮', '02' => '王飞', '03' => '李娟');
echo end($arr2);                    //输出李娟
```

6. reset( ) 函数

语法：mixed reset (array &$arr)

功能：将数组 arr 的内部指针倒回到第一个单元，并返回第一个数组单元的值。

示例：

```
$arr1= array('01' => '张亮', '02' => '王飞', '03' => '李娟');
next($arr1);
next($arr1);
echo reset($arr1);                    //输出张亮
```

3.6.3 检索函数

PHP 提供的数组检索函数主要是对数组元素的“键”或“值”进行查询，在此主要介绍表 3-4 所示的一些函数。

表 3-4 检索函数

函 数 名	功 能 描 述
array_keys( )	用于获取数组中的键名
array_values( )	返回数组中所有的值并给其建立数字索引
in_array( )	检查数组中是否存在某个值
array_search( )	用于在数组中搜索某个值
array_key_exists( )	检查给定的键名是否存在于数组中
array_unique( )	移除数组中重复的值

1. array_keys( ) 函数

语法：array array_keys (array $arr [, mixed $search_value[, bool $strict]])

功能：用于获取 arr 数组中的键名，返回值是数组。如果指定了可选参数 search_value，则只返回 search_value 值的键名，否则数组中的所有键名都会被返回。参数 strict 用于判断在搜索的时候是否使用严格的比较（===）符号，默认值为 false。

示例：

```
$arr1 = array(2, 4, 6);
$result1 =array_keys($arr1);
print_r($result1);                //输出 array ([0] => 0 [1] => 1 [2] => 2)
$arr2 = array('01' => '张亮', '02' => '王飞', '03' => '李娟');
$result2 =array_keys($arr2,'王飞');
print_r($result2);                //输出 array ([0] => 02)
```

2. array_values( ) 函数

语法：array array_values (array $arr)

功能：返回 arr 数组中的所有值并为其建立数字索引。

示例：

```
$arr1 = array(2, 4, 6);
$result1 =array_values($arr1);
print_r($result1);              //输出 array ([0] => 2 [1] => 4 [2] => 6)
$arr2 = array('01' => '张亮', '02' => '王飞', '03' => '李娟');
$result2 =array_values($arr2);
print_r($result2);              //输出 array ([0] => 张亮 [1] => 王飞 [2] => 李娟)
```

3. in_array( )函数

语法：bool in_array（mixed $searchvalue，array $arr [, bool $strict]）

功能：在数组 arr 中搜索 searchvalue，如果找到则返回 true，否则返回 false。如果第三个参数 strict 的值为 true，则 in_array( )函数还会检查 searchvalue 和数组中值的数据类型是否相同。

示例：

```
$arr1 = array(2, 4, 6);
$result1 =in_array(2, $arr1);
echo $result1;              //输出 1
$arr2 = array('01' => '张亮', '02' => '王飞', '03' => '李娟');
$result2 =in_array('张亮', $arr2);
echo $result2;              //输出 1
$result3 =in_array('张亮', $arr2, true);
echo $result3;              //输出 1
```

4. array_search( )函数

语法：mixed array_search（mixed searchvalue，array arr[,bool strict]）

功能：在数组 arr 中搜索 searchvalue，如果找到则返回键名，否则返回 false。如果第三个参数 strict 的值为 true，则还会检查 searchvalue 和数组中值的数据类型是否相同。

示例：

```
$arr1 = array(2, 4, 6);
$result1 =array_search(4, $arr1);
echo $result1;              //输出 1
$arr2 = array('01' => '张亮', '02' => '王飞', '03' => '李娟');
$result2 =array_search('张亮', $arr2);
echo $result2;              //输出 01
$arr3 = array('01' => '张亮', '02' => '王飞', '03' => '李娟');
$result3 =array_search('张亮', $arr2, true);
echo $result3;              //输出 01
```

5. array_key_exists( )函数

语法：bool array_key_exists（mixed $key，array $arr）

功能：检查给定的键名 key 是否存在于数组 arr 中。若给定的 key 存在于数组中时返回 true，否则返回 false。key 可以是任何能作为数组索引的值。

示例：

```
$arr1 = array(2, 4, 6);
$result1 =array_key_exists(0, $arr1);
```

```
echo $result1;              //输出 1
$arr2 = array('01' => '张亮', '02' => '王飞', '03' => '李娟');
$result2 =array_key_exists('张亮', $arr2);
echo $result2;              //返回 false
```

6. array_unique( )函数

语法：array array_unique (array $arr [, int $sort_flags])

功能：返回一个移除数组 arr 中重复值的新数组。该函数先将值作为字符串排序，然后对每个值只保留第一个遇到的键名。参数 sort_flags 用于修改排序方式，其中 SORT_REGULAR 表示按照通常方法比较，SORT_NUMERIC 表示按照数字形式比较，SORT_STRING 表示按照字符串形式比较，SORT_LOCALE_STRING 表示根据当前的本地化设置来比较。默认为 SORT_STRING，按照字符串比较。

示例：

```
$arr1 = array(2, 4, 6, 6, 3);
$result1 =array_unique($arr1);
print_r($result1);          //输出 array ([0]=> 2 [1]=> 4 [2]=> 6 [4]=> 3)
```

3.6.4 排序函数

在操作数组时，经常对数组中的元素进行排序，PHP 提供了多种数组排序函数，在此主要介绍表 3-5 所示的一些函数。

表 3-5 排序函数

函 数 名	功 能 描 述
sort( )	按升序对给定数组的值排序
asort( )	按升序对给定数组的值排序并保持数组元素原有的“键值对”关系
rsort( )	按降序对给定数组的值排序
arsort( )	按降序对给定数组的值排序并保持数组元素原有的“键值对”关系
ksort( )	按照键名对数组元素进行升序排序并保持数组元素原有的“键值对”关系
krsort( )	按照键名对数组元素进行降序排序并保持数组元素原有的“键值对”关系
shuffle( )	打乱数组
array_reverse( )	返回一个和数组元素顺序相反的新数组

1. sort( )函数

语法：bool sort (array $arr)

功能：按升序对 arr 数组的值排序。为数组赋予新的“整数”键名，原有的键名将被删除。

示例：

```
$arr1 = array(2, 6, 6, 3);
sort($arr1);
print_r($arr1);         //输出 array ([0]=> 2 [1]=> 3 [2]=> 6 [3]=> 6)
```

```
$arr2 = array('01' => '张亮', '02' => '王飞', '03' => '李娟');
sort($arr2);
print_r($arr2);          //输出 array ([0] => 张亮 [1] => 李娟 [2] => 王飞)
```

2. asort( )函数

语法：bool asort (array $arr)

功能：按升序对 arr 数组的值排序，排序后保持数组元素原有的“键值对”对应关系。

示例：

```
$arr1 = array(2, 6, 6, 3);
asort($arr1);
print_r($arr1);        //输出 array ([0]=>2 [3]=>3 [1]=>6 [2]=>6)
$arr2 = array('01' => '张亮', '02' => '王飞', '03' => '李娟');
asort($arr2);
print_r($arr2);        //输出 array ([01] => 张亮 [03] => 李娟 [02] => 王飞)
```

3. rsort( )函数

语法：bool rsort (array $arr)

功能：按降序对 arr 数组的值排序。为数组赋予新的“整数”键名，原有的键名将被删除。

示例：

```
$arr1 = array(2, 6, 6, 3);
rsort($arr1);
print_r($arr1);        //输出 array([0]=>6 [1]=>6 [2]=>3 [3]=>2)
$arr2 = array('01' => '张亮', '02' => '王飞', '03' => '李娟');
rsort($arr2);
print_r($arr2);        //输出 array([0] => 王飞 [1] => 李娟 [2] => 张亮)
```

4. arsort( )函数

语法：bool arsort (array $arr)

功能：按降序对 arr 数组的值排序，排序后保持数组元素原有的“键值对”对应关系。

示例：

```
$arr1 = array(2, 6, 6, 3);
arsort($arr1);
print_r($arr1);        //输出 array ([2] => 6 [1] => 6 [3] => 3 [0] => 2)
$arr2 = array('01' => '张亮', '02' => '王飞', '03' => '李娟');
arsort($arr2);
print_r($arr2);        //输出 array ([02] => 王飞 [03] => 李娟 [01] => 张亮)
```

5. ksort( )函数

语法：bool ksort (array $arr)

功能：按照键名对 arr 数组元素进行升序排序，排序后保持数组元素原有的“键值对”对应关系。

示例：

```
$arr1 = array(2, 6, 6, 3);
ksort($arr1);
print_r($arr1);        //输出 array ([0]=>2 [1]=>6 [2]=>6 [3]=>3)
```

```
$arr2 = array('01' => '张亮', '02' => '王飞', '03' => '李娟');
ksort($arr2);
print_r($arr2);          //输出 array ([01] => 张亮 [02] => 王飞 [03] => 李娟)
```

6. krsort( )函数

语法：bool krsort (array $arr)

功能：按照键名对 arr 数组元素进行降序排序，排序后保持数组元素原有的“键值对”对应关系。

示例：

```
$arr1 = array(2, 6, 6, 3);
krsort($arr1);
print_r($arr1);        //输出 array ([3]=>3 [2]=>6 [1]=>6 [0]=>2)
$arr2 = array('01' => '张亮', '02' => '王飞', '03' => '李娟');
krsort($arr2);
print_r($arr2);        //输出 array ([03] => 李娟 [02] => 王飞 [01] => 张亮)
```

7. shuffle( )函数

语法：bool shuffle(array $arr)

功能：打乱 arr 数组进行随机排序，为排序后的数组元素赋予新的键名。

示例：

```
$arr1 = array(2, 6, 6, 3);
shuffle($arr1);
print_r($arr1);        //输出 array ([0]=>6 [1]=>2 [2]=>6 [3]=>3)
```

8. array_reverse( )函数

语法：array array_reverse (array $arr[, bool $preserve_keys])

功能：返回一个和数组 arr 元素顺序相反的新数组，如果 preserve_keys 为 true，则保留原来的键名，但是非数字的键则不受这个设置的影响，总是会被保留。

示例：

```
$arr1 = array(2, 6, 3);
$result1 =array_reverse($arr1);
print_r($result1);        //输出 array ([0]=> 3 [1]=>6 [2]=>2)
$arr2 = array('01' => '张亮', '02' => '王飞', '03' => '李娟');
$result2 =array_reverse($arr2,true);
print_r($result2);        //输出 array ([03] => 李娟 [02] => 王飞 [01] => 张亮)
$arr3 = array(2, 6, 3);
$result3 =array_reverse($arr1,true);
print_r($result3);        //输出 array ([2] => 3 [1] => 6 [0] => 2)
```

3.6.5 数组元素操作函数

在操作数组过程中，经常会遇到在数组的前面或后面添加或删除元素的情况，PHP 提供了几个数组元素操作的函数，如表 3-6 所示。

表 3-6　数组元素操作函数

函 数 名	功 能 描 述
array_push()	将一个或多个单元添加到数组的末尾
array_pop()	弹出数组最后一个单元
array_unshift()	在数组开头插入一个或多个单元
array_shift()	将数组开头的单元移出数组

1. array_push()函数

语法：int array_push (array $arr, mixed $var [, mixed…])

功能：将一个或多个元素 var 添加到数组 arr 的末尾，并返回新数组元素的个数。

示例：

```
$arr1 = array(2, 6, 3);
array_push($arr1, 9, 10);
print_r($arr1);          //输出 array ([0]=>2[1]=>6[2]=>3[3]=>9[4]=>10)
$arr2 = array('01' => '张亮', '02' => '王飞');
array_push($arr2, '李娟');
print_r($arr2);          //输出 array ([01]=>张亮[02]=>王飞[0]=>李娟)
```

2. array_ pop()函数

语法：mixed array_pop (array $arr)

功能：弹出并返回 arr 数组的最后一个元素，并将数组 arr 的长度减 1。如果 arr 为空（或者不是数组）将返回 null。

示例：

```
$arr1 = array(2, 6, 3);
array_pop($arr1);
print_r($arr1);          //输出 array ([0]=>2[1]=>6)
$arr2 = array('01' => '张亮', '02' => '王飞', '03' => '李娟');
array_pop($arr2);
print_r($arr2);          //输出 array ([01]=>张亮[02]=>王飞)
```

3. array_unshift()函数

语法：int array_unshift (array $arr, mixed var [, mixed…])

功能：在数组 arr 开头插入一个或多个元素，返回新数组中元素的个数。

示例：

```
$arr1 = array(2, 6, 3);
array_unshift($arr1, 0, 1);
print_r($arr1);          //输出 array([0]=>0[1]=>1[2]=>2[3]=>6[4]=>3)
$arr2 = array('01' => '张亮', '02' => '王飞');
array_unshift($arr2, '李娟');
print_r($arr2);          //输出 array([0]=>李娟[01]=>张亮[02]=>王飞)
```

4. array_shift()函数

语法：mixed array_shift (array $arr)

功能：移除数组 arr 的第一个元素，返回该元素值，然后将数组 arr 其他的元素向前移动一位。如果 array 为空（或者不是数组），则返回 null。

示例：

```
$arr1=array(2,6,3);
array_shift($arr1);
print_r($arr1);        //输出 array([0]=>6[1]=>3)
$arr2=array('01'=>'张亮','02'=>'王飞','03'=>'李娟');
array_shift($arr2);
print_r($arr2);        //输出 array([02]=>王飞[03]=>李娟)
```

3.6.6 其他函数

3.6.6 其他函数 

在实际开发中，除了上述讲解的函数外，还有一些函数经常使用，例如，从数组中随机取一个或多个元素，合并数组等，在此主要介绍表3-7所示的一些函数。

表3-7 其他函数

函 数 名	功能描述
is_array( )	检测变量是否是数组
array_merge( )	合并一个或多个数组
array_rand( )	从数组中随机取出一个或多个元素的键
range( )	创建一个给定范围的数组

1. is_array( )函数

语法：bool is_array (mixed $var)

功能：检测变量 var 是否是数组。如果 var 是数组，则返回 true，否则返回 false。

示例：

```
$arr = array(2, 6, 3);
if (is_array($arr)) {
    echo '$arr 是数组';
} else {
    echo '$arr 不是数组';
}
```

上述代码，通过 is_array( )函数判断$arr 是否是数组，当执行到 is_array($arr)时，返回结果为 true，所以输出“$arr 是数组”。

2. array_merge( )函数

语法：array array_merge (array $arr1, array $arr2 [, array…])

功能：将两个或多个数组合并起来，一个数组中的值附加在前一个数组的后面，返回一个新的数组。如果输入的数组中有相同的字符串键名，则该键名后面的一个值将覆盖前一个值。如果数组包含数字键名，后面的值将不会覆盖原来的值，而是附加到数组的后面。如果只给了一个数组并且该数组是索引数组，则键名会以连续方式重新编排索引。

示例：

```
$arr1 = array(2, 6, 3);
$arr2 = array('01' => '张亮', '02' => '王飞', '03' => '李娟');
$result1 =array_merge($arr1, $arr2);
```

```
print_r($result1);         //输出 array([0]=>2[1]=>6[2]=>3[01]=>张亮[02]=>王飞
                           //[03]=>李娟)
$arr3 = array(2, 6, 3);
$arr4 = array('张亮', '王飞', '李娟');
$result2 =array_merge($arr3, $arr4);
print_r($result2);         //输出 array([0]=>2[1]=>6[2]=>3[3]=>张亮[4]=>王飞[5]
                           //=>李娟)
$arr5 = array('01' => 2, 6, '02' => 3);
$arr6 = array('01' => '张亮', '02' => '王飞', '03' => '李娟');
$result3 =array_merge($arr5, $arr6);
print_r($result3);         //输出 array([01]=>张亮[0]=>6[02]=>王飞[03]=>李娟)
```

3. array_rand( )函数

语法：mixed array_rand (array $arr [, int $num])

功能：从数组 arr 中随机取出一个或多个元素的键。参数 num 指明取出的元素个数，默认为 1，如果只取出一个元素，该函数会返回一个随机元素的键名，否则就返回一个包含随机键名的数组。

示例：

```
$arr = array('张亮', '王飞', '李娟');
print_r(array_rand($arr));          //输出 0
print_r(array_rand($arr, 2));       //输出 array ([0]=> 1 [1]=> 2)
```

4. range( )函数

语法：array range (mixed $start, mixed $end [, number $step])

功能：创建一个从 start 到 end 范围的数组。如果给出了 step 的值，它将被作为元素之间的步长。step 应该为正值，如果未指定，step 则默认为 1。

示例：

```
$arr1 = range('a', 'd');
print_r($arr1);             //输出 array([0]=>a[1]=>b[2]=>c[3]=>d)
$arr2 = range(1, 6, 2);
print_r($arr2);             //输出 array([0]=>1[1]=>3[2]=>5)
```

3.7 超全局数组变量

PHP 提供的预定义数组变量包含了来自 Web 服务器、客户端、运行环境和用户输入的数据，这些数组非常特别，通常被称为自动全局变量或者超全局变量。这就意味着它们在一个脚本的全部作用域中都可以使用，即在函数中直接可以使用，且不用使用 global 关键字访问它们。本节将主要介绍 8 个预定义的超全局数组变量，具体如表 3-8 所示。

表 3-8 预定义超全局数组变量

变 量 名	功 能 描 述
$_GET	经由 URL 请求提交至脚本的变量
$_POST	经由 HTTP POST 方法提交到脚本的变量
$_REQUEST	经由 GET，POST 和 COOKIE 机制提交到脚本的变量

（续）

变 量 名	功 能 描 述
$_SERVER	变量由 Web 服务器设定，或直接和当前脚本的执行环境相关联
$_ENV	执行环境提交至脚本的变量
$_COOKIE	经由 HTTP Cookies 方式提交至脚本的变量
$_SESSION	当前注册给脚本会话的变量
$GLOBALS	引用全局作用域中可用的全部变量

表 3-8 中所列举的预定义超全局变量在 Web 开发中经常使用，掌握这些超全局变量的使用在实际开发中非常重要。本节只需要了解$_SERVER 变量，其他变量均在后续章节详细介绍。在 PHP 程序中，如果需要在 Web 服务器中保存页面交互信息，可以使用预定义超全局变量$_SERVER。它是一个包含诸如头信息、路径和脚本位置的数组。数组的实体由 Web 服务器创建，并不能保证所有的服务器都能产生所有的信息，服务器可能忽略了一些信息，或者产生了一些其他的新信息。对于不同的 Web 服务器，$_SERVER 中包含的变量也会有所不同，其中常用的如表 3-9 所示。

表 3-9 $_SERVER 数组常用元素

数 组 元 素	说 明
$_SERVER['HTTP_ACCEPT']	当前请求的 Accept 头部的内容
$_SERVER['HTTP_ACCEPT_CHARSET']	当前请求的 Accept-Charset 头部的内容
$_SERVER['HTTP_ACCEPT_LANGUAGE']	当前请求的 Accept-Language 头部的内容
$_SERVER['HTTP_ACCEPT_ENCODING']	当前请求的 Accept-Encoding 头部的内容
$_SERVER['HTTP_CONNECTION']	当前请求的 Connection 头部的内容
$_SERVER['HTTP_HOST']	当前请求的 Host 头部的内容
$_SERVER['HTTP_REFERER']	链接到当前页面的前一页面的 URL 地址
$_SERVER['SERVER_NAME']	当前运行脚本所在服务器主机的名称
$_SERVER['SERVER_PORT']	服务器所使用的端口
$_SERVER['SCRIPT_NAME']	包含当前脚本的路径
$_SERVER['SERVER_ADDR']	服务器的 IP 地址
$_SERVER['ROMOTE_ADDR']	正在浏览当前页面用户的 IP 地址
$_SERVER['REMOTE_HOST']	正在浏览当前页面用户的主机名
$_SERVER['REQUEST_METHOD']	访问页面时的请求方法
$_SERVER['SCRIPT_FILENAME']	当前执行脚本的绝对路径名
$_SERVER['DOCUMENT_ROOT']	当前运行脚本所在的文档根目录
$_SERVER['PHP_SELF']	当前正在执行脚本的相对路径

下面通过一个例子来学习$_SERVER 变量的简单应用。

【例 3-6】 $_SERVER 变量的应用举例。

```php
<?php
header('content-type:text/html;charset=UTF-8');
echo '当前服务器的主机名是:' . $_SERVER['SERVER_NAME'];
echo '<br/>';
echo '客户端连接到主机所使用的端口是:' . $_SERVER['SERVER_PORT'];
echo '<br/>';
echo '脚本文件的名称是:' . $_SERVER['SCRIPT_FILENAME'];
echo '<br/>';
echo '当前程序相对路径是:' . $_SERVER['PHP_SELF'];
echo '<br/>';
echo '文件存在的位置:' . $_SERVER['DOCUMENT_ROOT'];
echo '<br/>';
echo '访问页面时的请求方法:' . $_SERVER['REQUEST_METHOD'];
?>
```

运行结果如图 3-5 所示。

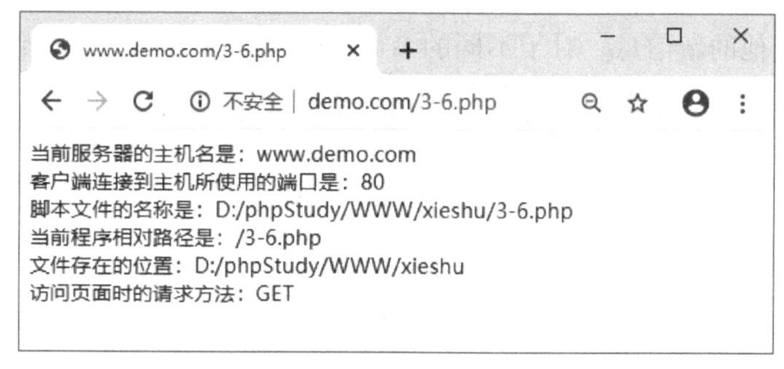

图 3-5　$_SERVER 变量应用的运行结果

3.8　案例：统计学习时长

3.8　案例：统计学习时长

随着线上学习的普及，各种课程均开展了线上学习的途径，发布了各种各样丰富的学习资源，学生可以随时随地进行学习，这种学习方式是线下学习的有力补充。为了更好地了解学生的学习状况，需要对学生的学习时长进行统计。

3.8.1　案例呈现

本节使用数组实现如图 3-6 所示的“学习时长统计”案例。已知每位学生的学习时长，统计总人数和总学习时长。

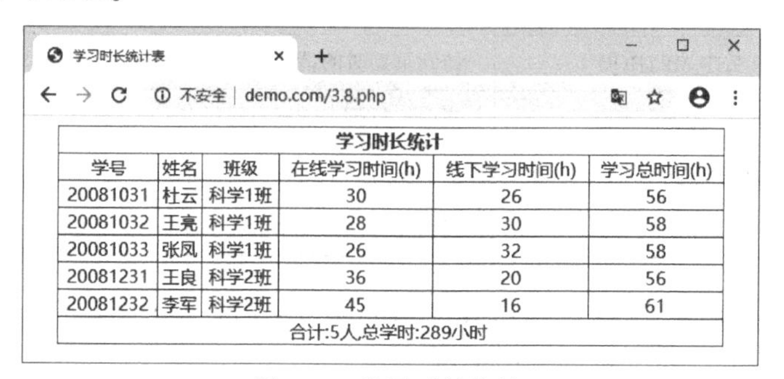

学习时长统计					
学号	姓名	班级	在线学习时间(h)	线下学习时间(h)	学习总时间(h)
20081031	杜云	科学1班	30	26	56
20081032	王亮	科学1班	28	30	58
20081033	张凤	科学1班	26	32	58
20081231	王良	科学2班	36	20	56
20081232	李军	科学2班	45	16	61
合计:5人,总学时:289小时					

图 3-6　学习时长统计

3.8.2 案例分析

在案例中可以使用二维数组存放学生信息，使用循环语句累加每位学生的学习时间，即可求出总学时，统计学生人数可以使用数组函数 count( )来实现。

3.8.3 案例实现

案例实现的代码如下。

```
<!DOCTYPE html>
<html lang="en">
<head>
    <meta charset="UTF-8">
    <title>Title</title>
    <style>
        /*CSS 代码在此省略,完整代码请参考配套源代码*/
    </style>
</head>
<body>
<table width="600" height="100">
    <th colspan="6">学习时长统计</th>
    <tr>
        <td>学号</td>
        <td>姓名</td>
        <td>班级</td>
        <td>在线学习时间(h)</td>
<td>线下学习时间(h)</td>
<td>学习总时间(h)</td>
    </tr>
    <!--     定义学生数组-->
    <?php
     $student = array(
        array('id' =>'20081031','name' =>'杜云','class' =>'科学 1 班','Onlinetime' =>
  30,'offlinetime' =>26),
        array('id' =>'20081032','name' =>'王亮','class' =>'科学 1 班','Onlinetime' =>
  28,'offlinetime' =>30),
        array('id' =>'20081033','name' =>'张风','class' =>'科学 1 班','Onlinetime' =>
  26,'offlinetime' =>32),
        array('id' =>'20081231','name' =>'王良','class' =>'科学 2 班','Onlinetime' =>
  36,'offlinetime' =>20),
        array('id' =>'20081232','name' =>'李军','class' =>'科学 2 班','Onlinetime' =>
  45,'offlinetime' =>16),
    );
    $sum = 0;                           //统计学习总时间的变量,初始值为 0
    foreach ($student as $value) {      //遍历数组中的每一个元素
        ?>
        <tr>
            <td><?php echo $value['id'] ?></td>
            <td><?php echo $value['name'] ?></td>
            <td><?php echo $value['class'] ?></td>
            <td><?php echo $value['Onlinetime'] ?></td>
```

```
            <td><?php echo $value['offlinetime'] ?></td>
            <td><?php $everytime = $value['Onlinetime'] + $value['offlinetime'];
               echo $everytime; ?></td>
            <?php
            $sum = $sum + $everytime;                    //累加求和,统计所有学生的总学时
            ?>
        </tr>
    <?php } ?>
    <tr>
        <tdcolspan="6">合计:<?php echo count($student) ?>人,总学时:<?php echo $
sum; ?>小时</td>
    </tr>
</table>
</body>
</html>
```

上述代码中，第 23~34 行定义了一个二维数组$student，它有 5 个元素，每个元素的值是一个一维数组，存放每位学生的学号、姓名、班级、在线学习时间和线下学习时间；第 36~43 行通过 foreach 遍历数组中的每个元素；第 44~45 行计算每位学生的学习时间，用变量$everytime 进行保存；第 35 行、第 46~48 行，通过累加求和，计算出所有学生的总学时；第 52 行通过“echo $sum;”输出总学时，并通过数组函数 count( )计算出学生的总人数。

3.9 实践操作

1）利用数组完成“党员信息表”页面的显示，如图 3-7 所示。

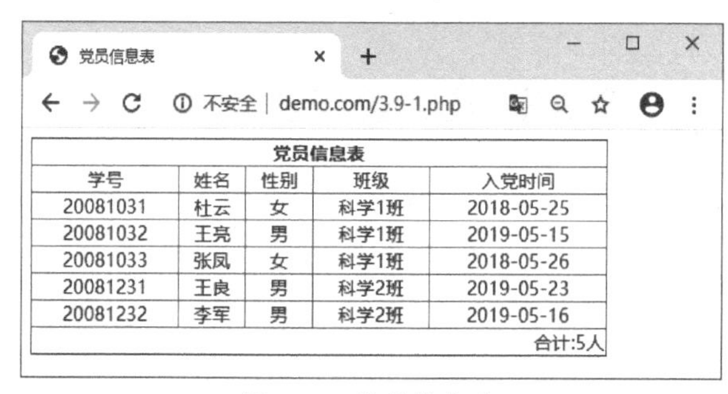

图 3-7　党员信息表

2）双色球是中国福利彩票的一种玩法，它分为红色球号码区和蓝色球号码区，每注投注号码是由 6 个红色球号码和 1 个蓝色球号码组成，红色球号码从 1~33 中选取，蓝色球号码从 1~16 中选取。通过 PHP 程序实现一个机选号码投注的功能，如图 3-8 所示。

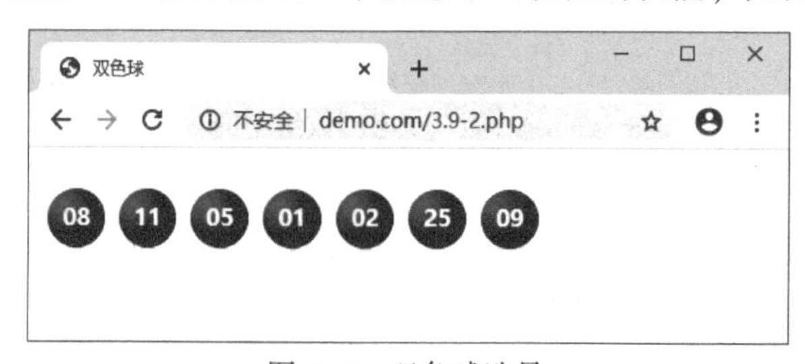

图 3-8　双色球选号

第4章　函　　数

函数是完成一定功能的代码段，当需要使用该功能时，调用该函数即可。使用函数可以将程序中重复的代码模块化，减少代码量，增强代码的重用性，提高程序的可读性和效率，便于后期维护。本章将详细讲解 PHP 函数的使用。

本章要点

- 函数的含义
- 自定义函数
- PHP 内置函数

4.1　函数概述

在项目实际开发过程中，经常需要重复执行某些操作，如数据更新、数据查询、数据排序等，如果每个模块的操作都重新编写一次代码的话，不仅加大了开发人员的工作量和开发时间，而且对后续的维护也有较大影响。因此，在程序开发中，可以使用函数来完成这种重复性的操作。

函数是一段实现特定功能的代码段，只需要编写一次，需要使用时直接调用该函数就可实现指定的功能，大大提高程序员的开发效率和代码的可读性。PHP 函数可以分为三种：自定义函数、PHP 内置函数和可变函数。

4.2　自定义函数

自定义函数就是程序员根据实际功能需求定义的函数，通常将某段实现特定功能的代码定义成一个函数，写在一个独立的代码块中，在需要使用的时候单独调用，可以大大提高程序的开发效率。

4.2.1　函数的定义

在 PHP 中，自定义函数使用 function 来定义，其语法格式如下。

```
function 函数名 ([参数1,参数2,…,参数n])
{
    函数体;
    [return 返回值;]
}
```

说明：

1）function：函数定义时必须使用的关键字。

2）函数名：定义的函数名称，像变量名一样，必须符合标识符的命名规则，只是不需要以“$”开头。

3）参数1，参数2，…，参数n：外界传递给函数的值，根据实际情况，可以有参数，也可以没有参数，当有多个参数时，中间以“,”隔开。

4）函数体：函数定义的主体，是函数功能的实现。

5）返回值：根据函数实现的功能，若要得到一个结果，即是函数的返回值，使用return关键字将需要返回的数据传递给调用者。如果不需要返回结果，则可以没有return语句。

另外，函数名的命名规则如下：

1）有效的函数名以字母或下划线开头，后面跟字母、数字或下划线。

2）函数名不能与关键字同名，如empty、break等。

3）函数名不区分大小写，这和变量命名不一样。例如，Output( )和output( )是指同一个函数，但仍建议使用时的函数名和定义时的函数名大小写保持一致。

4.2.2 函数的调用

要执行函数内部的代码，就需要调用函数。函数调用的语法格式如下。

```
函数名([参数1,参数2…])
```

其中，“参数1，参数2…”表示参数列表，是可选择的。下面通过示例来演示函数的定义和调用。

【例4-1】无参函数调用。

```
<?php
function output()                          //定义函数 output()
{
    echo "*****";                          //函数体
}
output();                                  //调用函数 output()
?>
```

上述代码定义了函数output( )，它是无参函数，函数的功能是输出“*****”，通过调用output( )函数，运行结果如下：

```
*****
```

【例4-2】有参函数调用。

```
<?php
function introduce($name)        //定义函数 introduce()
{
    echo "我的姓名是:" . $name;    //函数体
}
introduce('张三');                //调用函数 introduce()
?>
```

上述代码定义了函数introduce( )，它是有参函数，参数是$name，函数的功能是输出姓名，通过调用函数，参数“张三”传给$name，运行结果如下：

```
我的姓名是:张三
```

4.2.3 函数的返回值

当调用函数时，有时需要得到处理结果，这个结果称为返回值。在 PHP 中，使用 return 语句将结果返回给调用者，return 语句后紧跟的返回值可以是变量、常量、数组或表达式等。下面通过一个示例来更好地理解 return 语句的使用。

【例 4-3】返回值的使用。

```
<?php
function area($a, $b)        //定义函数 area()
{
    $s = $a * $b;
    return $s;               //返回$s
}
echo area(4, 5);             //调用函数 area()
?>
```

运行结果如下：

```
20
```

上述代码中，定义了函数 area( )，用来求长方形的面积，通过语句“return $s”将面积返回。return 语句不能一次返回多个值，只能返回一个值，并且 return 语句后的代码将不会被执行。

当 return 语句要返回多个值时，可以在函数中定义一个数组，将多个值存储到数组中，然后通过 return 语句将数组返回。

【例 4-4】分离各位数字。

```
<?php
function separate($n)                 //定义函数 separate()
{
    for ($i = 0; $n >= 1; $i++) {
        $arr[$i] = $n % 10;           //对 10 求余得到个位
        $n = $n /10;
    }
    return $arr;                      //$arr 数组中保存了各个位上的数字
}
print_r(separate(85642));             //调用函数 separate()
?>
```

运行结果：

```
array([0]=>2[1]=>4[2]=>6[3]=>5[4]=>8)
```

4.2.4 函数的参数

4.2.4 函数的参数

在函数调用时，若需要向函数传递参数，调用函数时的参数称为实参，定义函数时的参数称为形参。函数参数传递有值传递、引用传递和默认值三种方式，下面对这三种方式进行详细介绍。

1. 值传递

函数默认按值传递，相当于将实参的值赋给了形参，在函数内部改变形参的值，操作结果不会影响实参，也就是函数执行后实参的值不变。

【例 4-5】函数参数值传递。

```
<?php
function autoadd($n)                    //定义函数 autoadd()
{
    $n = $n + 1;
     return $n;
}
$age = 9;
echo autoadd($age);                     //调用函数 autoadd()
echo '<br>';
echo $age;
?>
```

运行结果：

```
10
9
```

为了更清晰地了解值传递，对上述代码的执行过程进行分析，具体如下。

1）函数只有被调用的时候才会执行，因此程序段执行的第一条语句是第 7 行，定义$age 为 9，PHP 预处理器为$age 分配一个存储空间。

2）执行第 8 行语句 echo autoadd（$age），此时 autoadd( )被调用，执行第 2 行，实参$age 将 9 传递给形参$n，PHP 预处理器为$n 分配一个空间。

3）执行第 4 行代码“$n=$n+1”，$n 的值为 10。

4）执行第 5 行代码“return $n”，将$n 的值返回给调用函数，此时将$n 的值 10 返回给调用函数的第 8 行代码，然后输出结果 10，此刻，函数调用结束，PHP 预处理器收回$n 的空间，$n 消失。

5）执行第 9 行代码，输出换行。

6）执行第 10 行代码，输出$age 的值，仍为 9。

2. 引用传递

引用传递就是将实参的内存地址传递给形参，通过在函数的参数名前加上“&”来实现。实参和形参指向内存中的同一个地址，函数执行完后，实参的值会跟着形参的值发生变化。

【例 4-6】函数参数引用传递。

```
<?php
function autoadd(&$n)                   //定义函数 autoadd()
{
    $n = $n + 1;
     return $n;
}
$age = 9;
echo autoadd($age);                     //调用函数 autoadd()
echo '<br>';
```

```
echo $age;
?>
```

运行结果：

```
10
10
```

为了更清晰地了解引用传递，对上述代码的执行过程进行分析，具体如下。

1）程序段执行的第一条语句仍是第7行，定义$age为9，PHP预处理器为$age分配一个存储空间。

2）执行第8行语句echo autoadd（$age），此时autoadd( )被调用，执行第2行，PHP预处理器为$n分配空间，由于这里是引用传递，相当于传地址，形参$n和实参$age都指向同一个变量9的地址，因此$n的值为9。

3）执行第4行代码“$n=$n+1”，形参$n修改地址中的值为10，由于$age也指向该地址，因此变量$age的值也变为10。

4）执行第5行代码“return $n”，将$n的值返回给调用函数，此时将$n的值10返回给调用函数的第8行代码，然后输出结果10。此刻，函数调用结束，PHP预处理器收回$n的空间，$n消失，但变量$age的值不会变，仍为10。

5）执行第9行代码，输出换行。

6）执行第10行代码，输出$age的值为10。

可见，使用值传递的方式为函数参数赋值，函数无法修改函数体外的变量值；若使用引用传递的方式为函数参数赋值，则函数可以修改函数体外的变量值。

3. 默认值

函数参数在设置时可以为其设置默认值。当调用者未传递该参数时，函数将使用默认值进行操作。

【例4-7】设置函数参数默认值。

```
<?php
function autoadd($a, $b = 1)        //定义函数 autoadd()
{
    $a = $a + $b;
    return $a;
}
$age = 9;
echo autoadd($age, 2);              //调用函数 autoadd()
echo '<br>';
echo autoadd($age);                 //调用函数 autoadd()
echo '<br>';
echo $age;
?>
```

运行结果：

```
11
10
9
```

上述代码中，第 8 行、第 10 行分别调用了函数 autoadd()，第 1 次调用时，实参$age 和 2 传递给了形参$a 和$b，通过函数计算$a 的值为 11。第 2 次调用时，实参只有一个参数$age，默认第二个实参的值为函数中形参$b 给的默认值 1，通过函数计算$a 的值为 10。因此第 1 次调用返回的结果为 11，第 2 次调用返回的结果为 10，由于是值传递，$age 的值不受形参值的影响，输出仍为 9。需要注意的是，默认值必须是常量表达式，不能是变量，任何默认参数必须放在非默认参数的右侧，否则函数将不会按照预期执行。

在 PHP7.0 及以上的版本，自定义函数可以指定参数的具体数据类型，如例 4-8 所示。

【例 4-8】 弱类型参数类型。

```
<?php
function autoadd(int $a, int $b)
{
    return $a + $b;
}
echo autoadd(2.5, 8.1);
?>
```

运行结果：

```
10
```

上述代码中，调用函数 autoadd()时，传入的参数不是自定义函数的参数类型，会自动将其转换成 int 类型后进行操作，因此运行结果为 10。

以上这种方式称为弱类型参数设置，还有一种强类型的参数，当用户输入的数据类型不一致时，会给出错误提示，如例 4-9 所示。

【例 4-9】 强类型参数设置。

```
<?php
declare(strict_types = 1);
function autoadd(int $a, int $b)
{
    return $a + $b;
}
echo autoadd(2.5, 8.1);
?>
```

上述代码中，“declare(strict_types=1);”用于设定一段代码的执行指令，表示当前函数设置使用强类型参数设置。运行结果如下：

```
Fatalerror:Uncaught TypeError:Argument 1 passed to autoadd() must be of the type
int,float given,called in......
```

📖 注意：在 PHP 7.0 及以上版本中，不仅可以设置函数的参数类型，还可以设置返回值的数据类型。当返回值的数据类型和函数设置的返回类型不一致时，程序会报错误提示。

4.2.5 变量的作用域

所谓变量作用域，也就是变量的作用范围，即变量起作用的程序代码范围。根据作用域的不同，可以分为局部变量和全局变量。

1. 局部变量

在函数中定义的变量，称为局部变量，其作用域是从变量定义处到函数结束；函数的形参变量等同于函数内部定义的局部变量，它的作用域为整个函数内部。

局部变量只能在作用域内使用，在作用域外是不能使用的。需要注意的是，局部变量只有程序执行到定义它的语句时才生成该变量，即分配内存空间，一旦执行流程退出该函数，局部变量就会销毁，释放空间。

【例 4-10】 局部变量的使用。

```
<?php
$a = 10;
function output($a)
{
    $a = 5;
    echo '在函数内部$a 的值: ', $a;
}
output($a);
echo '<br>';
echo $a;
?>
```

运行结果如下：

```
在函数内部$a 的值:5
10
```

2. 全局变量

全局变量是定义在所有函数之外的变量，其作用域是从变量定义的位置开始到该变量所在程序的结尾处。全局变量不在某个函数内部，其作用域内的函数都可以访问它。在 PHP 中，可以使用参数传递（前面介绍过，在此不再举例）、global 关键字、超全局变量 $GLOBALS 三种方式使用全局变量，如例 4-11、例 4-12 所示。

【例 4-11】 global 关键字的使用。

```
<?php
$a = 10;
function output($a)
{
    global $a;
    $a = 5;
    echo '在函数内部$a 的值: ', $a;
}
output($a);
echo '<br>';
echo $a;
?>
```

运行结果如下：

```
在函数内部$a 的值:5
5
```

【例 4-12】超全局变量$GLOBALS 的使用。

```
<?php
$a = 10;
function output($a)
{
    $a = 5;
    echo '在函数内部$a 的值:', $GLOBALS["a"];
}
output($a);
echo '<br>';
echo $a;
?>
```

运行结果如下：

```
在函数内部$a 的值:10
10
```

4.2.6 函数的嵌套调用和递归调用

1. 嵌套调用

PHP 中的各个函数是相互平行独立的，没有从属关系，但是可以在一个函数内调用另一个函数，这种方式称为函数的嵌套调用。例如，求三个数的最大值。

【例 4-13】求三个数的最大值。

```
<?php
function maxvalue($a, $b)
{
    return $a >= $b ? $a : $b;
}
echo maxvalue(5, maxvalue(6, 2));
?>
```

运行结果：

```
6
```

例 4-13 中所示，第 2~5 行代码定义了一个求两个数最大值的函数 maxvalue()，第 6 行代码对 maxvalue 函数进行嵌套调用，先调用 maxvalue(6,2)，求出最大值为 6，然后第 2 次调用 maxvalue()函数，将上次的结果 6 作为函数的第二个参数，执行 maxvalue(5,6)，最后结果为 6。可以看出，函数嵌套调用由内向外执行。

2. 递归调用

所谓递归调用，是指在调用一个函数的过程中又直接或间接地调用该函数本身。但在编写程序时，程序不可能无限地递归下去，必须要有递归结束的条件，而且每次递归都应向结束条件迈进，直到满足结束条件才停止递归调用。通过例 4-14 来了解递归调用的含义。

【例 4-14】有 5 个学生坐成一排，问第 5 个学生的年龄，她说比第 4 个学生大 2 岁；问第 4 个学生的年龄，她说比第 3 个学生大 2 岁；问第 3 个学生的年龄，她说比第 2 个学生大

2 岁；问第 2 个学生的年龄，她说比第 1 个学生大 2 岁；问第 1 个学生的年龄，她说她 10 岁。请问第 5 个学生的年龄多大？

根据题意，第 1 个学生是 10 岁，每个学生年龄都比其前 1 个学生的年龄大 2 岁。假设有 n 个学生年龄的函数 age($n)，第 1 个学生是 10 岁，则可以表示为 age(1)= 10；要求第 5 个学生年龄，就需要知道第 4 个学生的年龄，可以表示为 age(5)= age(4)+2；要求第 4 个学生年龄，就需要知道第 3 个学生的年龄，可以表示为 age(4)= age(3)+2；要求第 3 个学生年龄，就需要知道第 2 个学生的年龄，可以表示为 age(3)= age(2)+2；要求第 2 个学生年龄，就需要知道第 1 个学生的年龄，可以表示为 age(2)= age(1)+2；当看到 age(1)，就知道 age(1)= 10。然后再反推即可求出第 5 个学生的年龄。

根据分析，可以写出如下代码。

```
<?php
function age($n)
{
    if ($n == 1) $c = 10;
    else $c = age($n - 1) + 2;
    return $c;
}
echo age(5);
?>
```

运行结果：

```
18
```

这个程序中函数 age()被调用了 5 次，有 age(5)、age(4)、age(3)、age(2)、age(1)。只有 age(5)在函数外调用一次，其余 4 次是在 age()函数中调用，即 age()函数自己调用自己，递归调用了 4 次。

4.3 可变函数和匿名函数

PHP 支持可变函数，即在一个变量名后加一对圆括号，让其变成一个函数的形式，然后 PHP 将寻找与变量的值相同的函数名，并且尝试去执行它，如例 4-15 所示。

【例 4-15】 可变函数的使用。

```
<?php
function information()
{
    echo "我的专业是计算机科学与技术";
}
function introduce($name)
{
    echo "我的姓名是" . $name;
}
$info = 'information';
$info();
echo '<pre>';
$xm = 'introduce';
```

```
$xm('张琪');
?>
```

运行结果:

```
我的专业是计算机科学与技术
我的姓名是张琪
```

在上述代码中,变量$info 保存了一个用户自定义函数名 information,并在第 11 行中通过可变函数$info()的方式进行调用,输出"我的专业是计算机科学与技术";变量$xm 保存了一个用户自定义函数名 introduce,并在第 14 行中通过可变函数$xm()的方式进行调用,输出"我的姓名是张琪"。

注意:

1)大多数函数都可以将函数名赋值给变量,形成可变函数,但可变函数不能用于语言结构,例如 echo()、print()、unset()、isset()、empty()、include()、require() 以及类似的语句。

2)在实际编程中,使用可变函数可以增加程序的灵活性,但是滥用可变函数会降低 PHP 代码的可读性,使程序逻辑难以理解,给代码的维护带来不便,所以在编程过程中尽量少用可变函数。

在 PHP5.3 以上版本中,开始支持匿名函数,所谓匿名函数就是没有指定函数名的函数,如例 4-16 所示。

【例 4-16】 匿名函数的使用。

```
<?php
$info = function ($name)
{
    echo '我的姓名是' . $name;
};
$info('张琪');
?>
```

运行结果:

```
我的姓名是张琪
```

在上述代码中,定义的函数没有命名,但将自定义的函数赋值给了变量$info,那么该变量就相当于函数名,调用该函数时,直接使用变量名即可。在实际应用中很少使用匿名函数,一般使用匿名函数是为了实现函数的闭包。

4.4 PHP 内置函数

PHP7.0 提供了丰富的内置函数,其中常用的有操作字符串的函数、操作日期的函数、与数学有关的函数以及图片处理函数和文件函数等。本节主要对常用的数学函数、日期时间函数、字符串函数进行介绍,有关图片处理和文件的函数将在后续章节进行详细讲解。

4.4.1 数学函数

为了方便开发人员处理数学运算，PHP 内置了一系列的数学函数，用于获取最大值、最小值、绝对值、平方根和生成随机数等，常见的数学函数如表 4-1 所示。

表 4-1 数学函数

函 数 名	功 能	举 例
abs( )	求绝对值	echo abs(10)；结果为 10
ceil( )	大于变量的最小整数	echo ceil(10.5)；结果为 11
floor( )	小于变量的最大整数	echo floor(10.5)；结果为 10
max( )	求最大值	echo max(10,6)；结果为 10
min( )	求最小值	echo min(10,6)；结果为 6
pow( )	计算次方	echo pow(2,3)；结果为 8
pi( )	取圆周率的值	echo pi( )；结果为 3.1415926535898
sqrt( )	取平方根	echosqrt(4)；结果为 2
round( )	对浮点数进行四舍五入	echo round(6.652)；结果为 7
rand( )	生成随机数	echo rand(1,5)；结果为 1~5 的随机数

上述函数是经常使用的一些数学函数，其中 rand( )函数的参数表示随机数的范围，第 1 个参数表示最小值，第 2 个参数表示最大值。这些数学函数的使用比较简单，需要使用时可以查阅 PHP 手册。

4.4.2 日期时间函数

使用 PHP 开发 Web 应用程序时，经常会处理和时间相关的问题，例如，用户访问网站的时间、购买产品下订单的时间、用户登录的时间等。为此，PHP 提供了日期时间函数，以满足开发者的需求，常用的日期时间函数如表 4-2 所示。

表 4-2 日期时间函数

函 数 名	功 能
time( )	返回当前的 Unix 时间戳
date( )	格式化一个本地时间/日期
mktime( )	取得一个日期的 Unix 时间戳
strtotime( )	将字符串转化为 Unix 时间戳
microtime( )	返回当前 Unix 时间戳和微秒数

1. time( )函数

语法格式：int time (void)

功能：返回当前的 Unix 时间戳。

所谓 Unix 时间戳，是一种时间的表示方式，定义了从格林尼治时间 1970 年 1 月 1 日 00 时 00 分 00 秒起到现在的总秒数，以 32 位二进制数表示，其中 1970 年 1 月 1 日零点也叫 Unix 纪元。由于时间戳不能为负数，因此 1970 年以前的时间戳无法使用。

例如：

```
echo time();        //输出 1584349670
```

使用 Unix 时间戳，返回一个整数，如 1584349670，直观上无法看出它表示的时间是多少，所以需要使用 date( )函数将其格式化输出，下面将介绍 date( )函数的使用。

需要注意的是，PHP 默认的时区是世界协调时（Universal Time Coordinated，UTC），与英国伦敦的本地时间相同。而北京正好位于东八区，所以在使用 time( )函数获取当前时间会出现 8 小时的时差。如果要正确地显示北京时间，需要修改默认的时区设置，通常使用两种方法，具体如下：

1）修改 PHP 配置文件。修改 php. ini 中 date. timezone 配置，如将默认时区设置为 PRC（中华人民共和国），修改代码如下。

```
date.timezone=PRC
```

修改完 date. timezone 配置后，需要重启服务器。

2）在程序中使用 date_default_timezone_set( )函数设置，该函数的格式如下。

```
bool date_default_timezone_set(string $timezone_identifier)
```

该函数的返回值为 bool 类型，用于设定所有日期时间函数的默认时区，参数$timezone_identifier 为指定时区的标识符，可以是“PRC”“Asia/Shanghai”等。例如，“date_default_timezone_set('Asia/Shanghai');”获取的当前时间就是北京时间。

一般情况下，采用 date_default_timezone_set( )函数设置更为方便。

2. date( )函数

语法格式：string date（string $format [, int $timestamp]）

功能：将时间戳 timestamp 按照给定的格式输出。参数 timestamp 表示时间戳，可以省略，若省略则使用本地当前时间。参数 format 表示给定的格式，常见的格式字符如表 4-3 所示。

表 4-3　常见的 format(格式)字符

format 字符	说　明	举　例
a	小写的上午和下午值	am 或 pm
A	大写的上午和下午值	AM 或 PM
B	Swatch Internet 标准时	000~999
d	月份中的第几天，有前导零的 2 位数字	01~31
D	星期中的第几天，文本表示，3 个字母	Mon~Sun
F	月份，完整的文本格式，例如 January 或者 March	January~December
g	小时，12 小时格式，没有前导零	1~12
G	小时，24 小时格式，没有前导零	0~23
h	小时，12 小时格式，有前导零	01~12
H	小时，24 小时格式，有前导零	00~23
i	有前导零的分钟数	00~59
I	是否为夏令时	如果是夏令时为 1，否则为 0

（续）

format 字符	说　明	举　例
j	月份中的第几天，没有前导零	1～31
l（“L”的小写字母）	星期几，完整的文本格式	Sunday～Saturday
L	是否为闰年	如果是闰年为 1，否则为 0
m	数字表示的月份，有前导零	01～12
M	三个字母缩写表示的月份	Jan～Dec
n	数字表示的月份，没有前导零	1～12
O	与格林尼治时间相差的小时数	例如，+0200
r	RFC 822 格式的日期	例如，Thu，21 Dec 2000 16:01:07 +0200
s	秒数，有前导零	00～59
S	每月天数后面的英文后缀，2 个字符	st，nd，rd 或者 th。可以和 j 一起用。
t	指定的月份有几天	28～31
T	本机所在的时区	例如：EST，MDT（【译者注】在 Windows 下为完整文本格式，例如“Eastern Standard Time”，中文版会显示“中国标准时间”）。
U	从 Unix 纪元（January 1 1970 00:00:00 GMT）开始至今的秒数	参见 time()
w	星期中的第几天，数字表示	0（表示星期天）～6（表示星期六）
W	ISO-8601 格式年份中的第几周，每周从星期一开始（PHP 4.1.0 新加的）	例如，42（当年的第 42 周）
Y	4 位数字完整表示的年份	例如，1999 或 2003
y	2 位数字表示的年份	例如，99 或 03
z	年份中的第几天	0～365
Z	时差偏移量的秒数。UTC 西边的时区偏移量总是负的，UTC 东边的时区偏移量总是正的。	-43200～43200

【例 4-17】 格式化输出日期。

```
<?php
date_default_timezone_set('PRC');
echo date('Y-m-d') . '<br>';
echo date('Y 年 m 月 d 日', time()). '<br>';
echo date('Y/m/d') . '<br>';
echo date('Y') . '<br>';
echo date('H:i:s a') . '<br>';
echo date('H:i:s A') . '<br>';
echo date('g:i:s');
?>
```

运行结果：

```
2020-03-17
2020 年 03 月 17 日
2020/03/17
2020
```

```
07:35:00 am
07:35:00 AM
7:35:00
```

通过例4-17可以发现，通过对date( )函数格式化，可以将时间戳以友好的形式显示出来。

3. mktime( )函数

语法格式：int mktime ([int $hour [, int $minute [, int $second [, int $month [, int $day [, int $year [, int $is_dst]]]]]]])

功能：取得一个日期的Unix时间戳。参数可以从右向左省略，任何省略的参数会被设置成本地日期和时间的当前值。参数is_dst用于指定是否为夏令时，若是设为1，若不是则设为0，默认值为-1，表示不知道是否为夏令时。如果不知道，PHP会尝试自己判断，这可能会产生未预期（但不是错误）的结果。因此，PHP7.0起，本参数已经移除。

【例4-18】 mktime( )函数的用法。

```php
<?php
date_default_timezone_set('PRC');
echo mktime(0, 0, 0, 6, 1, 2019) . '<br>';
echo date('Y-m-d H:i:s',mktime(15, 18, 8, 8, 12, 2019)) . '<br>';
echo date('Y-m-d H:i:s',mktime(15, 18, 8, 8, 12)) . '<br>';
echo date('Y-m-d H:i:s',mktime(15, 18, 8, 8)) . '<br>';
echo date('Y-m-d H:i:s',mktime(15, 18, 8)) . '<br>';
echo date('Y-m-d H:i:s',mktime(15, 18)) . '<br>';
echo date('Y-m-d H:i:s',mktime(15));
?>
```

运行结果：

```
1559318400
2019-08-12 15:18:08
2020-08-12 15:18:08
2020-08-17 15:18:08
2020-03-17 15:18:08
2020-03-17 15:18:14
2020-03-17 15:12:14
```

上述代码中，mktime( )函数可以将一个日期返回为一个Unix时间戳，然后通过函数date( )将其格式化输出。

4. strtotime( )函数

语法格式：int strtotime (string $time [, int $now])

功能：将字符串转换为Unix时间戳。参数time指定日期时间字符串，now用于计算相对时间的参考点，如果省略则使用系统当前时间。一般情况下，从表单中获取的时间通常是使用日期选择控件获得的字符串，通过该函数可以将字符串转换成时间戳，具体用法如例4-19。

【例4-19】 strtotime( )的简单使用。

```php
<?php
date_default_timezone_set('PRC');
echo date('Y-m-d H:i:s',strtotime('2020-01-20 18:53:06')) . '<br>';
```

```
echo date('Y-m-d H:i:s',strtotime('+1 day')) . '<br>';
echo date('Y-m-d H:i:s',strtotime('-1 day')) . '<br>';
echo date('Y-m-d H:i:s',strtotime('+5 days')) . '<br>';
echo date('Y-m-d H:i:s',strtotime('+1 month')) . '<br>';
echo date('Y-m-d H:i:s',strtotime('+2 years 3 months 12 days')) . '<br>';
echo date('Y-m-d H:i:s',strtotime('last Monday'));
?>
```

运行结果：

```
2020-01-20 18:53:06
2020-03-18 10:49:52
2020-03-16 10:49:52
2020-03-22 10:49:52
2020-04-17 10:49:52
2022-06-29 10:49:52
2020-03-16 00:00:00
```

通过上述代码发现，第 3 行代码使用 strtotime( ) 函数将字符串转换成了时间戳，并格式化输出。第 4~9 行代码中的时间字符串是一个相对时间的简短描述，所以在转换时使用系统当前时间作为参考点。

【例 4-20】 商品秒杀倒计时。

```
<?php
date_default_timezone_set('PRC');
//秒杀的开始时间,以字符串存放到变量$starttimestr 中
$starttimestr = '2020-4-14 12:00:00';
//秒杀的结束时间,以字符串存放到变量$endtimestr 中
$endtimestr = '2020-4-14 12:15:00';
//将存放开始时间的字符串变量$starttimestr 转换成时间戳,存放到变量$starttime 中
$starttime = strtotime($starttimestr);
//将存放结束时间的字符串变量$endtimestr 转换成时间戳,存放到变量$endtime 中
$endtime = strtotime($endtimestr);
//获得当前时间,存放到变量$nowtime 中
$nowtime = time();
//如果当前时间小于秒杀活动的开始时间,提示活动还未开始
if ($nowtime < $starttime) {
    die("活动还没开始,活动时间是:$starttimestr}至$endtimestr}");
}
//如果当前时间小于等于秒杀活动的结束时间,计算剩余的时间
if ($endtime >= $nowtime) {
    $lefttime = $endtime - $nowtime;    //计算实际剩下的时间(秒)
    $leftmin = intval($lefttime /60);
    $leftsec = $lefttime % 60;
    echo '活动还剩' . $leftmin . '分' . $leftsec . '秒';
}
//如果当前时间大于秒杀活动的结束时间,提示活动已经结束
else {
    $lefttime = 0;
    die('活动已经结束!');
}
?>
```

通过上例发现，第 8 行和第 10 行代码将字符串代码通过函数 strtotime( )转换成时间戳，如果当前时间小于秒杀活动的开始时间，输出“活动还没有开始……”，如果当前时间小于等于秒杀活动的结束时间，则通过与当前时间的差值计算，可以求出剩余时间的总秒数，然后通过对 60 取余和取商，求出活动剩余的分钟和秒数，如果当前时间大于秒杀活动的结束时间，输出“活动已经结束!”。

5. microtime( )函数

语法格式：mixed microtime（[bool $get_as_float]）

功能：返回当前 Unix 时间戳和微秒数，对时间的计算更精确。参数 get_as_float 可选，默认为 false。当设置为 true 时，规定函数应该返回浮点数，小数点前表示秒数，小数点后表示微秒数。否则以“microsec sec”形式返回字符串，microsec 为微秒部分，sec 为秒数。

【例 4-21】计算程序的执行时间。

```
<?php
date_default_timezone_set('PRC');
$start =microtime(true);
echo $start .'<br>';                    //程序的起始时间
for ($i = 1; $i <= 10000; $i++) {
    $arr[] = $i;
}
$end =microtime(true);
echo $end .'<br>';                     //程序的结束时间
echo '程序的执行时间:' . round($end - $start, 4);  //程序的执行时间:0.0018
?>
```

运行结果：

```
1584415656.6907
1584415656.6925
程序的执行时间:0.0018
```

在上述代码中，第 3 行用于获得程序的起始时间，第 5～7 行是计算执行时间的程序，第 8 行用于获得程序的结束时间，第 10 行输出程序的执行时间，保留 4 位小数。

4.4.3　字符串函数

4.4.3　字符串函数

在实际的程序开发中，经常需要对字符串进行处理，PHP 提供了丰富的字符串函数，例如，获取字符串的长度、去掉字符串首尾空格、分割字符串等，常见的字符串函数如表 4-4 所示。

表 4-4　字符串函数

函　数　名	功　　能
strlen( )	获取指定字符串的长度
substr( )	截取字符串
strcmp( )	比较两个字符串
strstr( )	返回字符串从第一次出现的位置开始到结尾的字符串
substr_count( )	计算字符串出现的次数

(续)

函 数 名	功　　能
str_ireplace()	使用新的子字符串（字串）替换原始字符串中被指定要替换的字符串
substr_replace()	对指定字符串中的部分字符串进行替换
ltrim()	删除字符串左侧的空白字符或其他字符
rtrim()	删除字符串右侧的空白字符或其他字符
trim()	删除字符串左侧和右侧的空白字符或其他字符
explode()	按照指定的规则对一个字符串进行分隔，返回一个数组
implode()	将数组中的元素组合成一个新的字符串
strrev()	反转字符串
str_repeat()	将字符串重复指定的次数
strrchr()	查找指定字符在字符串中最后一次出现后的字符串

1. strlen()函数

语法：int strlen (string $str)

功能：获取指定字符串 str 的长度。

示例：

```
$str = 'hello';
echo strlen($str);                //输出 5
echo '<br>';
$name = '张琪';                   //输出 6
echo strlen($name);
```

注意：一般数字、英文、小数点、下划线、空格占 1 个字节。在 UTF-8 编码格式下使用 strlen()函数获取字符串的长度时，汉字一般占 3 个字节；在 gbk 编码格式下汉字占 2 个字节。在不同的编码格式下其结果可能不同。

2. substr()函数

语法：string substr (string $str, int $start [, int $length])

功能：返回字符串的子串。截取 str 字符串，从 start 开始，截取长度为 length 的子字符串。参数 length 可以省略，如果参数 start 为负数，则从字符串的末尾开始截取，如果参数 length 为负数，则取到倒数第 length 个字符。

示例：

```
$str = 'All-in-one PC';
echo substr($str, 10);              //输出 PC
echo '<br>';
echo substr($str, 0, 3);            //输出 All
echo '<br>';
echo substr($str, 2, 8);            //输出 l-in-one
echo '<br>';
echo substr($str, -5, 2);           //输出 ne
echo '<br>';
```

```
echo substr($str, 5, -1);        //输出 n-one P
echo '<br>';
echo substr($str, -5, -1);       //输出 ne P
```

在上述代码中，第 2 行代码表示从第 10 个字符开始截取$str 字符串，结果是 PC；第 4 行代码表示从$str 中的第 0 个字符开始截取 3 个字符，结果是 All；第 6 行代码表示从$str 中的第 2 个字符开始截取 8 个字符，结果是 l-in-one；第 8 行代码表示从$str 中倒数第 5 个字符开始截取 2 个字符，结果是 ne；第 10 行代码表示从$str 中的第 5 个字符开始截取字符，截取到倒数第 1 个字符，结果是 n-one P；第 12 行代码表示从$str 中的倒数第 5 个字符开始截取字符，截取到倒数第 1 个字符，结果是 ne P。

3. strcmp( )函数

语法：int strcmp（string $str1，string $str2）

功能：用来比较两个字符串。如果两个字符串相等，则返回 0；如果 str1 小于 str2，则返回-1；如果 str1 大于 str2，则返回 1。

示例：

```
$str1 = 'I am a student.';
$str2 = 'I am a teacher.';
$str3 = 'hello';
$str4 = 'HELLO';
echo strcmp($str1, $str2);     //输出-1
echo '<br>';
echo strcmp($str3, $str4);     //输出 1
```

📖 注意：strcmp( )函数区分大小写，可以应用到用户的登录系统中，判断用户名和密码是否正确。

---

4. strstr( )函数

语法：string strstr（string $haystack，mixed $needle［，bool $before_needle］）

功能：返回 haystack 字符串从 needle 第一次出现的位置开始到 haystack 结尾的字符串。如果执行成功，返回相匹配的字符，否则返回 false。可选参数 before_needle 默认为 false，若为 true，strstr( )将返回 needle 在 haystack 中的位置之前的部分。

示例：

```
$str1 = '5483934@qq.com';
echo strstr($str1, '@');         //输出@qq.com
echo '<br>';
echo strstr($str1, '@', true); //输出 5483934
```

5. substr_count( )函数

语法：int substr_count(string $haystack，string $needle［，int $offset = 0［，int $length］］)

功能：计算字符串出现的次数。参数 haystack 表示在此字符串中进行搜索，needle 表示要搜索的字符串。可选参数 offset 表示开始计数的偏移位置，默认为 0，如果是负数，就从字符的末尾开始统计。可选参数 length 指定偏移位置之后的最大搜索长度。如果偏移量加上这个长度的和大于 haystack 的总长度，则输出警告信息。负数的长度 length 是从 haystack 的末尾开始统计的。

示例：

```
$str1 = 'This is nice';
echo substr_count($str1,'is');          //输出 2
echo '<br>';
echo substr_count($str1,'is',2,4);      //输出 1
```

6. str_ireplace( )函数

语法：mixed str_ireplace(mixed $search, mixed $replace,mixed $subject[, int &$count])

功能：使用新的子字符串替换原始字符串中被指定要替换的字符串。参数 search 表示需要查找的字符串，参数 replace 表示替换的值，subject 表示查找的范围，可选参数 count 表示执行替换的次数。该函数不区分大小写，如果要区分大小写，使用 substr_replace( )函数，参数和功能与 substr_ireplace( )一样。

示例：

```
$str1 = '科学一班';
echo str_ireplace('科学','软工',$str1);                //输出软工一班
```

7. substr_replace( )函数

语法：mixed substr_replace (mixed $str, mixed $replacement, mixed $start [, mixed $length])

功能：用于对指定字符串中的部分字符串进行替换。参数 str 表示输入的字符串，参数 replacement 表示替换的字符串，start 表示指定替换字符串的开始位置，如果为正表示起始位置从字符串开头开始，如果为负表示从字符串的结尾开始，如果为 0 表示起始位置从字符串的第一个字符开始。可选参数 length 表示字符串的长度，如果为正表示起始位置从字符串的开头开始，如果为负表示起始位置从字符串的末尾开始，如果为 0 表示插入而非替换。

示例：

```
$str1 = '欢迎来到科学一班';
echo substr_replace($str1,'软工一班',12);        //输出欢迎来到软工一班
echo '<br>';
echo substr_replace($str1,'二',18,3);            //输出欢迎来到科学二班
```

8. ltrim( )、rtrim( )、trim( )函数

语法：string ltrim (string $str [, string $character_mask])

功能：删除字符串左侧的空白字符或其他字符。参数 str 表示输入的字符串，可选参数 character_mask 表示指定要删除的字符，如果不设置该参数，则所有的可选字符都被删除。参数 character_mask 的可选值如下。

- "\0"——NULL，空值。
- "\t"——制表符。
- "\n"——换行符。
- "\x0B"——垂直制表符。
- "\r"——回车。
- " "——空格。

除了以上默认的过滤字符列表外，也可以在 character_mask 参数中提供要过滤的特殊字符。

rtrim( )、trim( )函数和 ltrim( )函数的参数一样，功能略有区别。rtrim( )函数的功能是删除字符串右侧的空白字符或其他字符。trim( )函数的功能是删除字符串左侧和右侧的空白字符或其他字符。

示例：

```
$str1 = '   欢迎来到软工一班  ';
echo ltrim($str1);              //输出欢迎来到软工一班____
echo '<br>';
echo rtrim($str1);              //输出____欢迎来到软工一班
echo '<br>';
echo trim($str1);               //输出欢迎来到软工一班
echo '<br>';
$str2 = '**欢迎来到软工一班**';
echo ltrim($str2,'**');         //输出欢迎来到软工一班**
echo '<br>';
echo rtrim($str2,'**');         //输出**欢迎来到软工一班
echo '<br>';
echo trim($str2,'**');          //输出欢迎来到软工一班
```

9. explode( )函数

语法：array explode（string $delimiter, string $str[, int $limit]）

功能：按照指定的规则对一个字符串进行分隔，返回一个数组。参数 delimiter 为指定的分隔符，参数 str 为将要分隔的字符串，参数 limit 为可选参数，如果为正数，则返回的数组最多包含 limit 个元素，而最后那个元素将包含 str 的剩余部分。如果 limit 参数是负数，则返回除了最后的-limit 个元素外的所有元素。如果 limit 是 0，则会被当作 1。

示例：

```
$str1 = "音乐、英语、美术";
$arr1 = explode("、", $str1);
print_r($arr1);          //输出 Array ([0] => 音乐 [1] => 英语 [2] => 美术)
$arr2 = explode("、", $str1, 2);
print_r($arr2);          //输出 Array ([0] => 音乐 [1] => 英语、美术)
$arr3 = explode("、", $str1, -1);
print_r($arr3);          //输出 Array ([0] => 音乐 [1] => 英语)
```

10. implode( )函数

语法：string implode（string $glue, array $pieces）

功能：将数组中的元素组合成一个新的字符串。参数 glue 为指定的分隔符，参数 pieces 为指定要被合并的数组。

示例：

```
$course = array('音乐', '美术', '英语');
echo implode("、", $course);          //输出音乐、美术、英语
```

11. strrev( )函数

语法：string strrev（string $str）

功能：返回反转后的字符串。参数 str 为待反转的原始字符串，注意不能用于中文字符串，可能会出现乱码。

示例：

```
$str = "I am a student";
echo strrev($str);                 //输出 tneduts a ma I
```

12. str_repeat( )函数

语法：string str_repeat（string $input，int $multiplier）

功能：用于重复一个字符串。参数 input 指定要被重复的字符串，参数 multiplier 指定重复的次数。

示例：

```
$str = "PHP * ";
echo str_repeat($str, 2);          //输出 PHP * PHP *
```

13. strrchr( )函数

语法：string strrchr（string $haystack，mixed $needle）

功能：用于查找指定字符后的字符串。返回 haystack 字符串中的一部分，这部分以 needle 的最后出现位置开始，直到 haystack 末尾。

示例：

```
$str = "apple.jpg";
echo strrchr($str,'.');            //输出 .jpg
```

4.5 PHP 文件包含语句

PHP 的文件包含语句可以提高代码的维护和更新效率以及重用性，通常使用 include、require、include_once、require_once 语句来实现文件的包含，这四种语句在使用上各有不同，下面分别进行详细介绍。

4.5.1 include 语句与 require 语句

include 语句可以放在 PHP 脚本的任意位置，一般当 PHP 脚本执行到 include 指定引入的文件位置时，才将外部文件引用进来并读取文件的内容，其语法如下。

```
//第一种写法
 include"string filename ";
//第二种写法
 include(string filename);
```

其中，filename 表示完整路径文件名。假设在同一个目录下有两个文件，index. php 和 login. php，在 index. php 文件中引用 login. php 文件，可以在 index. php 文件中加上一条语句 include "login. php" 即可。

require 语句和 include 语句使用方法一样，但是一般放在 PHP 脚本的最前面，PHP 执行前会先读入 require 指定引入的文件，包含并尝试执行引入的脚本文件。

include 语句和 require 语句的比较如下。

1）include 当第二次遇到相同文件时，PHP 还是会重新解释一次，include 相对于

require 的执行效率下降很多，同时当引入文件中包含用户自定义的函数时，PHP 在解释过程中会发生函数重复定义的问题。

2）require 的工作方式会提高 PHP 的执行效率，当它在同一个网页中解释过一次后，第二次便不会解释。但同样的，正因为它不会重复解释引入文件，所以当 PHP 中使用循环或条件语句来引入文件时，需要用到 include。

4.5.2 include_once 语句与 require_once 语句

include_once 语句、require_once 语句和 include、require 使用方法一样，只是在使用 include_once 和 require_once 语句时，会在导入文件前先检测该文件是否在该页面的其他部分被引用过，如果有则不会重复引用该文件，程序只能引用一次。例如，要导入的文件中存在一些自定义函数，那么如果在同一个程序中重复使用 include_once 导入这个文件，在第二次导入时便会发生错误，因为 PHP 不允许相同名称的函数被重复定义。例如，使用 require_once 语句在同一个页面中引用了两个相同的文件，那么在输出时只有第一个文件被执行，第二次引用的文件不会被执行。

4.6 案例：随机验证码生成

4.6 案例：随机验证码生成

登录某个系统时，经常遇到需要输入随机验证码的情况，有的验证码是纯数字的，有的验证码是纯字母的，还有的验证码既有字母又有数字。下面详细讲解随机验证码生成的方法。

4.6.1 案例呈现

本节定义一个函数，实现随机生成验证码，如图 4-1 所示。

图 4-1 随机验证码生成

4.6.2 案例分析

在案例中可以将大小写字母和数字存放到一维数组中，通过随机生成数组的下标，即可得到数组中随机的数字或字符，循环同样的操作 5 次即可实现。

4.6.3 案例实现

```
<?php
function RandNum($length)
```

```
{
    $a = range('a', 'z');
    $b = range('A', 'Z');
    $c = range(0, 9);
    $arr = array_merge($a, $b, $c);
    $n=count($arr);
    $str="";
     for($i=0;$i<=$length-1;$i++)
     {
        $str.=$arr[rand(0,$n-1)];
     }
     return $str;
}
echo RandNum(5);
?>
```

上述代码中，第 2 行定义一个函数 RandNum($length)，参数$length 表示随机生成验证码的位数；第 4~第 6 行通过 range()函数，生成数组$a，$b 和$c，其中，$a 存放小写字母，$b 存放大写字母，$c 存放数字；第 7 行代码通过 array_merge()函数将大小写字母和数字合并为一个数组$arr；第 8 行代码通过 count()函数统计数组$arr 的元素个数；第 12 行代码通过 rand()函数随机生成数组$arr 的下标，从而随机获取数组$arr 中一个元素，然后通过第 9~第 13 行的循环语句将随机获得的一个元素循环$length 次，拼接给字符串$str，通过第 14 行语句将$str 字符串返回；第 16 行调用 RandNum(5)函数，实现了 5 位随机验证码的生成。

4.7 实践操作

1）利用函数将电话号码的中间四位用 **** 代替，实现效果如图 4-2 所示。

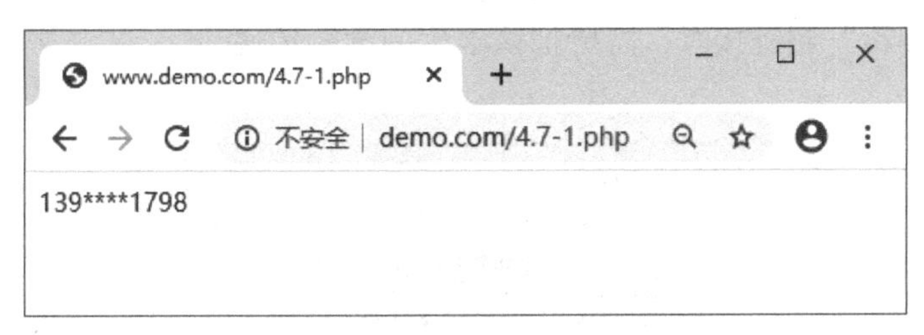

图 4-2 信息隐藏

2）利用函数将“apple. jpg”文件的后缀替换成“txt”，实现效果如图 4-3 所示。

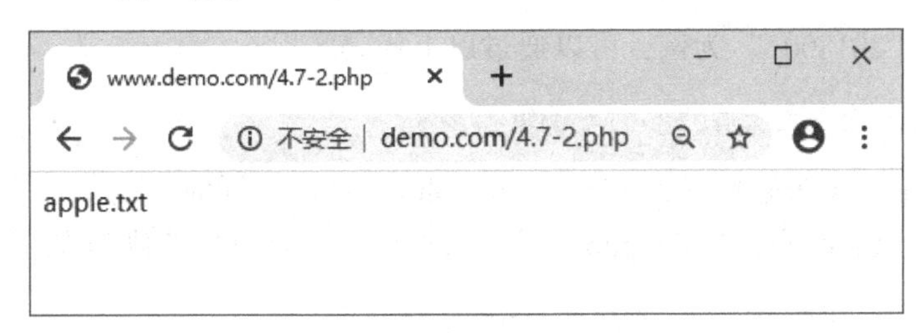

图 4-3 文件后缀替换

第5章　数据交互

在网站开发过程中，前台页面和后台数据库之间通常需要数据传递，称之为数据交互。例如，在用户注册时，需要把表单中的数据提交到服务器，经过服务器端脚本处理之后，存储到数据库中；在编辑用户信息时，又需要把用户数据从数据库中读取出来，呈现在页面中。本章主要学习 PHP 中数据交互的相关知识。

📖 **本章要点**

- GET 请求方式
- POST 请求方式

5.1　页面间参数传递

网站中经常涉及不同页面之间传递参数，例如，在查看所有学生信息时，有时需要对个别学生的信息进行修改，一般通过超链接跳转至编辑页面进行处理。在修改不同学生的信息时，均是链接到同一个编辑页面，此时，为了区分不同学生，需要把学生的学号传递给编辑页面。在页面间传递参数时，可以通过在 URL 后面使用“?”号拼接“key=value”的键值对实现，其中 key 为参数名，value 为参数值。PHP 脚本通过超全局变量$_GET 获得超链接携带的参数值。下面以传递学生的学号为例讲解页面间如何实现参数传递。

【例 5-1】 传递学生学号。

假设页面中已经显示出所有学生的基本信息，如图 5-1 所示。当单击“编辑”超链接时，需要把该学生的学号传递给编辑页面。

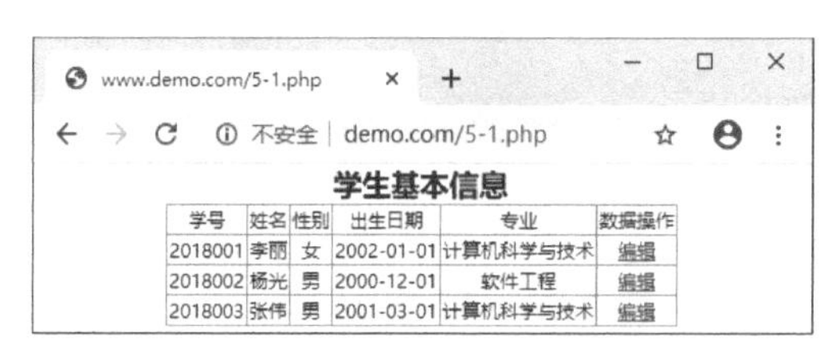

学号	姓名	性别	出生日期	专业	数据操作
2018001	李丽	女	2002-01-01	计算机科学与技术	编辑
2018002	杨光	男	2000-12-01	软件工程	编辑
2018003	张伟	男	2001-03-01	计算机科学与技术	编辑

图 5-1　学生基本信息

以传递学号“2018001”为例，可以通过以下代码实现。

```
<a href="edit.php?id=2018001">编辑</a>
```

上述代码表示，单击超链接跳转至“edit. php”页面的同时，携带一个参数“id”，其值为“2018001”。编辑页面“edit. php”可以通过以下代码获得参数 id 的值。

```
$sno = isset($_GET["id"]) ? $_GET["id"] : "";
if (!empty($sno)) {
```

```
    echo $sno;
}
```

运行结果为：

```
2018001
```

$_GET 是系统提供的超全局变量，它是一个数组，它的元素的键名为通过 URL 传递的参数名。上述代码首先通过 isset( ) 函数判断$_GET["id"] 是否存在，如果存在则赋值给$sno，否则把$sno 设置为空字符串。当$sno 非空时，输出$sno。在实际运用中，当$sno 非空时，可以通过拼接 SQL 语句，把该学生的数据查询出来后，继续进行编辑操作。

在通过超链接进行页面间参数传递时，如果有多个参数需要传递，可以通过“&”连接不同参数。例如，出于安全角度考虑，在进行数据修改时，除了传递学号外，一般还需要传递一个 token 参数进行权限验证，则可以在超链接中进行如下设置：

```
<a href="edit.php?id=2018001&token=3869cd1251277241a5cc62ad477fc31d">编辑</a>
```

编辑页面“edit. php”可以通过以下代码获得学号和 token 值。

```
$sno = isset($_GET["id"]) ? $_GET["id"] : "";
$token =isset($_GET["token"]) ? $_GET["token"] : "";
if (!empty($sno) && !empty($token)) {
    echo "学号:" . $sno;
    echo "<br/>";
    echo "token:" . $token;
}
```

5.2 表单数据交互

当用户单击“提交”按钮时，需要把表单中的信息提交到服务器中。该过程需要用到 form 元素的 action 和 method 等属性。action 属性表示表单的处理程序，可以是 ASP、JSP、PHP 等脚本文件。当 action 的值为空时，表示提交到当前页面。method 属性表示表单数据从浏览器发送到服务器的方式，其值可以为 get 或 post。即表单可以通过两种请求方式发送到服务器端：GET 方式和 POST 方式。本节分别介绍表单使用 GET 和 POST 请求方式提交数据及服务器端获取数据的方法。

5.2.1 GET 方式提交和获取表单数据

5.2.1 GET 方式提交和获取表单数据

当表单以 GET 方式发送数据时，表单数据以键值对的形式附加在 URL 后面发送给服务器，服务器端通过超全局变量$_GET 读取数据。$_GET 借助表单元素的 name 属性值可以访问到用户提交的数据。下面以查询车牌号码为例演示 GET 请求方式下，PHP 如何获取表单数据。

【例 5-2】 查询车牌号码。

表单的主要代码如下。

```
<h3>机动车信息查询</h3>
<form method="get" action="getCar.php">
    <label>车牌号码:</label><input type="text" name="carNo" placeholder="请输入车牌号"/>
    <input type="submit" value="查询"/>
</form>
```

页面运行效果如图 5-2 所示。

图 5-2　查询页面

输入车牌号码“豫 Z·12345”后并单击“查询”按钮，页面跳转至“getCar.php?carNo=豫 Z·12345”对表单提交的数据进行处理，该页面代码如下。

```
<?php
echo "您输入的车牌号码为:".$_GET["carNo"];
?>
```

运行结果为：

```
您输入的车牌号码为:豫 Z·12345
```

当表单提交了多个值时，每个参数及参数值会在地址栏中以“&”连接的形式进行显示。下面以查询员工信息为例，介绍 GET 请求方式下，获取多个数据值的情况。

【例 5-3】 查询员工信息。

前台页面主要代码如下。

```
<div>
    <h3>员工信息查询</h3>
    <form method="get" action="getEmp.php">
        <table>
            <tr>
                <td><label>部门:</label></td>
                <td><select name="dept">
                    <option value="develop">开发部</option>
                    <option value="test">测试部</option>
                    <option value="HR">人力资源部</option>
                </select>
                </td>
            </tr>
            <tr>
                <td><label>姓名:</label></td>
                <td><input type="text" name="e_name"/></td>
            </tr>
        </table>
        <input class="btn" type="submit" value="查询"/>
```

```
    </form>
</div>
```

页面效果如图 5-3 所示。

图 5-3　员工信息查询

当在表单文本框中选择“测试部”，并在姓名一栏中输入“张伟”后，页面跳转至“getEmp. php?dept = test&e_name = 张伟”。对于文本框和下拉列表而言，$_GET 均通过其 name 值获得用户的输入信息，因此，在“getEmp. php”文件中可以通过如下代码获取查询的部门和姓名。

```
<?php
echo "您要查询的部门名称为:".$_GET["dept"];
echo "<br>";
echo "您要查询的员工姓名为:".$_GET["e_name"];
?>
```

查询结果如图 5-4 所示。

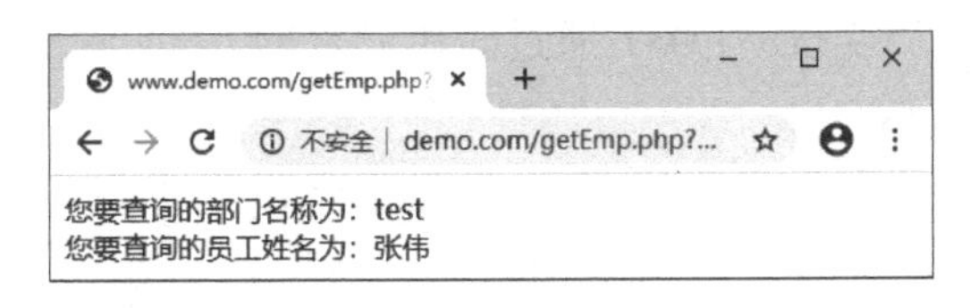

图 5-4　查询多个条件

由程序运行结果可以看出，对于 select 元素而言，$_GET 获取的是其选中项的 value 值。在 GET 请求方式下，地址栏中可以直接看出用户在表单元素中输入的值，因此这种方式并不安全，用户输入的数据容易被篡改。

5.2.2　POST 方式提交和获取表单数据

5.2.2　POST 方式提交和获取表单数据

当表单以 POST 方式向服务器端发送数据时，PHP 通过超全局变量$_POST 来获取表单提交的数据。$_POST 在使用方法上和$_GET 完全相同，下面以常见的用户登录为例说明 POST 请求方式下，提交和获取表单数据的方法。

【例 5-4】 用户登录。

用户登录页面主要代码如下。

```
<h3>用户登录</h3>
<form method="post" action=" login.php">
    <label>用户名:</label><input type="text" name="username" />
    <br/>
```

```
    <label>密    码:</label><input type="password" name="
userpwd"/>
    <br/>
    <input type="submit" value="登录"/>
</form>
```

页面效果如图 5-5 所示。

图 5-5　用户登录

当在表单中输入用户名“张伟”和密码“123456”后，单击“登录”按钮，跳转至“login. php”页面，该页面代码如下。

```
<?php
echo "用户名:".$_POST["username"];
echo "<br>";
echo "密码:".$_POST["userpwd"];
?>
```

在上述代码中，超全局变量$_POST 通过表单元素的 name 属性值访问表单中提交的数据，运行效果如图 5-6 所示。

图 5-6　POST 请求方式下获取表单数据

POST 请求方式下，地址栏中并没有显示任何表单相关数据。因此，和 GET 请求方式相比，POST 请求方式更加安全，且理论上来讲对发送的数据量没有要求。在实际项目应用中，涉及密码等隐私信息时一般采用 POST 请求方式。

获取单选按钮、下拉菜单、文本域等元素中值的方法和文本框相同，由于复选框中可以选择多个值，获取复选框选项值的方法和前面讲述的几个表单元素不尽相同，下面通过例 5-5 进行说明。

【例 5-5】 获取应聘者意向城市信息。

页面主要代码如下。

```
<form method="post" action="postCity.php">
    <label>您的意向工作城市为:</label>
    <input type="checkbox" name="city[]" value="beijing"/>北京市
    <input type="checkbox" name="city[]" value="shanghai"/>上海市
```

```
    <input type="checkbox" name="city[]" value="guangzhou"/>广州市
    <input type="submit" value="提交"/>
</form>
```

由于用户可能在一组复选框中选择了多个值，PHP 脚本需要获取用户选择的每个选项，因此，在设置一组复选框的 name 属性值时，需要加上中括号，即 PHP 脚本以数组形式存储用户的多个选项。页面效果如图 5-7 所示。

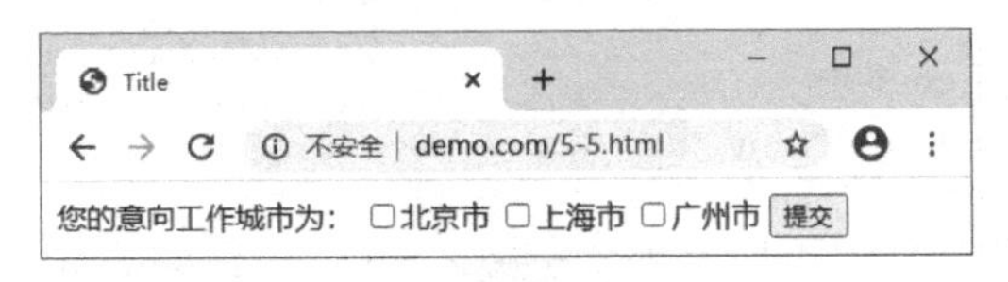

图 5-7　意向工作城市

“postCity. php” 页面的代码如下。

```
<?php
$str = "";
$citys = $_POST["city"];
foreach ($citys as $value) {
    $str .= $value . " ";
}
echo "意向城市为:".$str;
?>
```

由于前台页面在设置复选框的 name 属性值时加了中括号“[ ]”，PHP 通过$_POST ["city"]获取到的是一个数组。通过遍历该数组的元素值，可以得到用户选中的所有选项的 value 值。在表单中选择了北京市、广州市，并单击“提交”按钮后，运行结果如图 5-8 所示。

图 5-8　意向结果

在实际应用中，也可以在复选框的 name 属性值的中括号中指定键名用于前后台交互，那么，通过$_POST["city"]获取的数组中的元素就拥有了指定的键名，否则，该数组中默认使用自然数 0、1、2……作为键名。

5.3　案例：考试答题

5.3　案例：考试答题

随着互联网的迅速崛起，无纸化办公以快捷方便、省时省力、成本低、效率高等优点得到各界人士的青睐。对于一些客观题目，在线考试答题是一个非常好的考试方式，它不仅可以实现自动阅卷，还能对考试结果进行精准分析。本节将详细介绍考试答题功能的设计与实现。

5.3.1 案例呈现

本节使用表单实现图 5-9 所示的“考试答题”案例。在案例中主要实现以下功能。

1）显示考试答题页面。

2）通过 PHP 脚本获取用户提交的选项。

3）在页面显示用户提交的选项。

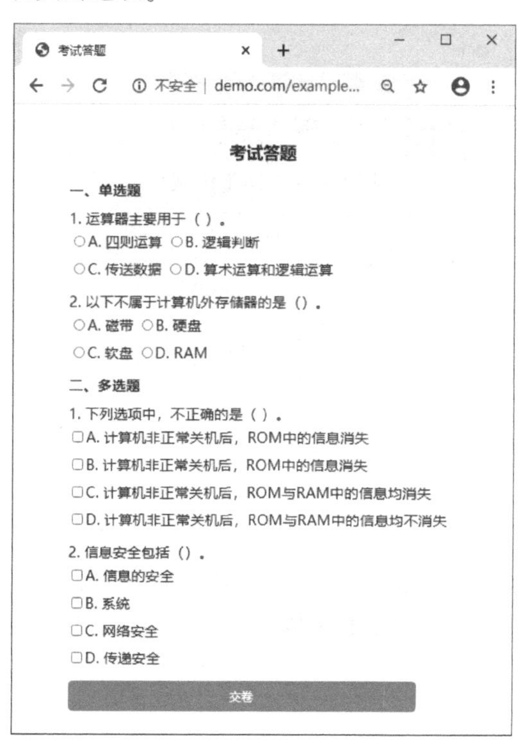

图 5-9　考试答题页面

5.3.2 案例分析

在本案例中，首先需要在考试答题页面设置每道单选题和多选题的 name 值，然后在服务器端通过$_POST 全局变量获取用户提交的选项。根据案例的功能描述，可以将该案例的实现分为以下几个步骤。

1）创建考试答题页面，设置每个选项的 name 值。

2）给表单添加提交动作，单击“交卷”按钮跳转到 PHP 处理页面。

3）利用 PHP 脚本获取用户提交的选项，并显示在页面中。

5.3.3 案例实现

1. 创建考试答题页面

在本案例中需要设置一些考试题目，主要包含单选题和多选题两类。在真实项目中，考题信息是从数据库中动态读取出来。由于还没有学习 PHP 操作数据库的相关知识，本例把考题信息直接呈现在页面中，主要代码如下。

```
<!DOCTYPE html>
<html>
<head>
    <meta charset="UTF-8">
    <meta name="viewport" content="width=device-width, initial-scale=1.0">
    <title>考试答题</title>
    <style>
        <!--样式表代码省略,详见配套源码-->
    </style>
</head>
<body>
<div class="main">
    <h3>考试答题</h3>
    <!--题目内容 -->
    <form method="post" action="exam_total.php">
        <!--单选题 -->
        <div>
            <div class="question-type">一、单选题</div>
            <div class="question-each">
                <!--标题 -->
                <div>1. 运算器主要用于( ).</div>
                <!--选项 -->
                <div class="question-option">
                    <label><input type="radio" value="A" name="single[1]" re-
quired>A. 四则运算</label>
                    <label><input type="radio" value="B" name="single[1]" re-
quired>B. 逻辑判断</label><br/>
                    <label><input type="radio" value="C" name="single[1]" re-
quired>C. 传送数据</label>
                    <label><input type="radio" value="D" name="single[1]" re-
quired>D. 算术运算和逻辑运算</label>
                </div>
            </div>
            <div class="question-each">
                <!--标题 -->
                <div>2. 以下不属于计算机外存储器的是().</div>
                <!--选项 -->
                <div class="question-option">
                    <label><input type="radio" value="A" name="single[2]" re-
quired>A. 磁带</label>
                    <label><input type="radio" value="B" name="single[2]" re-
quired>B. 硬盘</label><br/>
                    <label><input type="radio" value="C" name="single[2]" re-
quired>C. 软盘</label>
                    <label><input type="radio" value="D" name="single[2]" re-
quired>D. RAM</label>
                </div>
            </div>
        </div>
        <!--多选题 -->
        <div>
            <div class="question-type">二、多选题</div>
```

```
            <div class="question-each">
                <!--标题 -->
                <div>1. 下列选项中,不正确的是( ).</div>
                <!--选项 -->
                <div class="question-option">
                    <label><input type="checkbox" value="A" name="multiple[1]
[]">A. 计算机非正常关机后,ROM 中的信息消失</label><br/>
                    <label><input type="checkbox" value="B" name="multiple[1]
[]">B. 计算机非正常关机后,ROM 中的信息消失</label><br/>
                    <label><input type="checkbox" value="C" name="multiple[1]
[]">C. 计算机非正常关机后,ROM 与 RAM 中的信息均消失</label><br/>
                    <label><input type="checkbox" value="D" name="multiple[1]
[]">D. 计算机非正常关机后,ROM 与 RAM 中的信息均不消失</label><br/>
                </div>
            </div>
            <div class="question-each">
                <!--标题 -->
                <div>2. 信息安全包括().</div>
                <!--选项 -->
                <div class="question-option">
                    <label><input type="checkbox" value="A" name="multiple[2]
[]">A. 信息的安全</label><br/>
                    <label><input type="checkbox" value="B" name="multiple[2]
[]">B. 系统</label><br/>
                    <label><input type="checkbox" value="C" name="multiple[2]
[]">C. 网络安全</label><br/>
                    <label><input type="checkbox" value="D" name="multiple[2]
[]">D. 传递安全</label><br/>
                </div>
            </div>
        </div>
        <div>
            <input type="submit" value="交卷" class="btn">
        </div>
    </form>
</div>
</body>
</html>
```

真实的考试系统往往包含大量题目，且题目均从数据库中动态读取，因此，需要动态地为表单元素的 name 属性赋值。为了便于统一获取用户提交的答案，name 属性值一般设置为数组形式。为了清晰地知道用户提交的答案对应哪一道题，name 属性值中的数组下标必须是该题目的编号。

每道单选题只能有一个选项被选中，本例中依次设置每道单选题选项的 name 属性值为 single[1]、single[2]……其中下标 1、2 和题目编号对应，使所有单选按钮的选中项的值构成一个一维数组。多选题使用了类似的方法，不过由于每道多选题都可能包含多个答案，即每道多选题的选中项需要用一维数组表示，因此需要将多选题选项的 name 属性值设置为二维数组的形式。本例中每道多选题选项的 name 属性值依次设置为 multiple[1][]、multiple[2][]……下标 1、2 和题目编号对应。

本例中的单选题和多选题分别使用了单选按钮和复选框两种表单元素，文本框、下拉列表的用法和单选按钮相同，此处不再赘述。

2. 查看用户提交结果

$_POST 通过 single 键名获取到的是包含所有单选题的选中项的一维数组，通过 multiple 键名获取到的是包含所有多选题的选中项的二维数组，代码如下。

```
<?php
header("Content-type:text/html; charset=UTF-8");
//接收用户提交的答案,遍历输出每题提交的答案,格式:题号-提交的答案
$single = $_POST["single"];
$multiple = $_POST["multiple"];
echo "您提交的答案为:<br>";
foreach ($single as $key => $value) {
    echo "单选题第".$key. "题—".$value. "<br>";
}
foreach ($multiple as $key => $values) {
   $res = "";
    foreach ($values as $v) {
       $res .= $v ." ";
    }
    echo "多选题第" .$key. "题—" .$res. "<br>";
}
```

用户提交题目的答案后，可得到如图 5-10 所示结果。

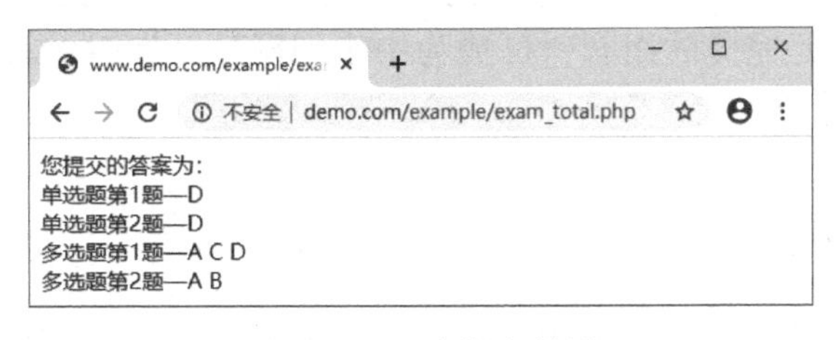

图 5-10　用户提交结果

5.4　实践操作

设计如图 5-11 所示的注册页面，单击“提交”按钮后，通过$_POST 获取用户在表单中提交的数据。

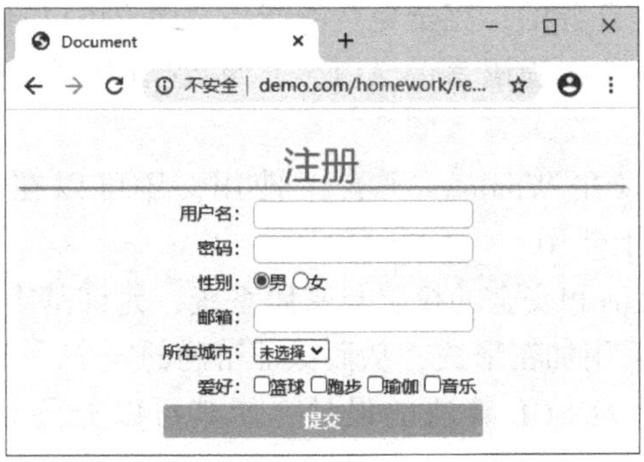

图 5-11　用户注册

第 6 章　MySQL 数据库

数据库作为程序中数据的重要载体，在整个项目中扮演着重要的角色。MySQL 具有跨平台、可靠、体积小、开源以及免费等特点，一直是 PHP 的最佳搭档。本章将对 MySQL 数据库的基础知识进行详细介绍。

📖 **本章要点**

- 数据库的管理
- 数据表的管理
- 数据表记录的管理

6.1　MySQL 概述

MySQL 是关系型数据库管理系统，其使用数据库标准化语言，成本低、速度快、体积小，与 PHP 和 Apache 是完美的组合，已成为中小型网站开发时的首选数据库，本节将对 MySQL 作一个简单的介绍。

6.1.1　MySQL 简介

MySQL 数据库管理系统由瑞典的 MySQL AB 公司开发、发布并支持，由 MySQL 的初始开发人员 David Axmark 和 Michael Monty Widenius 于 1995 年建立，后来被 Sun 公司收购，Sun 公司后来又被 Oracle 公司收购，目前属于 Oracle 旗下公司。尽管如此，MySQL 依然是最受欢迎的关系型数据库之一，尤其在 Web 开发领域，占据着举足轻重的地位。MySQL 数据库管理系统的主要特点如下。

1）简单：体积小，便于下载与安装。

2）上手快：使用标准的 SQL 数据语言形式，方便用户操作。

3）低成本：MySQL 是开源的，完全免费的产品，用户可以直接通过网络下载。

4）API 接口：提供多种编程语言的 API，方便数据库的操作。例如，Java、C、C++、PHP 等。

5）跨平台：不仅可以在 Windows 平台上使用，还可以在 Linux、macOS、FreeBSD、AIX、IBMAIX 等多种平台上使用。

6）安全性高：拥有灵活和安全的权限与密码系统，允许基本主机的验证。连接到服务器时，所有的密码传输均采用加密形式，从而保证密码的安全。

7）高性能：多线程以及 SQL 算法的设计，使其可以充分利用 CPU 资源，提高查询速度。

6.1.2　MySQL 的下载与安装

打开 MySQL 官网 http://www.mysql.com 进行软件下载，MySQL 可以分为 Windows 版、UNIX 版、Linux 版和 macOS 版，选择与操作系统相匹配的版本即可。在下载页面中，MySQL 主要有企业版（Enterprise）和社区版（Community）产品，其中社区版是通过 GPL 协议授权的开源软件，可以免费使用。本书选择 MySQL 社区版进行讲解，在 Downloads 页面中找到“MySQL Community Server”进行下载，如图 6-1 所示。

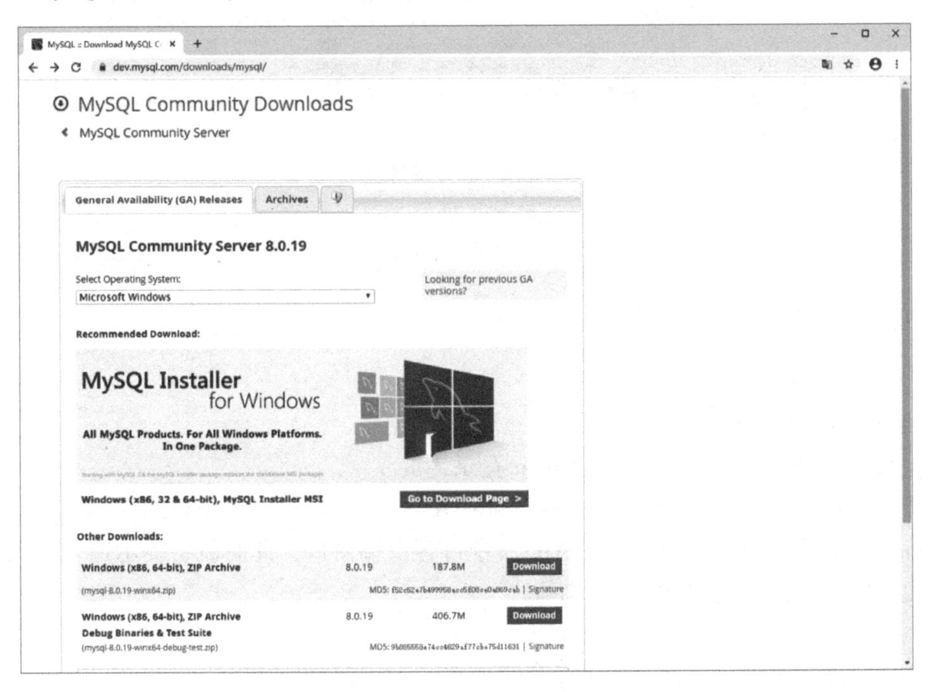

图 6-1　MySQL 下载页面

在如图 6-1 所示的下载页面中，MySQL 提供 MSI（安装版）和 ZIP（压缩包）两种版本，下载安装程序后，根据提示直接进行下一步安装即可，详细安装步骤在此不再赘述。

6.1.3　启动和关闭 MySQL 服务器

1. 启动 MySQL 服务器

（1）通过 Windows 服务管理器启动 MySQL 服务

通过 Windows 的服务管理器可以查看 MySQL 服务是否开启，首先单击“开始”菜单，在弹出的菜单中选择“运行”命令，打开“运行”对话框输入“services.msc”命令，单击“确定”按钮，此时就会打开 Windows 的服务管理器，在 MySQL 服务上右击，在弹出的快捷菜单中选择“启动服务”命令，如图 6-2 所示。

（2）通过命令提示符窗口启动 MySQL 服务

启动 MySQL 服务不仅可以通过 Windows 服务管理器启动，还可以通过选择“所有程序”→“Windows 系统”→“命令提示符”命令，进入命令提示符窗口，然后输入如下命令：

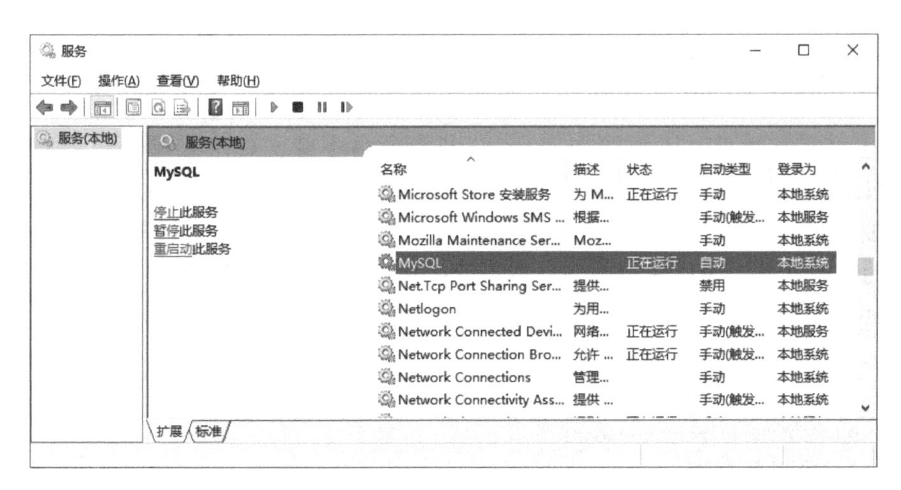

图 6-2 服务管理器

```
net start mysql
```

如需停止服务可以通过以下命令。

```
net stop mysql
```

2. 连接 MySQL 服务器

（1）使用 MySQL Command Line Client 登录

在开始菜单中选择“所有程序”→“MySQL”→“MySQL Server8.0”→“MySQL 8.0 Command Line Client”命令，打开 MySQL 命令行客户端窗口，此时就会提示输入密码，密码输入正确后便可以登录到 MySQL 数据库。

（2）使用相关命令登录

进入命令提示符窗口，通过如下命令完成登录 MySQL 数据库。

```
mysql -h hostname -u username -p password
```

在上述命令中，mysql 为登录命令，-h 后面的参数是服务器的主机地址，-u 后面的参数是登录数据库的用户名，-p 后面是登录密码。假设用户名和密码均为 root，登录本地数据库服务器的命令如下。

```
mysql -h localhost -u root -p root
```

3. 断开 MySQL 服务器

连接到 MySQL 服务器后，可以通过在 MySQL 命令行客户端窗口输入“exit”或者“quit”命令并按〈Enter〉键来断开 MySQL 连接。

6.2 MySQL 数据库的管理

6.2 MySQL 数据库的管理

数据库的管理主要包括数据库的创建、修改和删除，它是数据库表管理和数据表记录操作的基础。下面分别通过其语法格式和示例，简要介绍 MySQL 数据库的管理方法。

6.2.1 创建数据库

创建数据库是指在数据库系统中划分一块存储数据的空间，其语法格式为。

```
CREATE {DATABASE | SCHEMA} [IF NOT EXISTS]数据库名
[DEFAULT] CHARACTER SET 字符集
| [DEFAULT] COLLATE 校对规则名;
```

说明：

1）数据库名可以由任意字母、阿拉伯数字、下划线和$组成，但不能以数字开头，名称最长可为 64 个字符，别名长达 256 个字符，不能使用 MySQL 关键字作为数据库名。Windows 下的数据库名大小写不敏感；而在 Linux 下，数据库名大小写敏感。为了便于在平台间进行移植，建议采用小写的数据库名。

2）MySQL 服务器默认的字符集是 latin1，如果不进行设置，那么连接层级、客户端级和结果返回级、数据库级、表级、字段级都默认使用 latin1 字符集。在向表中录入中文数据、查询包括中文字符的数据时，会出现类似“?”这样的乱码现象，一般设置将字符集为 UTF-8 或 GBK。

3）校对规则是指在字符集内用于字符比较和排序的一套规则。每个字符集都有其默认的校对规则，一般以_ci 结尾的字符集对大小写不敏感，以_cs 结尾的字符集对大小写敏感，以_bin 结尾的字符集则是以二进制存储的，对大小写敏感。

示例：创建一个名为 tmember 的数据库，字符集为 UTF-8，校对规则为 utf8_general_ci。

```
CREATE DATABASE IF NOT EXISTS tmember
CHARACTER SET utf8
COLLATE utf8_general_ci;
```

📖 创建数据库时一般指明字符集，校对规则采用默认即可。

6.2.2 查看数据库

创建数据库后使用 USE 命令可指定当前要操作的数据库。

示例：指定当前数据库为 tmember。

```
USE tmember;
```

为了验证数据库系统中是否创建了名称为 tmember 的数据库，需要查看数据库。查看本地所有数据库的语法格式如下。

```
SHOW DATABASES [LIKE wild];
```

其中，wild 字符串可以使用“%”和“_”通配符。如果要查看本地所有的数据库，可以使用“SHOW DATABASES”，如果要查看本地数据库名以“c”开头的数据库，可以使用“SHOW DATABASES LIKE c%”。如果想查看某个已经创建的数据库信息，可以使用如下格式。

```
SHOW CREATE DATABASE 数据库名
```

“SHOW CREATE DATABASE tmember”可以查看当前创建好的数据库 tmember 的信息。

6.2.3 修改数据库

修改数据库一般是对其字符集编码进行修改，其语法格式如下。

```
ALTER DATABASE 数据库名称 DEFAULT CHARACTER
SET 字符集 COLLATE 校对规则名;
```

示例：将 tmember 数据库的字符集编码修改为 GBK。

```
ALTER DATABASE tmember
DEFAULT CHARACTER SET gbk
COLLATE gbk_bin;
```

6.2.4 删除数据库

删除数据库是将数据库系统中已经存在的数据库删除。成功删除数据库后，数据库中的所有数据都将被清除，原来分配的空间也将被回收。删除数据库的基本语法格式如下。

```
DROP DATABASE [IF EXISTS] 数据库名;
```

示例：删除数据库 tmember。

```
DROP DATABASE IF EXISTS tmember;
```

📖 如果要删除的数据库不存在，则删除会失败。如果使用 IF EXISTS，则可以避免删除不存在的数据库时出现的 MySQL 错误信息。

6.3 MySQL 数据表的管理

6.3 MySQL 数据表的管理

数据表是数据库的常用对象，数据库创建后，就可以添加数据表来存储数据了。数据表的管理主要包括数据表的创建、修改和删除，下面简要介绍数据表的管理方法。

6.3.1 数据类型

数据类型是指系统中所允许的数据的类型。MySQL 中定义了数据表中每一列可以存储什么数据以及如何存储该数据的规则。例如，某一列中存储的为数字，则相应的数据类型应该为数值类型。

MySQL 的数据类型主要有 5 种，分别是整数类型、浮点数类型与定点数类型、日期与时间类型、字符串和二进制类型。

1. 整数类型

根据数值取值范围的不同，MySQL 中的整数类型可分为 5 种，分别是 TINYINT、SMALLINT、MEDIUMINT、INT 和 BIGINT，表 6-1 列举了 MySQL 不同整数类型所对应的字节大小和取值范围。

表 6-1　整数类型

数据类型	字节数	范围（有符号）	范围（无符号）
TINYINT	1	(-128,127)	(0.255)
SMALLINT	2	(-32768,32767)	(0,65535)
MEDIUMINT	3	(-8388608,8388607)	(0,16777215)
INT	4	(-2147483648,2147483647)	(0,4294967295)
BIGINT	8	(-9233372036854775808,9223372036854775807)	(0,18446744073709551615)

2. 浮点数类型与定点数类型

一般存储小数都使用浮点数和定点数类型，浮点数的类型有两种，分别是单精度浮点数类型（FLOAT）和双精度浮点类型（DOUBLE），定点数类型只有 DECIMAL 类型。表 6-2 列举了 MySQL 不同浮点数类型与定点数类型所对应的字节大小和取值范围。

表 6-2　浮点数类型与定点数类型

数据类型	字节数	范围（有符号）	范围（无符号）
FLOAT	4	(-3.402823466E+38~1.1754994351E-38)	(0 和 1.175494351E-38~3.402823466E+38)
DOUBLE	8	(-1.7976931348623157E+308~2.2250738585072014E-308)	(0 和 2.2250738585072014E-308~1.7976931348623157E+308)
DECIMAL（M，D）	如果 M>D，为 M+2 否则为 D+2	依赖于 M 和 D 的值	依赖于 M 和 D 的值

3. 日期与时间类型

为了方便在数据库中存储日期和时间，MySQL 提供了表示日期和时间的数据类型，分别是 YEAR、DATE、TIME、DATETIME 和 TIMESTAMP，表 6-3 列举了日期与时间类型所对应的字节数、取值范围以及日期格式。

表 6-3　日期与时间类型

数据类型	字节数	取值范围	日期格式
YEAR	1	1901~2155	YYYY
DATE	3	1000-01-01~9999-12-31	YYYY-MM-DD
TIME	3	-838:59:59~838:59:59	HH:MM:SS
DATETIME	8	1000-01-01 00:00:00~9999-12-31 23:59:59	YYYY-MM-DD HH:MM:SS
TIMESTAMP	4	1970-01-01 00:00:01~2038-01-19 03:14:07	YYYY-MM-DD HH:MM:SS

4. 字符串和二进制类型

为了存储字符串、图片和声音等数据，MySQL 提供了字符串和二进制类型，表 6-4 列举了 MySQL 中的字符串和二进制类型。

表 6-4　字符串和二进制类型

数据类型	类型说明
CHAR	用于表示固定长度的字符串
VARCHAR	用于表示可变长度的字符串

(续)

数据类型	类型说明
BINARY	用于表示固定长度的二进制数据
VARBINARY	用于表示可变长度的二进制数据
BLOB	用于表示二进制大数据
TEXT	用于表示长文本数据
ENUM	表示枚举类型，只能存储一个枚举字符串值
SET	表示字符串对象，可以有零或多个值
BIT	表示位字段类型

通常，邮编、身份证号固定长度信息使用 CHAR 类型存储，姓名、商品名称、密码等可变长度的信息用 VARCHAR 类型存储，图片、声音、附件、二进制文档可以用 BLOB 类型存储，但是一般用 VARCHAR 类型存储其路径即可，新闻事件、产品描述、备注用 TEXT 类型存储，性别用 ENUM 类型存储。

6.3.2 创建数据表

在操作数据库表之前，需要先使用“USE 数据库名”指定操作的是哪个数据库，再进行操作。创建数据表的基本语法格式如下。

```
CREATE [TEMPORARY] TABLE [IF NOT EXISTS]tbl_name
[(create_definition,…)] [table_options] [select_statement];
```

说明：

1）如果使用关键字 TEMPORARY，则表示创建一个临时表；IF NOT EXISTS 用于避免表存在时 MySQL 报告的错误；create_definition 是表的列属性部分，在创建表时，至少包含一列；table_options 表示表的一些特殊参数；select_statement 是 select 语句描述部分，用它可以快速地创建表。

2）列属性 create_definition 中每一列具体的定义格式如下。

```
col_name type [NOT NULL | NULL] [DEFAULT default_value]
[AUTO_INCREMENT] | [PRIMARY KEY] [COMMENT 'string']
```

其中，col_name 表示字段名，且必须符合标识符的规则，字段名长度不能超过 64 个字符，而且在表中要唯一；type 表示数据类型；NOT NULL | NULL 表示该列是否为空；DEFAULT default_value 表示默认值；AUTO_INCREMENT 表示是否自动编号，每个表只能有一个 AUTO_INCREMENT 列；PRIMARY KEY 表示是否为主键；COMMENT 'string'为字段添加注释。

一般情况下，在创建数据表时，只需要指定最基本的属性就可以了，格式如下。

```
create table 表名(字段名 1 属性,字段名 2 属性…);
```

示例：创建成员表（member），表结构如表 6-5。

表 6-5　member 表结构

字 段 名	数 据 类 型	长　　度	是 否 主 键	是否允许为空	备　　注
mid	VARCHAR	8	是	否	成员编号
mname	VARCHAR	30	否	否	姓名
msex	ENUM	1	否	否	性别
memail	VARCHAR	20	否	是	电子邮箱

```
USE tmember;
CREATE TABLE member
(
  mid VARCHAR(8) NOT NULL PRIMARY KEY COMMENT '成员编号',
  mname VARCHAR(30) NOT NULL COMMENT '姓名',
  msex ENUM('女','男') NOT NULL COMMENT '性别',
  memail VARCHAR(20) COMMENT '电子邮箱'
);
```

6.3.3　修改数据表

修改数据表是指修改表名、修改字段名、修改字段的数据类型、修改字段的默认值、添加字段、删除字段等，采用 ALTER TABLE 命令实现，其基本语法格式如下。

```
ALTER  TABLE 表名
ADD [COLUMN]列名 [FIRST | AFTER 列名 ]                  //添加字段
 |CHANGE [COLUMN]旧列名 新列名                           //重命名字段
 [FIRST |AFTER 列名]
 |MODIFY [COLUMN]列名 [FIRST | AFTER 列名]               //修改字段数据类型
 |DROP [COLUMN]列名                                     //删除列
 |RENAME [TO]新表名                                     //对表重命名
 |[DEFAULT] CHARACTER SET 字符集 [COLLATE 校对规则]      //修改表的默认字符集
```

通过下面示例对数据表修改的格式进行举例说明。

示例：修改表 member 名为 memberinfo。

```
ALTER TABLE member RENAME TO memberinfo;
```

示例：将表 member 中的 mid 字段改为 memberid，数据类型不变。

```
ALTER TABLE member CHANGE mid memberid VARCHAR(8);
```

示例：将表 member 中的 mid 字段的数据类型由 VARCHAR(8)修改为 VARCHAR(10)。

```
ALTER TABLE member MODIFY mid VARCHAR(10) ;
```

示例：在表 member 中添加一个 VARCHAR(11)类型的字段 mphone。

```
ALTER TABLE member ADD mphone VARCHAR(11) ;
```

示例：在表 member 中删除字段 mphone。

```
ALTER TABLE member DROP mphone;
```

6.3.4 删除数据表

删除数据表是指删除数据库中已存在的表，当删除数据表时，数据表中存储的数据都将被删除。在 MySQL 中，删除数据表和删除数据库类似，直接使用 DROP TABLE 语句就可以删除没有被其他表关联的数据表，其基本的语法格式如下。

```
DROP  [TEMPORARY]  TABLE [IF EXISTS]表名;
```

说明：TEMPORARY 表示删除的是临时表，为避免由于删除一个不存在的表导致的错误，使用 IF EXISTS 关键字，该关键字只允许删除已经存在的表。

示例：删除数据表 member。

```
DROP TABLE IF EXISTS member;
```

📖 删除数据表的操作要谨慎，一旦删除数据表，那么表中的数据将会全部清除。

6.4 MySQL 数据表记录的管理

6.4 MySQL 数据表记录的管理

PHP 操作的数据是数据库中数据表的各条数据，而对数据表中各条数据进行增加、删除、修改、查询是数据管理的核心，下面介绍在 MySQL 中通过命令方式对数据表记录进行管理的方法。

6.4.1 添加数据

当建立一个新的数据表后，首先要添加数据，添加新数据或新记录时，可以使用 INSERT 语句，其语法格式如下。

```
INSERT INTO 表名(字段名1,字段名2,…)
VALUES(值1,值2,…);
```

说明：“字段名 1，字段名 2，…”表示数据表中的字段名称；“值 1，值 2，…”表示每个字段的值，每个值的顺序、类型必须与对应的字段保持一致。

示例：向 member 表中添加一条新记录，mid 的值为“20181621”，mname 的值为“张方”，msex 的值为“女”，memail 的值为“test1@ qq. com”。

```
INSERT INTO member(mid,mname,msex,memail)
VALUES ('20181621','张方','女','test1@qq.com');
```

另外，在 MySQL 中使用一条 INSERT 语句可同时添加多条记录，其语法格式如下。

```
INSERT INTO 表名[(字段名1,字段名2,…)]
VALUES(值1,值2,…),(值1,值2,…),…
```

示例：向 member 表中添加多条新记录。

```
INSERT INTO member(mid,mname,msex,memail)
VALUES('20181622','王丽','女','test2@qq.com'),
('20181623','魏芳','女','test3@qq.com'),
('20181624','吴亮','男','test4@qq.com');
```

上述示例添加了3条记录，每条记录之间用逗号隔开。在添加多条记录时，可以不指定字段列表，即“(mid,mname,msex,memail)”可以省去，只需要保证VALUES后面跟随的值列表依照字段在表中定义的顺序即可。和添加单条记录一样，如果不指定字段名，必须为每个字段添加数据，如果指定了字段名，就只需要为指定的字段添加数据。

6.4.2 更新数据

当需要对数据表数据进行修改时，需要用到UPDATE语句，其语法格式如下。

```
UPDATE 表名
SET 字段名1 = 值1[,字段名2 = 值2,…]
[WHERE 条件表达式];
```

说明：“字段名1”“字段名2”用于指定要更新的字段名；“值1”“值2”用于表示字段更新的新数据；“WHERE条件表达式”是可选的，用于指定更新数据需要满足的条件，如果没有WHERE语句，表示所有的记录都被更新。

示例：将member表中学号为“20181623”的姓名改为“魏方”。

```
UPDATE member
SET mname='魏方'
WHERE mid='20181623';
```

6.4.3 删除数据

当需要删除数据表中的某条数据或全部数据时，可以使用DELETE语句，其语法格式如下：

```
DELETE FROM 表名 [WHERE 条件表达式];
```

说明：WHERE子句为可选参数，用于指定删除的条件，满足条件的记录会被删除。如果没有WHERE子句，表示所有的记录都被删除。

示例：将member表中学号为“20181624”的信息删除。

```
DELETE FROM member WHERE mid='20181624';
```

另外，使用关键字TRUNCATE删除整个表数据的效率会更高，例如，删除表member中全部数据，可以使用“TRUNCATE TABLE member”语句实现。

6.4.4 查询数据

1. 单表查询

当从数据库表中查询需要的数据时，需要使用SELECT语句，其语法格式如下。

```
SELECT [DISTINCT] * | <字段名1,字段名2,…>
FROM <表名>
[WHERE <查询条件>]
```

```
[GROUP BY 字段名 [HAVING 条件表达式]
[ORDER BY 字段名 [ASC | DESC]]
[LIMIT [OFFSET]记录数];
```

说明:

1)"DISTINCT"是可选参数,用于剔除查询结果中重复的数据。

2)"字段名1,字段名2,…"表示从表中查询的指定字段,星号("*")通配符表示表中所有字段,两者为互斥关系,任选其一。

3)"表名"表示从指定的表中查询数据。

4)"WHERE"是可选参数,用于指定查询条件。一般用于比较运算的运算符有=、>、<、>=、<=、<>、!>、!<、!=,用于逻辑运算的运算符有AND、OR、NOT,用于字符串运算的有LIKE、ESCAPE,用于表示范围的运算符有BETWEEN…AND、IN,用于表示空值的有IS NULL、IS NOT NULL。

5)"GROUP BY"是可选参数,用于将查询结果按照指定字段进行分组;"HAVING"也是可选参数,用于对分组后的结果进行过滤。

6)"ORDER BY"是可选参数,用于将查询结果按照指定字段进行排序。排序方式由参数ASC或DESC控制,其中ASC表示按升序进行排列,DESC表示按降序进行排列。如果不指定参数,默认为升序排列。

7)"LIMIT"是可选参数,用于限制查询结果的数量。LIMIT后面可以跟两个参数,第一个参数"OFFSET"表示偏移量,如果偏移量为0则从查询结果的第一条记录开始,偏移量为1则从查询结果中的第二条记录开始,以此类推。OFFSET为可选值,其默认值为0,第二个参数"记录数"表示返回查询记录的条数。

下面通过几个示例,讲解其具体用法。

示例:查询member表中的所有记录。

```
SELECT * FROM member;
```

示例:查询member表中所有成员的mid、mname、msex。

```
SELECT mid,mname,msex FROM member;
```

示例:查询member表中姓名为"王丽"的信息。

```
SELECT * FROM member WHERE mname='王丽';
```

示例:查询mid为"20181621""20181622""20181623"的记录。

```
SELECT * FROM member
WHERE mid='20181621' OR mid='20181622' OR mid='20181623';    -- or 表示或者的关系
```

也可以使用如下语句。

```
SELECT * FROM member
WHERE mid IN('20181621','20181622','20181623');              -- IN 表示在指定范围内
```

示例:查询member表中姓"王"的成员姓名和性别。

```
--"%"通配符可以匹配任意长度字符串,包括空字符串.
SELECT mname,msex FROM member WHERE mname LIKE '王%';
```

示例：查询 member 表中姓“魏”，且名为一个字的成员姓名。

```
--“_”通配符可以匹配任意一个字符.
SELECT mname FROM member WHERE mname LIKE '魏_';
```

示例：查询 member 表中姓“张”的女成员信息。

```
SELECT * FROM member
WHERE mname LIKE '张%' AND msex='女';        -- and 表示并且关系
```

示例：统计成员的总人数。

```
SELECT COUNT(*) FROM member;
```

上一个示例中，使用聚合函数 COUNT()统计记录的条数，除此之外，MySQL 还提供SUM()、AVG()、MAX()、MIN()等聚合函数，分别用来求某列的和、平均值、最大值和最小值。

示例：查询 member 表中的所有记录，按照 mid 字段降序排列。

```
SELECT * FROM member ORDER BY mid DESC;    -- order by 表示排序,desc 表示降序
```

示例：将 member 表按照 msex 字段进行分组查询，计算出每组中各有多少个成员。

```
SELECT msex,COUNT(*) FROM member          -- 显示分组统计的结果
GROUP BY msex;                            -- 以 msex 进行分组
```

示例：将 member 表按照 msex 字段进行分组，查询人数小于 3 的信息。

```
SELECT msex, COUNT(*)
FROM member
GROUP BY msex
HAVING COUNT(*)<3;
```

示例：查询 member 表中的前 2 条记录。

```
SELECT * FROM member
LIMIT 2;                           -- 取 member 表中的前两条记录
```

2. 多表查询

所谓多表查询，表示所需要查询的数据来自于多个表，为了讲解这部分内容，增加一个社团表（community）和一个参加社团表（addcommunity），其表结构和表数据如表 6-6 至表 6-9 所示。

表 6-6　community 表结构

字段名	数据类型	长度	是否允许为空	是否主键	备　注
cid	VARCHAR	5	否	是	社团号
cname	VARCHAR	50	否	否	社团名
cfounder	VARCHAR	30	是	否	社团创始人
cstarttime	DATETIME		是	否	社团创建时间

表 6-7　addcommunity 表结构

字段名	数据类型	长度	是否允许为空	是否主键	备　注
mid	VARCHAR	8	否	是	成员编号
cid	VARCHAR	5	否	是	社团号
addtime	DATETIME	20	否	否	入团时间

表 6-8　community 表数据

cid	cname	cfounder	cstarttime
C01	电脑爱好者协会	王飞	1998-05-06 08:30:00
C02	网球俱乐部	李东亮	2002-06-09 09:22:23
C03	蒲公英爱心协会	张飞鸿	2005-06-09 08:21:53
C04	英语爱好者协会	陈立峰	2001-06-09 11:05:26
C05	晨曦文学社	李丽芳	2003-06-09 10:05:23

表 6-9　addcommunity 表数据

mid	cid	addtime
20181621	C01	2018-09-25 08:02:06
20181621	C02	2019-05-16 14:50:00
20181621	C03	2019-06-15 15:20:53
20181622	C01	2019-10-10 08:30:02
20181622	C02	2019-05-01 11:16:05
20181622	C05	2019-06-02 09:06:06
20181623	C03	2018-10-15 10:30:30
20181623	C04	2019-05-05 08:20:08
20181624	C02	2018-12-12 08:30:00

在进行多表查询时，可以使用连接谓词的形式，也可以使用关键字 join 的形式。除此之外，还经常使用子查询的方式。

（1）连接谓词表示形式

连接谓词又称为连接条件，它在 SELECT 语句的 WHERE 子句中通过使用比较运算符给出的连接条件对表进行连接，其语法格式如下。

```
SELECT 列名
FROM 表 1,表 2
WHERE [<表名 1.>] <列名 1> <比较运算符> [<表名 2.>] <列名 2>;
```

根据比较运算符是否相等，可以分成等值连接、自然连接和不等值连接。所谓等值连接就是在连接条件中使用等号（=）运算符比较被连接列的列值，其查询结果中列出被连接表中的所有列，包括其中的重复列。在等值连接中把重复的列去除的情况称为自然连接。连接条件使用除等号运算符以外的其他比较运算符比较被连接的列的列值，称为不等值连接。在实际应用中，经常使用自然连接，下面通过示例进行讲解。

示例：查询参加“C01”协会的成员姓名和性别。

```
SELECT mname,msex
FROM member,addcommunity
WHERE member.mid=addcommunity.mid AND addcommunity.cid='C01';
```

（2）关键字 join 表示形式

使用关键字 join 的方式进行查询，语法格式如下。

```
SELECT 列名
FROM 表 1 连接类型 表 2  [ON (连接条件)]
[WHERE 记录筛选条件];
```

这里的连接类型分为内连接（inner join）、外连接（outer join）和交叉连接（cross join）。“ON（连接条件）”“WHERE 记录筛选条件”是可选项，表示连接条件和记录筛选的条件。下面通过示例进行讲解。

示例：查询参加“C01”协会的成员姓名和性别。

```
SELECT mname,msex
FROM member INNER JOIN addcommunity
ON member.mid=addcommunity.mid
WHERE addcommunity.cid='C01';
```

（3）IN 子查询

IN 子查询用于判断一个给定值是否在子查询结果集中，其语法格式如下。

```
表达式 [not]  IN (子查询)
```

说明：当表达式与子查询的结果表中的某个值相等时，IN 谓词返回真，否则返回假；子查询中返回的数据类型不能是 image 和 text 数据类型；子查询返回的数据类型还必须和外部查询 WHERE 子句中的数据类型相匹配。

示例：列出参加了“网球俱乐部”的成员名称。

```
SELECT mname FROM member WHERE mid IN(
SELECT mid FROM addcommunity WHERE cid =
(SELECT cid FROM community WHERE cname='网球俱乐部'));
```

（4）比较子查询

比较子查询是指父查询与子查询之间用比较运算符进行关联。

```
表达式 {< |<= |= |> |>= |!= |<> |!< |!>}
{ALL |SOME |ANY} (子查询)
```

说明：ALL 指定表达式要与子查询结果集中的每个值都进行比较，当表达式与每个值都满足比较的关系时，才返回真；SOME 与 ANY 表示表达式只要与子查询结果集中的某个值满足比较的关系时，就返回真。

示例：查询所有加入网球俱乐部比王丽晚的成员信息。

```
SELECT * FROM member WHERE mid =(      -- 根据 mid 查询成员信息
SELECT mid FROM addcommunity WHERE addtime >(
SELECT addtime FROM addcommunity WHERE cid=( -- 查询王丽加入网球俱乐部的时间
SELECT cid FROM community WHERE cname='网球俱乐部') AND mid=(
SELECT mid FROM member WHERE mname='王丽'))
AND cid=(SELECT cid FROM community WHERE cname='网球俱乐部'));
```

（5）UNION 子句

使用 UNION 子句可以将两个或多个 SELECT 语句查询的结果合并成一个结果集，其格式为

```
< query expression >  UNION [ALL]   < query expression >
```

说明：<query expression>是 SELECT 查询语句；所有查询中的列数和列的顺序必须相同；数据类型必须兼容；关键字 ALL 表示合并的结果中包括所有行，不使用 ALL 则在合并的结果中去除重复行。

示例：查询参加了“电脑爱好者协会”或“网球俱乐部”的成员编号。

```
SELECT mid FROM addcommunity WHERE cid=
(SELECT cid FROM community WHERE cname='电脑爱好者协会')
UNION
SELECT mid FROM addcommunity WHERE cid=
(SELECT cid FROM community WHERE cname='网球俱乐部');
```

（6）EXISTS 子查询

EXISTS 谓词用于测试子查询的结果是否为空表，若子查询的结果集不为空，则 EXISTS 返回真，否则返回假，其格式为

```
[NOT] EXISTS(subquery)
```

说明：EXISTS 前面没有列名、常量和表达式；EXISTS 引导的子查询字段列表通常都是 *；子查询的条件涉及父查询的某列。

示例：查询加入了 C02 的姓名。

```
SELECT mname FROM member WHERE EXISTS
(SELECT * FROM addcommunity
WHERE member.mid=addcommunity.mid AND addcommunity.cid='C02');
```

6.5 实践操作

1）创建一个数据库，名字为 xsqc，字符集为 utf8，校对规则为 utf8_general_ci。

2）创建 saler 表（销售员表）、car 表（汽车表）、sell 表（销售表），表结构如表 6-10～表 6-12 所示。

表 6-10 saler 表结构

字段名	类型与长度	是否主码	是否允许空值	含义及取值说明
salerno	CHAR(4)	是	not null	表示销售员编号
salername	VARCHAR(30)		not null	表示销售员姓名
salersex	ENUM		not null	表示销售员性别，只能取男和女
salerbirthday	DATE		not null	表示销售员出生日期
salereducation	VARCHAR(30)		not null	表示销售员的学历
salergroup	VARCHAR(20)		not null	表示销售员所在的小组

表 6-11 car 表结构

字段名	类型与长度	是否主码	是否允许为空值	含义及取值说明
carno	CHAR(8)	是	否	表示汽车型号
carname	VARCHAR(30)		否	表示车款名称
cartype	VARCHAR(40)		否	表示车款类型
carcolor	VARCHAR(20)		否	表示汽车颜色
carprice	FLOAT		否	表示汽车价格

表 6-12 sell 表结构

字段名	类型与长度	是否主码	是否允许为空值	含义及取值说明
salerno	CHAR(4)	是	否	表示销售员编号
carno	CHAR(8)	是	否	表示汽车型号

（续）

字段名	类型与长度	是否主码	是否允许为空值	含义及取值说明
selltime	DATETIME		否	表示销售汽车时间
sellnumber	INT		否	表示销售汽车数量

3）插入如下数据，如表 6-13～表 6-15 所示。

表 6-13　salar 表数据

salerno	salername	salersex	salerbirthday	salereducation	salergroup
s001	张涛	男	1998-05-06	大专	精英组
s002	王俊杰	男	1995-10-15	本科	夺冠组
s003	李丽丽	女	1995-06-25	本科	精英组
s004	张凤英	女	1985-09-06	研究生	精英组
s005	王晓丽	女	1994-06-09	大专	夺冠组

表 6-14　car 表数据

carno	carname	cartype	carcolor	carprice
DF001	轩逸	三厢车	白色	119800
DF002	天籁	三厢车	红色	179800
DF003	奇骏	SUV	银色	199300
DF004	骐达	两厢车	白色	99900
DF005	途达	SUV	红色	169800

表 6-15　sell 表数据

salerno	carno	selltime	sellnumber
s001	DF0001	2019-05-05 16:43:35	1
s001	DF0002	2019-06-07 10:50:31	2
s001	DF0003	2019-06-06 16:45:24	2
s002	DF0001	2019-06-14 10:46:37	3
s002	DF0002	2019-06-15 16:47:08	1
s002	DF0004	2019-06-19 13:47:28	2
s003	DF0001	2019-06-19 16:47:50	1
s003	DF0004	2019-06-21 10:48:52	6
s004	DF0001	2019-06-07 10:49:21	1
s005	DF0001	2019-06-01 10:49:21	2

4）查询汽车表中（car）“三厢车”的汽车编号、车款名称。

5）查询汽车表中（car）价位最低的“白色”车款名称和车款类型。

6）查询销售员表中（saler）学历为“本科”的女销售员的基本信息。

7）查询姓为“张”的销售员信息。

8）查询销售员“张涛”所销售的汽车编号、车款名称、车款类型、车款颜色和销售时间，并按照销售时间升序排列。

9）查询销售汽车总数量大于等于 5 的销售员编号和销售员姓名。

10）查询 2019 年 6 月中旬（大于 2019 年 6 月 10 日且小于等于 2019 年 6 月 20 日）与“张涛”销售有同款车型的销售员姓名和销售员编号（查询结果中不包括张涛）。

第 7 章　PHP 操作 MySQL 数据库

当前主流的数据库有 MS SQL Server、MySQL、DB2、Oracle、MongoDB 等，PHP 可以通过相应的扩展来实现对以上数据库的支持，但是通常情况下 PHP+MySQL 是最佳的搭档。本章详细介绍 PHP 操作 MySQL 数据库的方法。

本章要点

- PHP 访问数据库的一般步骤
- PHP 操作数据库的方法
- PHP 常见的数据库操作

7.1　PHP 中常用的数据库扩展

PHP 本身并不能直接操作数据库，而是要借助相应的数据库扩展来实现 PHP 应用与数据库之间的交互。PHP 中常用的数据库扩展有 MySQL、MySQLi 和 PDO 三种方式。本节详细介绍三种数据库扩展。

7.1.1　MySQL 扩展

MySQL 扩展是 PHP 与 MySQL 数据库交互的早期扩展，针对 MySQL 4.1.3 或更早版本设计，提供了面向过程的接口。该扩展已无法支持 MySQL 服务器端提供的一些新特性，存在较多的安全问题，在 PHP7 中已不再支持。

7.1.2　MySQLi 扩展

MySQLi 扩展是 MySQL 扩展的增强版，是在 PHP5 中新增的，提供了面向过程和面向对象的接口，可支持 MySQL 4.1.3+的高级特性。相对于 MySQL 扩展的提升主要有：面向对象接口、prepared 语句支持、多语句执行支持、事务支持、增强的调试能力和嵌入式服务支持，与 MySQL 扩展相同的是均只支持 MySQL 数据库。

7.1.3　PDO 扩展

PDO 是 PHP Data Objects 的缩写，意为 PHP 数据对象，是 PHP 应用中的一个数据库抽象层规范。其提供了一个统一的 API 接口，屏蔽了不同类型数据库的操作差异，使开发人员无须关心数据库服务器的类型，可在需要时在不同类型数据库服务器之间无缝切换。PDO 扩展与 MySQLi 扩展相比，同样支持面向对象和预处理语句，两者都可以防止 SQL 注入，有着较好的安全性，不同的是 PDO 扩展可支持多种类型的数据库。

7.2 PHP 操作数据库的一般步骤

PHP 操作数据库要经过连接 MySQL 数据库服务器、选择 MySQL 数据库、执行 SQL 语句、处理执行结果、关闭连接和释放资源五个步骤，如图 7-1 所示。这一操作过程与去图书馆查阅、借还书的过程类似。首先找到图书馆所在位置并在入口处刷读者卡认证，然后在图书馆自然科学书库、社会科学书库、文学书库等众多书库中选择进入其中一个书库，接着才可进行查阅、借还等操作，办理完毕后离开图书馆，不再占用图书馆的资源。

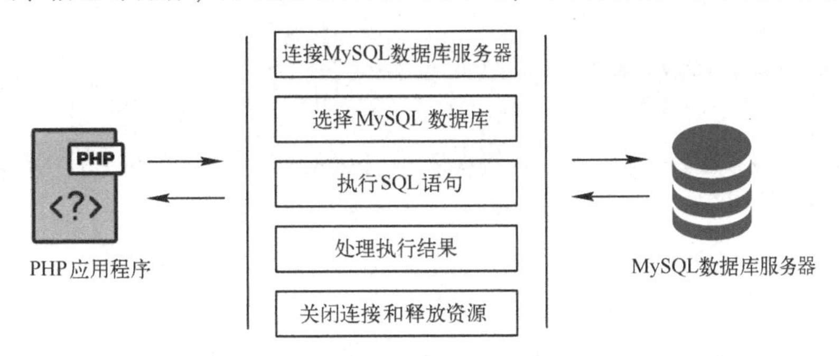

图 7-1　PHP 操作数据库的一般步骤

7.3 PHP 操作数据库的方法

本教材使用 MySQLi 扩展讲解 PHP 操作数据库的方法，MySQLi 扩展提供了很多操作数据库的函数。本节详细介绍 mysqli_connect()、mysqli_select_db()、mysqli_query()、mysqli_fetch_assoc()等数据库操作函数的使用方法。

7.3.1 连接数据库服务器

7.3.1　连接数据库服务器

对数据库进行任何增、删、查、改操作之前都必须确保已经成功连接了数据库服务器。MySQLi 扩展提供了 mysqli_connect()函数来进行连接，其基本语法如下。

```
mysqli mysqli_connect([string $host[, string $username[, string $password
[, string $dbname[, string $port[,string $socket]]]]]]);
```

mysqli_connect()函数执行成功返回一个 MySQLi 对象，表示与 MySQL 服务器的连接；执行失败则返回 false。mysqli_connect()函数中的 6 个参数均为可选参数，如不指定将自动读取并使用 php.ini 中数据库的配置信息，参数的作用如表 7-1 所示。

表 7-1　mysqli_connect()函数的参数说明

参　数	说　明
host	可选，数据库服务器主机名或 IP 地址。本地数据库服务器地址：127.0.0.1 或 localhost
username	可选，登录数据库服务器的用户名
password	可选，登录数据库服务器的密码

（续）

参　数	说　明
dbname	可选，默认使用的数据库
port	可选，连接到数据库服务器的端口号，省略时默认使用 3306 端口
socket	可选，使用的套接字或命名管道，通常无须指定

假设数据库服务器地址为 127.0.0.1，登录数据库服务器的用户名和密码均为 root，要使用的数据库名称为 demo，则连接数据库服务器的代码如下。

```
<?php
header("Content-type:text/html;charset=utf-8");
@$link =mysqli_connect("127.0.0.1", "root", "root", "demo");
if (!$link) {
  die("数据库服务器连接失败！<br/>错误号：" . mysqli_connect_errno() . "<br/>错误信息：" . mysqli_connect_error());
}
echo "数据库服务器连接成功！";
?>
```

上述代码中 mysqli_connect_errno( ) 函数用来返回错误号，mysqli_connect_error( ) 用来返回详细的错误信息，运行结果如图 7-2 所示。

图 7-2　连接数据库服务器

7.3.2　选择数据库

一台数据库服务器上可创建多个数据库，使用 PHP 进行数据库操作时需指定本次操作的数据库名称。在使用 mysqli_connect( ) 函数连接数据库服务器时可通过第 4 个参数指定要操作的数据库名称，也可以在连接数据库服务器后使用 mysqli_select_db( ) 函数选择要操作的数据库。mysqli_select_db( ) 函数的语法如下。

```
bool mysqli_select_db(mysqli $link, string $dbname);
```

mysqli_select_db( ) 函数参数说明如表 7-2 所示。

表 7-2　mysqli_select_db( ) 函数的参数说明

参　数	说　明
link	必选，mysqli_connect( ) 或 mysqli_init( ) 返回的连接标识符
dbname	必选，要操作的数据库名称

mysqli_select_db( ) 函数执行成功返回 true，失败则返回 false。使用 mysqli_select_db( ) 函数选择数据库的代码如下。

```
<?php
header("Content-type:text/html;charset=utf-8");
$link =mysqli_connect("127.0.0.1","root","root") or die("数据库服务器连接失败!<br/>错误号:" . mysqli_connect_errno() . "<br/>错误信息:" . mysqli_connect_error());
mysqli_select_db($link,"demo");
?>
```

上述代码的执行结果与7.3.1节相同。代码中用“or”来简化if判断，当“or”前面的语句返回false时，执行“or”后面的语句。

7.3.3 设置编码方式

计算机只能存储二进制数据，因此存储文本等复杂的信息要对其进行编码。常见的编码方式有ASCII、Unicode、GBK、GB2312、UTF-8等。每种编码方式所能表示的字符范围不同，交叉使用会出现乱码。为避免这个问题，需要将PHP文件的header编码、网页的<meta>标记、PHP访问MySQL时使用的字符集、MySQL数据库的字符集设置为统一的字符集。PHP访问MySQL时使用的字符集可以使用mysqli_set_charset()函数设置，其语法如下。

```
bool mysqli_set_charset(mysqli $link,string $charset);
```

mysqli_set_charset()函数规定当与数据库服务器进行数据传送时要使用的默认字符集，其参数说明如表7-3所示。

表7-3 mysqli_set_charset()函数的参数说明

参　数	说　明
link	必选，mysqli_connect()或mysqli_init()返回的连接标识符
charset	必选，要设置的字符集名称

mysqli_set_charset()函数执行成功返回true，失败则返回false。一般使用国际通用的UTF-8字符集，代码如下。

```
mysqli_set_charset($link,"utf8");
```

7.3.4 执行SQL语句

MySQLi扩展提供了mysqli_query()函数实现对数据库发送、执行SQL语句，其语法如下。

```
mixed mysqli_query(mysqli $link,string $query[,int $resultmode]);
```

mysqli_query()函数的参数说明如表7-4所示。

表7-4 mysqli_query()函数的参数说明

参　数	说　明
link	必选，mysqli_connect()或mysqli_init()返回的连接标识符
query	必选，要执行的SQL语句
resultmode	可选，结果集的模式，值可以是MYSQLI_USE_RESULT或MYSQLI_STORE_RESULT MYSQLI_USE_RESULT：默认值，仅初始化结果集检索，在处理结果集时进行数据读取 MYSQLI_STORE_RESULT：将结果全部读取到PHP端

mysqli_query( )函数执行 SELECT、SHOW、DESCRIBE、EXPLAIN 等查询类 SQL 语句成功时返回一个 mysqli_result 对象，失败则返回 false；执行 INSERT、UPDATE、DELETE 等非查询类 SQL 语句成功时返回 true，失败则返回 false。使用 mysqli_query( )函数执行 SQL 语句的代码如下。

```
$res=mysqli_query($link,"insert into userInfo(userID,userName,userPwd) values
('1001','张三','666')");
$res=mysqli_query($link,"select userName,userPwd from userInfo where userID='
1001'");
```

使用 mysqli_query( )函数也可以选择数据库和设置编码方式，代码如下：

```
//选择数据库
mysqli_query($link,"use demo");
//设置编码方式
mysqli_query($link,"set names utf8");
```

7.3.5 读取结果集

mysqli_query( )函数执行查询类 SQL 语句返回的 mysqli_result 对象不能直接使用，需要将对象中的数据取出保存在数组中才能在页面中进行输出显示。MySQLi 扩展提供的处理结果集的函数有 mysqli_fetch_assoc( )、mysqli_fetch_row( )、mysqli_fetch_array( )、mysqli_fetch_object( )和 mysqli_fetch_all( )。

1. mysqli_fetch_assoc( )函数

mysqli_fetch_assoc( )函数用来从结果集对象中读取一行数据，如果读取成功则返回一个关联数组，数组元素的键名是所查询数据在数据表中对应的字段名，且大小写要一致；如果读取失败返回 false，其语法如下。

```
mixed mysqli_fetch_assoc(mysqli_result $result);
```

2. mysqli_fetch_row( )函数

mysqli_fetch_row( )函数用来从结果集对象中读取一行数据，如果读取成功则返回一个索引数组，数组元素的键名与 SELECT 语句中查询的字段名顺序有关；如果读取失败返回 false，其语法如下。

```
mixed mysqli_fetch_row(mysqli_result $result);
```

3. mysqli_fetch_array( )函数

mysqli_fetch_array( )函数用来从结果集对象中读取一行数据，如果读取成功可以返回关联数组、索引数组或同时返回关联数组和索引数组；如果读取失败返回 false，其语法如下。

```
mixed mysqli_fetch_array(mysqli_result $result[,int $resulttype]);
```

其中参数 resulttype 为可选参数，用于设置 mysqli_fetch_array( )函数返回的数组类型，其值可以为 MYSQLI_ASSOC（关联数组）、MYSQLI_NUM（索引数组）、MYSQLI_BOTH（默认值，同时返回关联数组和索引数组）。

4. mysqli_fetch_object( )函数

mysqli_fetch_object( )函数用来从结果集对象中读取一行数据，如果读取成功则返回一个对象，否则返回 false，其语法如下。

```
mixed mysqli_fetch_object(mysqli_result $result);
```

5. mysqli_fetch_all( )函数

mysqli_fetch_all( )函数用来从结果集对象中读取所有数据，如果读取成功可以返回关联数组、索引数组或同时返回关联数组和索引数组；如果读取失败返回 false，其语法如下。

```
mixed mysqli_fetch_all(mysqli_result $result[,int $resulttype]);
```

参数 resulttype 的用法同 mysqli_fetch_array( )函数相同，在此不再赘述。

例 7-1

【例 7-1】 比较读取结果集的几种方法

在管理员信息表 adminInfo 中包含账号、姓名、密码、角色和注册时间等字段，表结构对应的 SQL 如下。

```
-- ------------------------------------------------------------------------
-- adminInfo 表结构如下,表数据见随书电子资源
-- ------------------------------------------------------------------------
CREATE TABLE `adminInfo`(
  `userID` char(8) NOT NULL COMMENT '登录账户名',
  `userName` varchar(20) NOT NULL DEFAULT '' COMMENT '用户姓名',
  `userPwd` char(32) NOT NULL COMMENT '登录密码',
  `userRole` enum('0','1') NOT NULL DEFAULT '0' COMMENT '0:教师 1:管理员',
  `regTime` timestamp NOT NULL DEFAULT CURRENT_TIMESTAMP ON UPDATE CURRENT_TIME-
STAMP COMMENT '注册时间',
  PRIMARY KEY (`userID`)
) ENGINE=MyISAM DEFAULT CHARSET=utf8 ROW_FORMAT=DYNAMIC;
```

采用多种处理结果集的方法读取数据并输出，其代码如下。

```
<?php
header("Content-type:text/html;charset=utf-8");
$link =mysqli_connect("127.0.0.1", "root", "root","demo") or die("数据库服务器连接
失败!<br/>错误号:" . mysqli_connect_errno() . "<br/>错误信息:" . mysqli_connect_
error());
mysqli_set_charset($link,"utf8");
$res=mysqli_query($link,"select userID,userName,userRole from adminInfo order
by userID asc");
$row=mysqli_fetch_assoc($res);
echo "<pre>";//输出预格式化标签,增强输出数组的可读性
echo "使用 mysqli_fetch_assoc()函数读取的结果:<br/>";
print_r($row);
$row=mysqli_fetch_row($res);
echo "mysqli_fetch_row()函数读取的结果:<br/>";
print_r($row);
$row=mysqli_fetch_array($res);
echo "mysqli_fetch_array()函数读取的结果:<br/>";
print_r($row);
$row=mysqli_fetch_object($res);
echo "mysqli_fetch_object()函数读取的结果:<br/>";
print_r($row);
?>
```

在上述代码中，每执行一次读取操作，结果集的数据指针就会下移一条记录，因此每次读取的数据都不相同。运行结果如图 7-3 所示，从结果对比中可以清楚地看到每种处理结果集对象函数的区别。

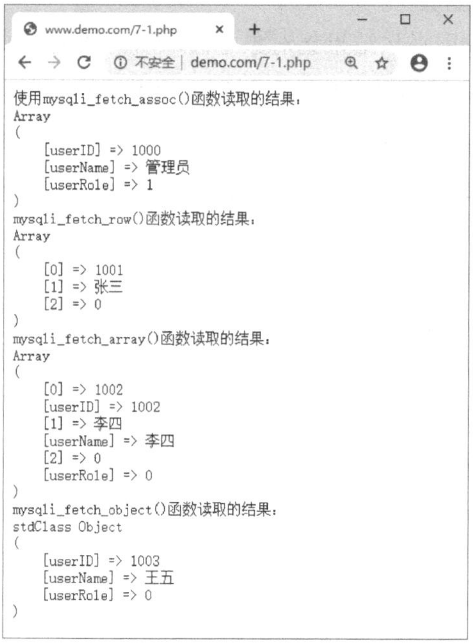

```
www.demo.com/7-1.php
不安全 | demo.com/7-1.php

使用mysqli_fetch_assoc()函数读取的结果：
Array
(
    [userID] => 1000
    [userName] => 管理员
    [userRole] => 1
)
mysqli_fetch_row()函数读取的结果：
Array
(
    [0] => 1001
    [1] => 张三
    [2] => 0
)
mysqli_fetch_array()函数读取的结果：
Array
(
    [0] => 1002
    [userID] => 1002
    [1] => 李四
    [userName] => 李四
    [2] => 0
    [userRole] => 0
)
mysqli_fetch_object()函数读取的结果：
stdClass Object
(
    [userID] => 1003
    [userName] => 王五
    [userRole] => 0
)
```

图 7-3　多种方法处理结果集对象

7.3.6　释放资源和关闭连接

PHP 与 MySQL 数据库之间的连接是非持久连接，系统会自动回收。执行查询语句返回的结果集对象也会在脚本执行结束后自动释放。但如果一次查询的数据量较大或在并发访问较高的情况下最好在程序中手动释放资源和关闭连接。

mysqli_free_result( ) 函数用于关闭结果集对象，以释放系统资源，其语法如下。

```
void mysqli_free_result(resource $result)
```

mysqli_free_result( ) 函数的参数 result 为执行查询语句返回的结果集对象标识，该函数没有返回值。

mysqli_close( ) 函数用于断开与 MySQL 数据库服务器的连接，其语法如下。

```
bool mysqli_close(mysqli $link)
```

mysqli_close( ) 函数的参数 link 为成功连接 MySQL 数据库服务器后返回的连接标识。如果执行成功返回 true，否则返回 false。

需要说明的是，在同一个页面中只有所有数据库操作都执行完毕后方可手动关闭与数据库服务器的连接，避免因需执行多次数据库操作而频繁连接数据库服务器，从而增加服务器的额外开销。

7.3.7　其他方法

针对 PHP 操作数据库，MySQLi 扩展提供了很多丰富的函数，表 7-5 列举了其他几个常用的函数。其详细用法在此不再展开，读者可以参考 PHP 手册进行了解。

表 7-5　MySQLi 扩展其他常用函数

函　　数	描　　述
mysqli_insert_id(mysqli $link)	返回最后一个查询中自动生成的 ID（通过 AUTO_INCREMENT 生成）
mysqli_affected_rows(mysqli $link)	返回前一次 MySQL 操作（SELECT、INSERT、UPDATE、REPLACE、DELETE）所影响的记录行数
mysqli_num_rows(resource $result)	返回结果集中行的数量
mysqli_real_escape_string(mysqli $link, string $escapestring)	用于转义 SQL 语句字符串中的特殊字符

7.4　PHP 操作数据库

大学生党员是从青年学生中选拔出的优秀人才和中坚力量，是讲党性、有品行、敢担当、能奉献的模范先锋。本节围绕“学生党员信息管理”案例详细讲解数据显示、数据搜索、数据分页、数据添加、数据修改、数据删除等常见数据库操作的实现过程。

7.4.1　数据显示

7.4.1　数据显示

将学生党员信息存入数据库建立电子档案不仅能够节约存储空间，还能提高信息查阅效率，本节详细介绍使用 PHP 操作数据库的相关方法，实现查询所有学生党员信息的功能，并将数据显示在表格中，效果如图 7-4 所示。

学生党员信息 ×
不安全 | demo.com/list.php

学生党员信息

学号	姓名	性别	班级	入党时间
20171131	杜云	女	计算机科学与技术1班	2018-05-25
20171135	张凤	女	计算机科学与技术1班	2018-05-26
20171157	王亮	男	计算机科学与技术1班	2019-05-15
20171240	李军	男	计算机科学与技术2班	2019-05-16
20181266	王欣	男	计算机科学与技术2班	2019-05-23
20181330	张军	男	软件工程1班	2019-05-15

图 7-4　显示学生党员信息

1. 准备数据

创建一张学生党员信息表 memberInfo，表中包含学号、姓名、性别、班级、入党时间字段，创建数据表的 SQL 语句如下。

```
-- ------------------------------------------------
-- 创建表结构,表数据见随书电子资源
-- ------------------------------------------------
CREATE TABLE `memberinfo`(
  `id` int(11) NOT NULL AUTO_INCREMENT,
  `mebID` varchar(8) NOT NULL COMMENT '学号',
```

```
  `mebName` varchar(30) DEFAULT NULL COMMENT '姓名',
  `mebSex` varchar(1) DEFAULT NULL COMMENT '性别',
  `mebClass` varchar(50) DEFAULT NULL COMMENT '班级',
  `mebAddDate` date DEFAULT NULL COMMENT '入党时间',
  PRIMARY KEY (`id`)
) ENGINE=MyISAM AUTO_INCREMENT=10 DEFAULT CHARSET=utf8;
```

2. 分离数据库连接

在一个应用系统中，多个功能模块均需进行数据库操作。为避免频繁书写数据库连接代码，提高代码的可维护性，通常将数据库连接单独写在一个文件中，在需要进行数据库操作前通过 include、include_once、require 或 require_once 等语句以文件包含的形式将其引入即可。

本案例中将数据库连接代码单独写在 conn.php 中，其代码如下。

```
<?php
header("Content-type:text/html;charset=utf-8");
$host = "127.0.0.1";
$user = "root";
$password = "root";
$database = "demo";
$charset = "utf8";
@$link =mysqli_connect($host,$user,$password,$database);
if (!$link) {
  die("数据库服务器连接失败!<br/>错误号:" . mysqli_connect_errno() . "<br/>错误信息:" . mysqli_connect_error());
}
mysqli_set_charset($link,$charset);
return $link;
?>
```

3. 制作数据文件

通常将一个功能模块的实现分为数据文件和视图文件两部分，其中数据文件负责与数据库交互操作数据，视图文件作为用户输入、输出界面。在数据文件中以文件包含的形式加载视图文件将两者进行关联。这种方式使得程序结构更为清晰，维护也更加方便，同时有利于实现前台 UI 和后台程序的并行开发。

数据文件中需要首先加载数据库连接文件 conn.php，再执行相关查询语句，然后使用 mysqli_fetch_all()函数将结果集中的数据读取到二维数组 $dataArr 中，最后加载视图文件进行显示即可。数据文件的代码如下。

```
<?php
//加载数据库连接文件
$link =require_once "conn.php";
$sql = "select * from memberInfo order by mebID asc";
$res =mysqli_query($link,$sql);
//定义数据数组
$dataArr = array();
//读取结果集中所有数据
$dataArr=mysqli_fetch_all($res,MYSQLI_ASSOC);
//加载视图模板
require_once "list.html";
?>
```

4. 制作视图文件

根据图 7-4 所示的效果，需要在视图文件中制作一个两行五列的表格，其中表格第一行为表头，第二行为循环体。在视图文件中内嵌 PHP 代码，遍历输出数据文件查询得到的数据数组 $dataArr 即可实现数据显示，视图文件代码如下。

```
<!DOCTYPE html>
<html lang="cn">
<head>
    <meta charset="UTF-8">
    <title>学生党员信息</title>
    <style>
        /* CSS 代码在此省略,完整代码请参考配套源代码 */
    </style>
</head>
<body>
<h2>学生党员信息</h2>
<table width="100%">
    <tr>
        <th>学号</th>
        <th>姓名</th>
        <th>性别</th>
        <th>班级</th>
        <th>入党时间</th>
    </tr>
    <?php
    //遍历输出数据数组
    foreach($dataArr as $row){
    ?>
    <tr>
        <td><?= $row["mebID"]?></td>
        <td><?= $row["mebName"]?></td>
        <td><?= $row["mebSex"]?></td>
        <td><?= $row["mebClass"]?></td>
        <td><?= $row["mebAddDate"]?></td>
    </tr>
    <!--与 foreach 循环的左大括号配对-->
    <?php }?>
</table>
</body>
</html>
```

7.4.2 数据搜索

随着学生党员数量的增加，要想精确地查看某一个党员信息就比较困难，为实现方便、快捷地查找所需党员信息，本节在数据显示的基础上增加数据搜索功能。初始状态仍显示所有党员信息，同时可根据党员姓名进行模糊搜索，效果如图 7-5 所示。

1. 添加搜索表单

为获取用户输入的搜索关键字，需在数据显示功能的视图文件中增加一个表单，表单中包含一个文本框和一个提交按钮。此外，为便于后续在对搜索结果进行分页时同时传递搜索关键词参数，在这里采用 GET 方式提交表单。在显示搜索结果时增加判断查询结果是否为

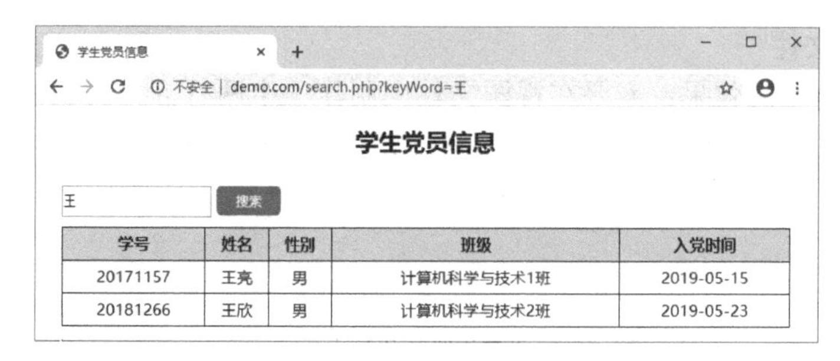

学号	姓名	性别	班级	入党时间
20171157	王亮	男	计算机科学与技术1班	2019-05-15
20181266	王欣	男	计算机科学与技术2班	2019-05-23

图 7-5　搜索学生党员信息

空的操作，添加表单后的视图文件代码如下。

```
<!DOCTYPE html>
<html lang="cn">
<head>
    <meta charset="UTF-8">
    <title>学生党员信息</title>
    <style>
        /* CSS 代码在此省略,完整代码请参考配套源代码 */
    </style>
</head>
<body>
<h2>学生党员信息</h2>
<form action="" method="get">
    <input type="text" name="keyWord" placeholder="请输入查询关键字"
    value="<?=isset($keyWord)?$keyWord:""?>">
    <input type="submit" value="搜索">
</form>
<table width="100%">
    <tr>
        <th>学号</th>
        <th>姓名</th>
        <th>性别</th>
        <th>班级</th>
        <th>入党时间</th>
    </tr>
    <?php
    //新增对搜索结果是否为空的判断
      if (empty($dataArr))
      {
        echo "<tr><td colspan='5'>没有查询到对应记录!</td></tr>";
      }
      else{
        //遍历输出数据数组
        foreach($dataArr as $row){
    ?>
    <tr>
        <td><?= $row["mebID"]?></td>
        <td><?= $row["mebName"]?></td>
        <td><?= $row["mebSex"]?></td>
        <td><?= $row["mebClass"]?></td>
        <td><?= $row["mebAddDate"]?></td>
```

```
    </tr>
    <!--与 foreach 循环的左大括号和判断数组是否为空的左大括号配对-->
    <?php } }?>
</table>
</html>
```

2. 构造模糊查询进行搜索

7.4.2 数据搜索-构造模糊查询

使用 MySQL 中的 like 操作符实现模糊查询，其中“%”通配符可以匹配 0 个或多个任意字符，“_”通配符仅可以匹配单个任意字符。由于初始状态显示所有党员信息，因此定义 SQL 语句初值为查询 memberInfo 中所有信息，如果要通过 GET 方式获取用户提交的数据，则在原有基础上拼接 where 条件构造模糊查询语句。由于用户可通过表单提交任意数据，出于安全考虑使用 mysqli_real_escape_string( ) 函数对 SQL 语句中的特殊字符进行转义处理。构造模糊查询进行搜索的数据文件代码如下。

```
<?php
$sql = "select * from memberInfo";
//判断是否通过表单提交搜索信息,如需搜索则拼接搜索条件
if (!empty($_GET["keyWord"])) {
  $keyWord = $_GET["keyWord"];
  //转义字符串中的特殊字符
  $keyWord = mysqli_real_escape_string($link, $keyWord);
  //where 子句前有一个空格分隔查询语句和筛选条件
  $sql .= " where mebName like '%$keyWord%'";
}
//加载数据库连接文件
$link = require_once "conn.php";
$res =mysqli_query ($link,$sql);
//定义数据数组
$dataArr = array();
$dataArr = mysqli_fetch_all($res, MYSQLI_ASSOC);
//加载视图模板
require_once "search.html";
?>
```

3. 多关键字搜索

7.4.2 数据搜索-多关键字

多关键字搜索是指用户可以一次输入两个或两个以上的关键字进行搜索，关键字之间一般用空格分隔。与单关键字搜索相比，这种搜索方式更为灵活，在实际应用中使用更为广泛。多关键字搜索的效果如图 7-6 所示。

在实现多关键字搜索功能时，首先使用 explode( ) 函数将用户提交的关键字根据“空格”分隔符拆分为数组，然后遍历这个关键字数组，在循环体中构造多个 where 查询条件，多个条件之间为“or”关系。在循环结束之后使用 rtrim( ) 函数去除右侧多余的“or”即可拼接成完整的查询语句。支持多关键字搜索的数据文件代码如下。

```
<?php
$sql = "select * from memberInfo";
//判断是否通过表单提交搜索信息,如需搜索则拼接搜索条件
```

```
if (!empty($_GET["keyWord"])) {
  $keyWord = $_GET["keyWord"];
  //转义字符串中的特殊字符
 $keyWord = mysqli_real_escape_string $link,$keyWord);
  //根据空格将字符串拆分为多个搜索关键词
  $words = explode(" ", $keyWord);
  $sql .= " where";
  //遍历拼接多个关键词
  foreach ($words as $word) {
    //注意拼接的字符串前面有一个空格
    $sql .= " mebName like '%$word%' or";
  }
  //去除右侧多余的 or
  $sql = rtrim($sql, "or");
}
//加载数据库连接文件
$link = require_once "conn.php";
$res =mysqli_query($link, $sql);
//定义数据数组
$dataArr = array();
$dataArr = mysqli_fetch_all($res, MYSQLI_ASSOC);
//加载视图模板
require_once "search.html";
?>
```

多关键字搜索功能的视图文件与单关键字搜索的视图文件相同，在此不再赘述。

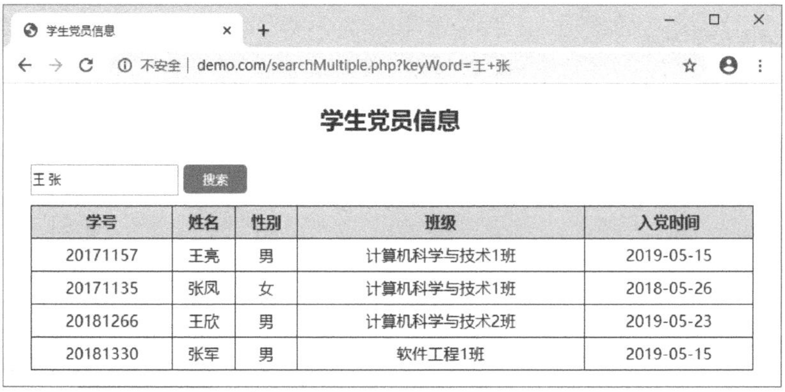

学生党员信息
不安全 | demo.com/searchMultiple.php?keyWord=王+张
学生党员信息
王 张
搜索
学号 姓名 性别 班级 入党时间
20171157 王亮 男 计算机科学与技术1班 2019-05-15
20171135 张凤 女 计算机科学与技术1班 2018-05-26
20181266 王欣 男 计算机科学与技术2班 2019-05-23
20181330 张军 男 软件工程1班 2019-05-15

图 7-6　多关键字搜索

7.4.3　数据分页

随着时间推移，学生党员数量会不断增多，在一个页面中一次显示所有学生党员信息不仅可读性差，也会影响页面加载的速度。一般地，当数据量较大时会对数据进行分页显示，数据分页显示效果如图 7-7 所示。

数据分页有物理分页和逻辑分页两种方式。物理分页依赖于数据库这个物理实体，在 MySQL 数据库中依赖 limit 子句来实现。物理分页在每次翻页时都需要访问数据库以获取当前页的数据，所占用的内存空间较少，但需要频繁操作数据库，因此对数据库服务器造成的压力较大。而逻辑分页则是一次从数据库中读取全部数据，然后由程序人员通过相应的代码控制每页应该显示的数据范围。逻辑分页减少了对数据库服务器的访问次数，但占用较多的内存开销，且不能实时反映出数据库中的最新数据变化，适合数据量较小且数据变化频率较低的场合。在本案例中采用物理分页来实现学生党员信息的分页展示。

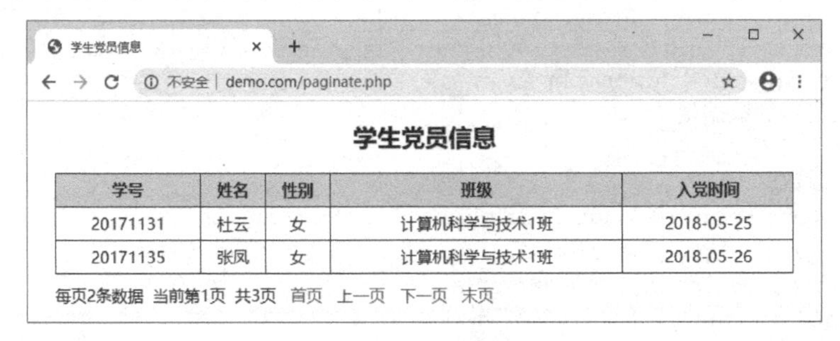

图 7-7 数据分页显示

1. 分页的原理

LIMIT 子句可用于强制 SELECT 语句返回指定的记录数。LIMIT 子句接收一个或两个参数，其语法如下。

```
SELECT * FROM table LIMIT [offset,] rows
```

参数 offset 和 rows 必须是一个整数常量。参数 offset 为可选参数，用于指定返回记录行的偏移量，参数 rows 指定返回记录行的最大数目，初始记录行的偏移量是 0。

实现物理分页的关键之处在于确定 LIMIT 子句当中的偏移量 offset 和读取行数 rows 的值，而每页显示的数据量 pageSize 即为 rows 的值，是在程序当中或程序配置文件中事先定义好的，因此分页的关键问题变为了如何计算偏移量的值。假设每页显示 5 条数据，每页对应的偏移量 offset 和 limit 子句如表 7-6 所示。

表 7-6 偏移量 offset 与当前页码 page、每页数据量 pageSize 的对应关系

当前页码 page	偏移量 offset	每页数据量 pageSize	limit 子句
1	0	5	limit 0,5
2	5	5	limit 5,5
3	10	5	limit 10,5
4	15	5	limit 15,5
…	…	5	…
n	(page-1) * pageSize	5	limit (page-1) * pageSize,5

通过观察分析，不难发现偏移量 offset 和当前页码 page、每页显示的数据量 pageSize 之间的关系为：offset=(page-1) * pageSize。而在浏览数据时，通过翻页的超链接可以传递页码 page 的值，故当前浏览的是第几页是已知的。至此，LIMIT 子句当中的偏移量 offset 和读取的行数 rows 的值都已确定。

2. 实现流程

根据以上数据分页的原理分析，实现数据分页的流程如下。

1）定义每页显示的记录数。

2）查询数据表中的总记录数，将总记录数除以每页显示的记录数并向上取整得到总页数。

3）对传入的页码进行最大、最小临界值验证，判断页码的合法性。

4）计算当前页读取数据的偏移量。

5）执行带有 LIMIT 子句的 SQL 语句并处理结果集。

6）加载视图文件进行显示。

数据分页的数据文件代码如下。

```
<?php
$link =require_once "conn.php";
//定义每页显示的数据量
$pageSize = 2;
//查询总记录数
$sql = "select count(*) cnt from memberInfo";
$cntRes = mysqli_query($link, $sql);
$cntRow = mysqli_fetch_assoc($cntRes);
$cnt = $cntRow["cnt"];
//向上取整得到总的页数
$maxPage = ceil($cnt /$pageSize);
//获取传递的页码并判断 $page 值的合法性
$page =isset($_GET["page"]) ? intval($_GET["page"]) : 1;
$page = $page > $maxPage ? $maxPage : $page;
$page = $page < 1 ? 1 : $page;
//计算读取数据的偏移量
$offset = ($page - 1) * $pageSize;
//分页的 SQL 语句
$sql = "select * from memberInfo order by mebID asc limit $offset,$pageSize";
$res =mysqli_query($link, $sql);
$dataArr = array();
$dataArr = mysqli_fetch_all($res, MYSQLI_ASSOC);
//加载视图模板
require_once "list.html";
?>
```

数据分页的视图文件只需在数据显示功能的基础上添加分页导航即可，分页导航用于翻页使用，主要包含“首页”“上一页”“下一页”“末页”四个超链接，该部分代码如下。

```
<div class="page">
    每页<?= $pageSize?>条数据   当前第<?= $page?>页   共<?= $
maxPage?>页   
    <a href="?page=1">首页</a>
    <a href="?page=<?= $page-1>0?$page-1:1?>">上一页 </a>
    <a href="?page=<?= $page+1< $maxPage?$page+1:$maxPage?>">下一页</a>
    <a href="?page=<?= $maxPage?>">末页</a>
</div>
```

🕮 在分页导航代码中，超链接 a 标签的 href 属性中省略要链接到的页面地址时表示要链接的页面为当前页面本身。

---

3. 查询参数的处理

7.4.3 数据分页-查询参数的处理

如果需要对搜索结果进行分页，则在分页导航中不仅需要传递页码参数，同时也需将查询关键字一并传递，否则在进行翻页时会因为丢失关键字参数而导致显示所有数据信息。对数据搜索进行分页的效果如图 7-8 所示。

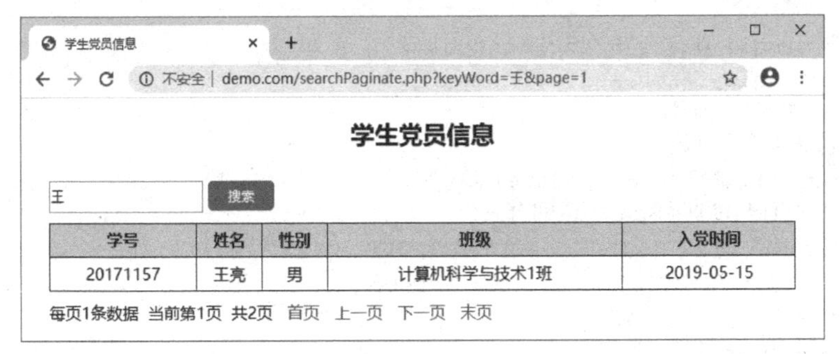

图 7-8 数据搜索分页显示

在处理这类查询参数时，首先通过 $_GET 来获取所有的 GET 传值，在得到的数组 $params 中包含了当前的页码参数 page 和其他参数，由于翻页时需传递新的 page 参数，故使用 unset( ) 函数删除 $params 中的原有 page 参数，然后使用 http_build_query( ) 函数将数组 $data 生成为一个经过 URL encode 的请求字符串，最后拼接上新的 page 参数值。http_build_query( ) 的用法示例如下。

```
$data = array('cID'=>2, newsID=>12);
echo http_build_query($data)
```

运行结果为：

```
cID=2&newsID=12
```

对搜索结果进行分页的数据文件代码如下。

```
<?php
$link =require_once "conn.php";
//定义每页显示的数据量
$pageSize = 1;
//默认查询所有数据
$cntSql = "select count(*) cnt from memberInfo";
$querySql = "select * from memberInfo";
//判断是否通过表单提交搜索信息,如需搜索则拼接搜索条件
if (!empty($_GET["keyWord"])) {
  $keyWord = $_GET["keyWord"];
  //根据空格将字符串拆分为多个搜索关键词
  $words = explode(" ", $keyWord);
  $cntSql .= " where";
  $querySql .= " where";
  //遍历拼接多个关键词
  foreach ($words as $word) {
    $cntSql .= " mebName like '%$word%' or";       //注意前面有一个空格
    $querySql .= " mebName like '%$word%' or";  //注意前面有一个空格
  }
  //去除右侧多余的 or
  $cntSql = rtrim($cntSql, "or");
  $querySql = rtrim($querySql, "or");
}
//转义字符串中的特殊字符
mysqli_real_escape_string($link, $cntSql);
//查询总记录数
```

```
$cntRes = mysqli_query($link,$cntSql);
$cntRow = mysqli_fetch_assoc($cntRes);
$cnt = $cntRow["cnt"];
//向上取整得到总的页数
$maxPage = ceil($cnt /$pageSize);
//获取传递的页码并判断 $page 值的合法性
$page =isset($_GET["page"]) ? intval($_GET["page"]) : 1;
$page = $page > $maxPage ? $maxPage : $page;
$page = $page < 1 ? 1 : $page;
//计算读取数据的偏移量
$offset = ($page - 1) * $pageSize;
//分页的 SQL 语句
$querySql .= " limit $offset,$pageSize";
$res =mysqli_query($link,$querySql);
$dataArr = array();
$dataArr = mysqli_fetch_all($res, MYSQLI_ASSOC);
//获取所有 GET 传参
$params = $_GET;
//删除原来的 page 参数
unset($params["page"]);
//转为 URL encode 的请求字符串
$queryStr = http_build_query($params);
//判断添加与 page 参数之间的 & 分隔符
$queryStr = $queryStr ? $queryStr."&" : "";
//加载视图模板
require_once "search.html";
?>
```

视图文件中分页导航超链接的地址为数据文件中处理好的 $queryStr 拼接应传递的 page 值，代码如下。

```
<div class="page">
    每页<?= $pageSize?>条数据   当前第<?= $page?>页   共<?=
$maxPage?>页   
    <a href="?<?= $queryStr?>page=1">首页</a>
    <a href="?<?= $queryStr?>page=<?= $page-1>0 ?$page-1:1?>">上一页 </a>
    <a href="?<?= $queryStr?>page=<?= $page+1<$maxPage?$page+1:$maxPage?>">
下一页</a>
    <a href="?<?= $queryStr?>page=<?= $maxPage?>">末页</a>
</div>
```

4. 分页导航的优化

7.4.3 数据分页-分页导航的优化

随着数据量的增加，页数也会不断增多，通过单击翻页导航中的“上一页”“下一页”等链接进行翻页会比较烦琐。为实现快速翻页，可在之前导航分页的基础上进行优化，以当前页码为中心显示左、右各 n 页的页码以及首、尾页码，这样用户可直接单击页码查看该页数据，效果如图 7-9 所示。

假设以当前页码为中心显示左右各 3 页的页码，定义 $pageOffset 表示页码偏移量，$pageHtml 表示分页导航对应的 HTML 内容。如果当前页码减去偏移量大于 1 则显示首页页码，如果当前页码加上偏移量小于总页码则显示尾页页码，然后循环输出以当前页码为中心

图 7-9　优化后的分页导航

的左右页码即可。在循环输出过程中需要对页码的边界值进行验证，避免出现非法页码。对于当前页码添加样式表中定义的 current 样式，以高亮显示当前页码。分页数据文件中优化分页导航的代码如下。

```
//优化分页导航
$pageOffset = 3;
$pageHtml = "";
//当前页码减去偏移量大于 1 则显示首页
if ($page - $pageOffset > 1) {
    $pageHtml .= "<a href='?page=1'>1 </a>";
}
//当前页码减去偏移量大于 2 则在首页之后添加省略号
if ($page - $pageOffset > 2) {
    $pageHtml .= "…";
}
//以当前页为中心输出左右页码,并对页码进行边界值验证
for ($i = $page - $pageOffset, $len = $page + $pageOffset; $i <= $len && $i <= $max-
Page; $i++) {
    if ($i > 0) {
        if ($i == $page) {
            $pageHtml .= "<a href='?page= $i' class='current'> $i </a>";
        } else {
            $pageHtml .= "<a href='?page= $i'> $i </a>";
        }
    }
}
//当前页码加上偏移量小于最大页码减 1 则在尾页之前添加省略号
if ($page + $pageOffset < $maxPage - 1) {
    $pageHtml .= "…";
}
//当前页码加上偏移量小于总页码则显示尾页
if ($page + $pageOffset < $maxPage) {
    $pageHtml .= "<a href='?page= $maxPage'> $maxPage </a>";
}
```

优化分页导航后对应的视图文件代码如下。

```
<div class="page">
    每页<?= $pageSize?>条数据   当前第<?= $page?>页   共<?= $
maxPage?>页   
    <?= $pageHtml?>
</div>
```

5. 分页效率的优化

在使用 limit 子句进行分页时，当数据量不断增多、偏移量 offset 变得很大时，limit 查找的速度会变得特别慢，严重影响查询效率，这是由于 limit 运行的机制造成的。以执行“select * from memberInfo limit 200000,10”为例来看这条语句的执行过程：首先从数据表中读取前 200010 条数据添加到数据集中，然后丢弃前面 200000 条数据，返回最后的 10 行数据。在这个过程中为了读取到当前页的 10 条数据多扫描了 20 万行数据，由此带来的开销是可想而知的。

为了解决这个问题，提高分页的效率，可在查询过程中记录上一页数据中最后一条数据的 ID，假设上一页最后一条数据的 ID 是 198711，然后通过下面的语句来读取当前页 10 条数据。

```
select * from memberInfo where id>198711 order by id desc limit 10
```

这样可以大大减少 SQL 语句执行的时间。除此之外还可以考虑通过索引等方式对分页查询进行优化。

7.4.4 数据添加

7.4.4 数据添加 

当有新的学生转为正式党员时需要将其信息添加到学生党员数据表中，为其建立电子档案。数据添加功能如图 7-10 所示，在表单中填写学生相关信息后单击“立即提交”按钮即可实现学生党员信息的添加操作。

图 7-10 添加学生党员信息

1. 制作添加表单

添加学生党员信息时需要填写学号、姓名、性别、班级和入党时间等信息，因此在表单中需要添加文本框、单选按钮、下拉列表、日期等表单元素，并为每个表单元素添加 name 属性值以便获取用户输入的内容。当提交表单时，以 POST 方式提交给当前页面，数据添加的视图文件代码如下。

```
<!DOCTYPE html>
<html lang="cn">
<head>
    <meta charset="UTF-8">
    <title>添加学生党员信息</title>
```

```
    <style>
        /* CSS 代码在此省略,完整代码请参考配套源代码 */
    </style>
</head>
<body>
<h2>添加学生党员信息</h2>
<form action="" method="post">
    <table>
        <tr>
            <td>学号:</td>
            <td><input type="text" name="mebID"></td>
        </tr>
        <tr>
            <td>姓名:</td>
            <td><input type="text" name="mebName"></td>
        </tr>
        <tr>
            <td>性别:</td>
            <td>
                <input type="radio" name="mebSex" value="男" id="male">
                <label for="male">男</label>
                <input type="radio" name="mebSex" value="女" id="female">
                <label for="female">女</label>
            </td>
        </tr>
        <tr>
            <td>班级:</td>
            <td>
                <select name="mebClass">
                <option value="计算机科学与技术 1 班">计算机科学与技术 1 班</option>
                <option value="计算机科学与技术 2 班">计算机科学与技术 2 班</option>
                <option value="软件工程 1 班">软件工程 1 班</option>
                <option value="软件工程 2 班">软件工程 2 班</option>
                </select>
            </td>
        </tr>
        <tr>
            <td>入党时间:</td>
            <td><input type="date" name="mebAddDate"></td>
        </tr>
        <tr>
            <td colspan="2">
                <input type="submit" value="立即提交" class="btn"/>
                <input type="reset" value="重新填写" class="btn"/>
            </td>
        </tr>
    </table>
</form>
</body>
</html>
```

2. 处理表单数据

在数据文件中，首先通过 $_POST 判断有无提交表单。如果没有提交表单则加载表单视图文件，显示添加页面；如果提交了表单则首先获取用户填写的相应数据，然后拼接组成一个完整的 INSERT 语句，最后执行该语句实现数据添加功能。数据文件的代码如下。

```
<?php
//设置文档的编码方式
header("Content-type:text/html;charset=utf-8");
if (!empty($_POST)) {
  //获取用户数据
  $mebID = $_POST["mebID"];
  $mebName = $_POST["mebName"];
  $mebSex = $_POST["mebSex"];
  $mebClass = $_POST["mebClass"];
  $mebAddDate = $_POST["mebAddDate"];
  //拼接 insert 语句
  $sql = "insert into memberInfo(mebID,mebName,mebSex,mebClass,mebAddDate) VAL-
UES ('$mebID','$mebName','$mebSex','$mebClass','$mebAddDate')";
  $link =require_once "conn.php";
  $res =mysqli_query($link, $sql);
  if ($res) {
    echo "<script>alert('数据添加成功!');location.href='list.php'</script>";
  } else {
    echo "<script>alert('数据添加失败!')</script>";
  }
} else {
  //没有提交表单,加载表单页面
  require_once 'regForm.html';
}
?>
```

3. 添加语句的优化

在实现数据添加功能时，如填写的信息比较多，则在数据文件中需要一一获取用户填写的信息并拼接 SQL 语句，操作较为烦琐且容易出错。针对添加单条数据的操作，可使用 insert into set 语句代替 insert 语句实现自动拼接。insert into set 语句的语法如下。

```
insert into table set field1 = value1,field2 = value2,…
```

在实现过程中，首先使用 $_POST 一次获取用户提交的所有数据，然后遍历该数组，在循环体中自动拼接完成 insert into set 语句中 field 和 value 的对应关系。循环结束后使用rtrim( ) 函数去除语句最右侧多余的逗号即可得到完整的添加语句。修改后的数据文件代码如下。

```
<?php
header("Content-type:text/html;charset=utf-8");
if (!empty($_POST)) {
  //获取用户数据
  $data = $_POST;
  //注意 set 后面有一个空格
  $sql = "insert into memberInfo set ";
  //遍历 $data,实现自动拼接
  foreach ($data as $k => $v) {
    $sql .= "$k='$v',";
  }
  //去除最右侧多余的逗号
```

```
    $sql = rtrim($sql, ",");
    $link = require_once "conn.php";
    $res =mysqli_query($link, $sql);
    if ($res) {
      echo "<script>alert('数据添加成功!');location.href='list.php'</script>";
    } else {
      echo "<script>alert('数据添加失败!')</script>";
    }
  } else {
    //没有提交表单,加载表单页面
    require_once"regForm.html";
  }
  ?>
```

需要特别说明的是，由于在拼接语句的过程中是直接将 $_POST 获取数据的 key 作为字段名，而 key 来源于表单元素的 name 属性值，因此表单元素的 name 属性值必须和数据表中的字段名一致，否则将导致 SQL 语句错误。

📖 本案例在以下两点上可进一步优化，读者可自行完成：对数据做必填项验证，可以使用 JavaScript 或 PHP 中的 isset( ) 函数验证用户是否填写数据；避免重复添加相同信息，可在添加时根据学生学号先进行查询，只有未查询到结果时才可以执行添加操作。

7.4.5 数据修改

7.4.5 数据修改 

在添加学生党员信息过程中如果信息填写有误则需进行修改，在如图 7-11 所示的数据显示界面中单击“修改”链接进入如图 7-12 所示的修改页面，数据修改完毕后单击“立即提交”按钮完成数据修改操作。

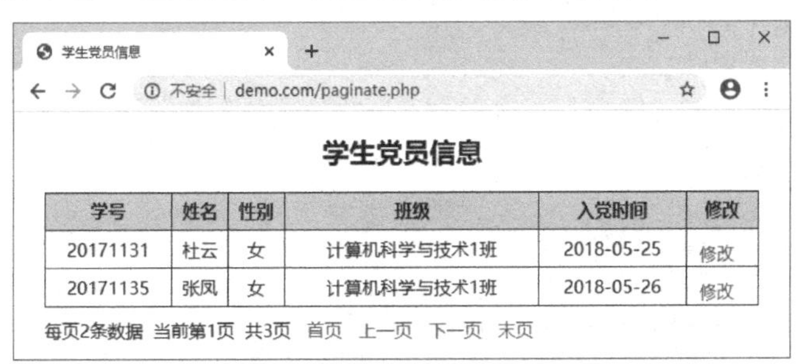

学生党员信息
不安全 | demo.com/paginate.php
学生党员信息
学号 姓名 性别 班级 入党时间 修改
20171131 杜云 女 计算机科学与技术1班 2018-05-25 修改
20171135 张凤 女 计算机科学与技术1班 2018-05-26 修改
每页2条数据 当前第1页 共3页 首页 上一页 下一页 末页

图 7-11　添加“修改”链接的数据显示页面

1. 制作修改链接

在数据分页功能的基础上添加“修改”链接，单击该链接跳转到数据修改页面 modify.php，同时使用 GET 方式传递当前数据所对应的主键值，以便于在数据修改页面显示该信息的原始数据。“修改”链接对应的代码如下。

```
<td><a href="modify.php?id=<?= $row['id']?>">修改</a></td>
```

2. 制作修改表单

修改表单与数据添加的表单相同，只是在表单中通过添加 value 属性来显示该信息的原始数据，具体代码实现在此不再赘述。

图 7-12　修改数据

3. 实现数据修改

在数据修改的数据文件中判断是否提交表单，如未提交表单则根据接收的 mebID 值查询原始数据信息；如提交表单则做数据更新操作。实现数据更新的过程与数据添加的过程类似，需要用 update 语句代替 insert into set 语句，且要注意拼接更新条件。实现数据修改的数据文件代码如下。

```
<?php
header("Content-type:text/html;charset=utf-8");
if (!empty($_POST)) {
  //获取用户数据
  $data = $_POST;
  //注意 set 后面有一个空格
  $sql = "update memberInfo set ";
  //遍历 $data,实现自动拼接
  foreach ($data as $k => $v) {
    $sql .= "$k='$v',";
  }
  //去除最右侧多余的逗号
  $sql = rtrim($sql, ",");
  $id = $_GET["id"];
  $sql .= " where id= $id";
  $link =require_once "conn.php";
  $res =mysqli_query($link, $sql);
  if ($res) {
    echo "<script>alert('数据修改成功!');location.href='paginate.php'</script>";
  } else {
    echo "<script>alert('数据修改失败!')</script>";
  }
} else {
  //没有提交表单,加载表单页面并显示原始数据信息
  $id = $_GET["id"];
  $sql = "select * from memberInfo where id= $id";
  $link =require_once "conn.php";
  $res =mysqli_query($link, $sql);
  $data =mysqli_fetch_assoc($res);
```

```
  require_once 'modifyForm.html';
}
?>
```

📖 执行更新语句 update 时一定要注意添加 where 条件，否则将会更新所有数据，且操作不可逆。

7.4.6 数据删除

7.4.6 数据删除 

当毕业生把党员关系转走后需要在党员基本信息数据表中将其删除，用户可在如图 7-13 所示的界面中单击“删除”链接进行操作。

学号	姓名	性别	班级	入党时间	修改	删除
20171131	杜云	女	计算机科学与技术1班	2018-05-25	修改	删除
20171135	张凤	女	计算机科学与技术1班	2018-05-26	修改	删除

图 7-13 删除数据

1. 制作删除链接

单击“删除”链接时通过 GET 方式传递要删除信息的主键值，同时为避免误操作使用 JavaScript 中的 confirm( )方法弹出消息框再次提醒用户是否确定删除。“删除”超链接对应的代码如下。

```
<td><a href="delete.php?id=<?= $row['id']?>" onclick="return confirm('删除后将无法恢复,是否确定删除?')">删除</a></td>
```

2. 实现数据删除

在实现数据删除时首先接收 GET 方式传递的主键值，然后拼接完整的 delete 语句并执行即可完成数据删除功能，实现数据删除的数据文件代码如下。

```
<?php
header("Content-type:text/html;charset=utf-8");
$id = $_GET["id"];
$sql = "delete from memberInfo where id= $id";
$link =require_once "conn.php";
$res =mysqli_query($link,$sql);
if ($res) {
  echo "<script>alert('数据删除成功!');location.href='paginate.php'</script>";
} else {
  echo "<script>alert('数据删除失败!')</script>";
}
?>
```

7.5 PHP 操作数据库常见错误分析

程序调试是开发过程中必不可少的一个阶段，了解常见的错误类型有助于快速定位错误位置，找到出错原因。本节详细介绍在 PHP 操作数据库过程中常见的几种错误，并分析出错原因。

7.5.1 数据库服务器登录失败

在使用 mysqli_connect( ) 函数连接数据库服务器时，如果提供的用户名或密码错误则会提示“Access denied for user 'root'@'localhost' (using password: YES) in …”错误信息，如图 7-14 所示。核实登录数据库服务器的用户名和密码，更改为正确的用户名和密码后即可解决该错误。

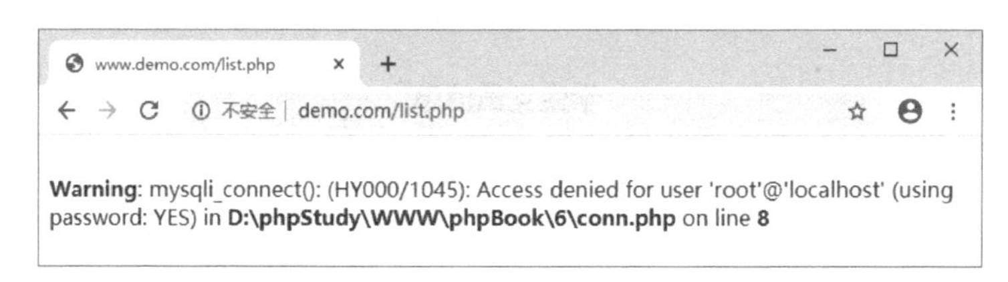

图 7-14　数据库服务器登录失败

7.5.2 SQL 语句错误

在遍历结果集时，如果出现如图 7-15 所示的错误信息，提示“mysqli_fetch_all( ) expects parameter 1 to be mysqli_result, boolean given in …”，则说明执行 select 查询语句没有返回结果集类型的数据，从而导致 mysqli_fetch_all( ) 函数传递参数出错。这种错误通常是由 select 语句本身的问题导致的，此时可使用 echo 或 die( ) 输出该 SQL 语句，排查 SQL 语句中出现的错误。

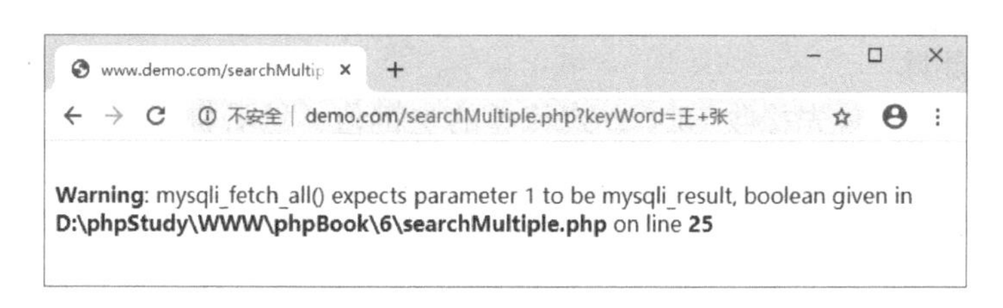

图 7-15　读取结果集失败

7.5.3 输出查询结果错误

在输出查询结果时，如果出现如图 7-16 所示的错误信息，提示“Undefined index: username in …”则说明数组元素的键名错误，一般是由于输出时指定的数组键名与数据表的字段名不一致导致的，将其更正为与数据表字段名一致即可解决该错误，注意大小写要一致。

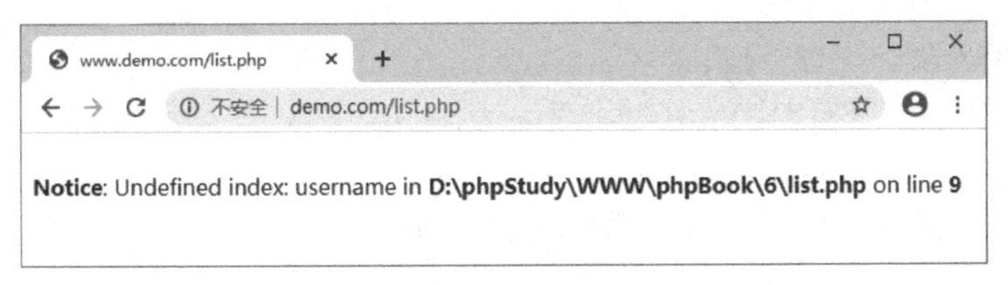

图 7-16　输出查询结果错误

7.6　数据库操作中的常见 Web 安全问题分析与防御

动态网站为用户提供了良好的交互性，用户可通过 GET、POST 等方式传递数据，但也正是这样的数据交互使 Web 应用面临着各种各样的安全威胁，因为一切人为可控之处皆可能产生漏洞。本节以 SQL 注入和 CSRF 跨站攻击为例，讲解两种常见的 Web 安全问题。

7.6.1　SQL 注入

SQL 注入是 Web 应用中一种常见的漏洞，攻击者通过把非法的 SQL 命令插入到 Web 表单中或页面请求查询字符串中提交给服务器，最终达到欺骗服务器执行恶意 SQL 语句的目的。SQL 注入包含常规注入、宽字节注入、Base64 编码注入等。

1. 原理分析

SQL 注入的原理是，开发者没有对用户提交的数据进行过滤或者过滤被攻击者绕过，从而在将获取的用户数据拼接到 SQL 语句中执行时，被攻击者插入的恶意 SQL 代码非法操作数据库，导致敏感信息泄露或数据库被破坏，甚至其他更为严重的后果。

以 7.4.6 节数据删除功能为例，在进行数据删除时需要以 GET 方式传递要删除信息的 id，而 GET 方式是通过 URL 进行参数传递的。如果用户构造字符串“del.php?id=1 or 1=1”并访问，那么将会删除数据表中所有数据。原因是此时在程序中接收到的 id 值为“1 or 1=1”，待执行的删除语句会变为“delete from memberInfo where id=1 or 1=1”，在这个语句中“1=1”为恒等条件，因此会删除数据表中所有语句。

2. 防御方法

针对 SQL 注入产生的原因，避免将用户传递的数据直接拼接在 SQL 语句中即可防止 SQL 注入。在 PHP 操作数据库时，MySQLi 扩展和 PDO 扩展均提供了相应的预处理函数来实现参数化查询。在此以 MySQLi 扩展为例进行讲解参数化查询的使用。

（1）创建预编译对象

在 MySQLi 扩展中提供了 mysqli_prepare()函数用于做好执行 SQL 语句的准备，其基本语法如下。

```
mysqli_stmt mysqli_prepare ( mysqli $link , string $query )
```

mysqli_prepare()函数中 link 表示连接标识符，query 表示 SQL 语句模板，函数执行成功返回一个预编译的 SQL 语句对象，代表一个语句句柄，可以对这个句柄进行后续的操作；执行失败返回 false。删除学生党员信息中创建预编译对象的代码如下。

```
$link =require_once "conn.php";
//定义 SQL 语句模板
$sql = "delete from memberInfo where id=?";
```

```
//创建预编译对象
$stmt =mysqli_prepare($link,$sql);
```

📖 SQL 语句模板中数据部分用“?”占位符代替，且无需用引号包裹。

通过预编译，SQL 引擎会预先进行语法分析，产生语法树，生成执行计划，此后无论用户提交什么数据都只会作为字符串字面值参数而不会作为 SQL 命令来执行，因此预编译可以有效防御 SQL 注入。

(2) 绑定参数

MySQLi 扩展提供了 mysqli_stmt_bind_param( ) 函数用于将变量作为参数绑定到 mysqli_prepare( ) 函数创建的预编译 SQL 语句中，其基本语法如下。

```
bool mysqli_stmt_bind_param (mysqli_stmt $stmt , string $types , mixed & $var1
[, mixed
& $... ] )
```

mysqli_stmt_bind_param( ) 函数中 stmt 表示由 mysqli_prepare( ) 创建的预编译对象；types 是由一个或多个字符组成的字符串，表示绑定变量的类型，参数 types 类型规范如表 7-7 所示；var1 表示待绑定的变量，采用引用传参的方式进行参数传递，可以是多个参数，但必须与 types 中的类型一一对应。该函数执行成功返回 true，执行失败返回 false。

表 7-7　参数 types 类型规范

字　符	描　述
i	对应变量的类型为 integer 类型
d	对应变量的类型为 double 类型
s	对应变量的类型为 string 类型
b	对应变量的类型为 blob 类型

为删除学生党员信息功能中创建的预编译对象绑定参数的代码如下。

```
//绑定参数
$id = $_GET["id"];
mysqli_stmt_bind_param($stmt, "i", $id);
```

(3) 执行预处理语句

MySQLi 扩展提供了 mysqli_stmt_execute( ) 函数用于执行由 mysqli_prepare( ) 函数创建的预编译对象，执行时所有的参数标记将被替换成绑定的参数，其基本语法如下。

```
bool mysqli_stmt_execute ( mysqli_stmt $stmt )
```

mysqli_stmt_execute( ) 函数中 stmt 表示由 mysqli_prepare( ) 创建的预编译对象，该函数执行成功返回 true，执行失败则返回 false。如果执行的语句是 UPDATE、DELETE 或 INSERT 等非查询语句，则可以使用 mysqli_stmt_affected_rows( ) 函数来确定受影响行的总数。参数化删除学生党员信息的代码如下。

```
//执行预处理语句
$res =mysqli_stmt_execute($stmt);
$cnt = mysqli_stmt_affected_rows($stmt);
```

```
if ($cnt) {
  echo "<script>alert('数据删除成功!');location.href='paginate.php'</script>";
} else {
  echo "<script>alert('数据删除失败!')</script>";
}
```

如果执行的是 SELECT 等类型的查询语句，则可以使用 mysqli_stmt_get_result( )函数从执行后的预编译对象中获取结果集，其基本语法如下。

```
mysqli_result mysqli_stmt_get_result ( mysqli_stmt $stmt )
```

mysqli_stmt_get_result( )函数中 stmt 表示由 mysqli_prepare( )函数创建的预编译对象，该函数执行成功返回结果集，执行失败返回 false。

参数化查询并输出学生党员信息中姓张且为男生的党员信息代码如下。

```
<?php
header("Content-type:text/html;charset=utf-8");
$link =require_once "conn.php";
//定义 SQL 语句模板
$sql = "select mebID,mebName,mebClass from memberInfo where mebName like ? and
mebSex=?";
//创建预编译对象
$stmt = mysqli_prepare($link,$sql);
//绑定参数
$name = "%张%";
$sex = "男";
mysqli_stmt_bind_param($stmt, "ss", $name, $sex);
//执行预处理语句
$flag =mysqli_stmt_execute($stmt);
//从预编译对象中获取结果集
$res=mysqli_stmt_get_result($stmt);
$data=mysqli_fetch_all($res, MYSQLI_ASSOC);
var_dump($data);
?>
```

📖 在参数化查询中，模糊匹配的通配符在绑定参数时进行处理。

7.6.2 CSRF 跨站请求伪造

跨站请求伪造（Cross Site Request Forgery，CSRF）是一种网络攻击方式，攻击者盗用了用户的身份，并以用户的名义向第三方网站发送恶意请求。通过 CRSF 可以盗用用户的身份发邮件、发短信、进行交易转账等。

1. 原理分析

CSRF 的原理是在用户已登录受信任服务器的前提下，攻击者诱导访问攻击者服务器，然后在攻击者服务器返回的页面中嵌入代码，从而在用户不知情的情况下以受害者的名义向受信任服务器发起请求，实现在并未授权的情况下执行在权限保护之下的操作。假设用户在登录银行网站系统后，发送请求 http://www.bank.com/transfer.php?amount=1000&toAccount=1001 可以把当前用户的 1000 元转入用户 1001 的账号下，此时该用户在未退出登录前访问了攻击者服务器，在攻击者服务器返回的页面中嵌入了以下代码。

```
<img src="http://www.bank.com/transfer.php?amount=1000&toAccount=1001">
```

此时就会在返回的页面中通过用户的浏览器向银行发出转账请求，同时这个请求会携带当前用户浏览器中已保存的 Cookie 一起发向银行，最终导致向用户 1001 转入 1000 元。CSRF 的请求流程如图 7-17 所示。

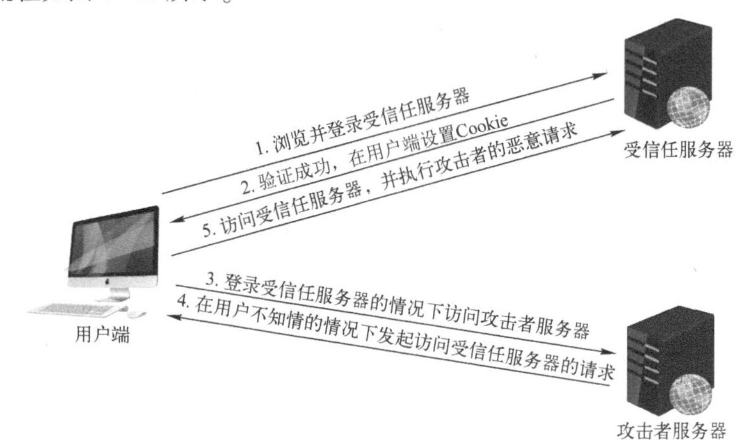

图 7-17　CSRF 请求流程

2. 防御方法

防御的基本思想是在请求中放入攻击者不能伪造的信息，并且该信息不存在于 Cookie 中，然后在受信任服务器端以此信息作为判断正常访问和非法访问的标准。常用的防御 CSRF 的方法有验证 HTTP Referrer 字段、token 验证、在 HTTP 头中自定义属性等。这里以 token 验证为例讲解防御 CSRF 的方法，具体的操作方法如下。

(1) 生成 token

用户访问页面时，生成一个伪随机数 token，将其保存在服务器 Session 中，同时在页面中隐藏保存该随机数，用户正常发起请求时会一并携带 token 值，而通过 CSRF 发起的欺骗性攻击中由于无法事先获取 token，导致不能正常回传 token 值而被服务器拒绝请求。

加入 token 验证后要考虑“并行会话的兼容”，即如果用户在一个站点上同时打开了多个不同的表单，CSRF 保护措施不应该影响到它对任何表单的提交，因此生成的 token 应该保存在数组中，从而避免多个 token 之间的相互覆盖。生成 token 的代码如下。

```
function gen_token()
{
  //生成 token
  $token = md5(uniqid(rand(), true));
  //保存 token
  session_start();
  $_SESSION[$token] = true;
  return $token;
}
```

(2) Web 表单保存 token

在 Web 表单中通过隐藏域保存生成的 token 值，保存 token 的代码如下。

```
<input type="text" name="token" value="<?=$token?>">
```

（3）验证 token

在服务器端接收到 token 后验证该值是否有效，验证有效后为防止重复使用应及时将其删除。验证 token 的代码如下。

```
session_start();
if (isset($_SESSION[$_POST["token"]])) {
  //验证通过,删除当前令牌
  unset($_SESSION[$_POST["token"]]);
} else {
  die("非法请求!");
}
```

7.7 实践操作

使用 PHP 和 MySQL 实现一个大学英语四六级网上报名管理系统，具体要求如下。

1）创建考生信息表，包含学号、姓名、班级、报考类型、审核状态、报考时间字段信息。

2）实现考生报名功能，效果如图 7-18 所示。

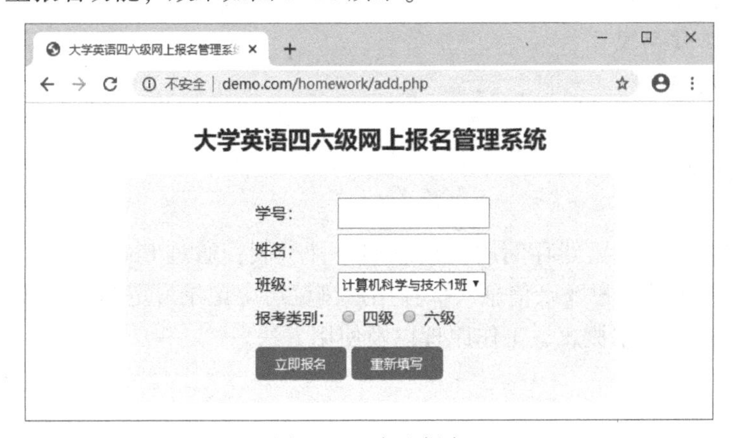

图 7-18　考生报名

3）查询显示所有考生信息，并对数据进行分页显示，每页显示 3 条数据，效果如图 7-19 所示。

不安全 | demo.com/homework/list.php

大学英语四六级网上报名管理系统

学号	姓名	班级	报考类别
0801001	张丽	计算机科学与技术1班	四级
1506030	王一诺	软件工程2班	六级
0802166	卢一鸣	计算机科学与技术2班	六级

每页3条数据　当前第1页　共2页　首页　上一页　下一页　末页

图 7-19　查询显示考生信息

4）实现考生信息的修改和删除功能。

第8章　会话技术

从用户启动浏览器输入地址向服务器端发送 HTTP 请求，到结束对该服务器访问的过程称为一次会话。HTTP 是一种无状态的协议，无法维持会话期间的状态信息。在一次会话过程中，服务器端会把浏览器端的每次请求都作为一个新用户去对待，即便是该用户刚刚请求过服务器，服务器端也不能识别这次请求与上一次请求是同一个用户。为了解决这一问题，可以使用 Cookie 或 Session 技术保存用户的会话状态，实现用户操作的连续性。本章主要讲解 Cookie 的工作原理和使用、Session 的工作原理和使用。

📖 **本章要点**

- Cookie 的工作原理
- Cookie 的使用
- Session 的工作原理
- Session 的使用

8.1　Cookie 管理

Cookie 是在客户端浏览器存储用户信息的一种机制，通过 Cookie 可以实现对用户的跟踪和识别，常用在记录用户登录信息、保存用户浏览历史记录、定制主题等应用场景中。本节详细讲解 Cookie 的基本概念、工作原理以及使用方法。

8.1.1　Cookie 的概念

Cookie 是服务器端保存在客户端浏览器中的一种文本信息，该信息由服务器生成并以 key-value 键值对的形式发送给客户端，客户端浏览器再将其以文本文件的形式保存在一个文件夹中。当客户端再一次向服务器发起会话请求时会自动携带保存在 Cookie 中的信息，服务器辨别该 Cookie 信息，并以此 Cookie 信息来识别用户。

生活中很多商家为了吸引回头客会在客户消费后免费赠送 VIP 卡，并在卡中登记客户的相关信息。该卡发放之时不可使用，可在第二次及以后消费时积分和打折。当客户携带此卡再次到该商家消费时，商家便会通过此卡识别客户信息，并为其累计积分和打折。Cookie 的工作流程和商家 VIP 卡的使用过程类似。

Cookie 具有以下特点。

1）Cookie 是存储在客户端的，所以不占用任何服务器资源，不会给服务器带来额外的负担。

2）Cookie 具有持久性，其生存周期由服务器端程序设定，可设置为数天、数月甚至数年。

3）Cookie 对用户透明地工作，用户不需要知道存储的信息，但是用户可以自主删除

Cookie 信息。

4）Cookie 大多以明文形式进行存储，可能会造成安全风险。同时由于 Cookie 存储在客户端，更容易被入侵或篡改。

5）启用 Cookie 会跟踪用户的访问信息，存在用户隐私泄露风险。

6）Cookie 一般用于存储简单的信息，其大小一般不超过 4KB，每一个站点一般不超过 20 个 Cookie。

7）用户可以选择从浏览器中禁用 Cookie，禁用 Cookie 后可能会造成程序功能异常。

📖 Cookie 并不是某种语言所提供的一种技术，它是独立于语言存在的。在 PHP、JSP、ASP. NET 等技术中均可以操作 Cookie，甚至 JavaScript 等客户端脚本语言也能对 Cookie 进行操作。对 Cookie 的直接操作都是通过浏览器来完成的，这些动态网页开发技术是通过向浏览器发送命令来间接实现对 Cookie 的操作。

8.1.2 Cookie 的工作原理

Cookie 的设置及发送会经历以下四个步骤。

1）客户端发送 HttpRequest 请求到服务器端。

2）服务器端返回 HttpResponse 响应到客户端，并在头部信息中包含了要设置的 Cookie 信息。客户端接收到相应信息后保存 Cookie 信息。

3）客户端再次向服务器端发送 HttpRequest 请求，并在头部请求信息中包含之前设置的 Cookie 信息。

4）服务器通过 Cookie 信息识别用户，并返回 HttpResponse 响应信息。

以上请求过程如图 8-1 所示。

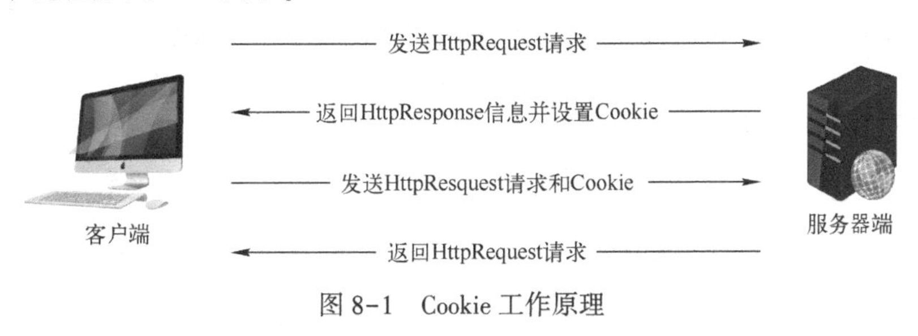

图 8-1　Cookie 工作原理

8.1.3 设置 Cookie

在 PHP 中可以通过 setcookie( ) 或 setrawcookie( ) 函数来设置 Cookie。在使用 Cookie 时需要注意的是，由于 Cookie 是 HTTP 头部的组成部分，而头部必须在页面其他内容之前发送，因此在使用 setcookie( ) 函数之前不能输出任何 HTML 标记或含 echo 的语句。setcookie( ) 函数的语法格式如下。

```
bool setcookie ( string $name [, string $value ="" [, int $expire = 0 [, string $
path = "" [, string $domain ="" [, bool $secure = false [, bool $httponly = false
]]]]]] )
```

setcookie( ) 函数创建 Cookie 成功返回 true，否则返回 false，函数的参数说明如表 8-1 所示。

表 8-1　setcookie( )函数的参数说明

参数	说　明	举　例
name	必选，Cookie 的名称，即 $_COOKIE 全局数组的键值	可通过 $_COOKIE['cookiename']获取名称为 cookiename 的 Cookie 值
value	可选，Cookie 的值。参数为空时，Cookie 值为空。将值设置为 false 时会删除这个 Cookie，故如需保存 true 或 false 时可用 0，1 代替	setcookie('userID','1001') 设置 Cookie 的名称为 userID，值为 1001
expire	可选，失效期，单位为秒。参数为空时 Cookie 仅在关闭浏览器前有效	time()+3 * 3600，设置 3 小时后失效
path	可选，有效目录，默认为"/"，即整个域名下有效	设置为"/admin/"则 Cookie 只在 domain 下的 admin 目录及子目录有效
domain	可选，作用域名，默认为本域名下	设为'. example. com'可使 Cookie 在 example. com 域名下的所有子域都有效（域名前加"."可增强其兼容性）
secure	可选，是否通过加密的 HTTPS 连接传输 Cookie，默认为 false	设置成 true 时，只有使用 HTTPS 时才会设置 Cookie
httponly	可选，是否只使用 HTTP 访问 Cookie，默认为 false	设置成 true 时无法通过类似 JavaScript 等的脚本语言访问 Cookie，可有效减少 XSS 攻击的风险，但不是所有浏览器均支持该设置

通常情况下在使用 setcookie( )函数时会用到 name、value、expire 三个参数，其他参数均采用默认值即可。

setcookie( )函数在设置 Cookie 信息时会自动对保存的值进行 URL 编码，在读取 Cookie 信息时再对其进行 URL 解码，可解决 Cookie 信息中特殊字符的问题。setrawcookie( )函数不对 Cookie 值进行 URL 编码，该函数的参数与 setcookie( )函数的参数基本相同，在此不再赘述。下面是设置 Cookie 的示例。

例 8-1

【例 8-1】 保存商品浏览记录 setHistory. php。

```
<?php
$productID=1001;
$productName='笔记本电脑';
//设置 Cookie 信息,但不设置其失效期
setcookie('proID',$productID);
//因用到 time()函数,故在此设置当前时区
date_default_timezone_set("PRC");
//设置为 7 天后失效
setcookie('proName',$productName,time()+7 * 24 * 3600);
?>
```

运行以上代码，在 Chrome 浏览器中按〈Ctrl+Shift+I〉组合键，打开开发者工具。单击"Application"标签，在左侧的"Cookies"选项中可以查看到当前站点设置的 Cookie 信息，如图 8-2 所示。在图中可以看到 proID 和 proName 两个 Cookie 信息，且由于 proID 没有设置失效期，因此其 Expires/Max-Age 为"Session"，即会话级 Cookie，这种 Cookie 一般不保存在硬盘上，而是保存在内存中，该 Cookie 中保存的信息会在关闭浏览器时被删除。而 proName 中 Cookie 信息的失效期则设置为 7 天后，观察 proName 对应的 value 可以看到已经对要设置的值进行了 URL 编码。

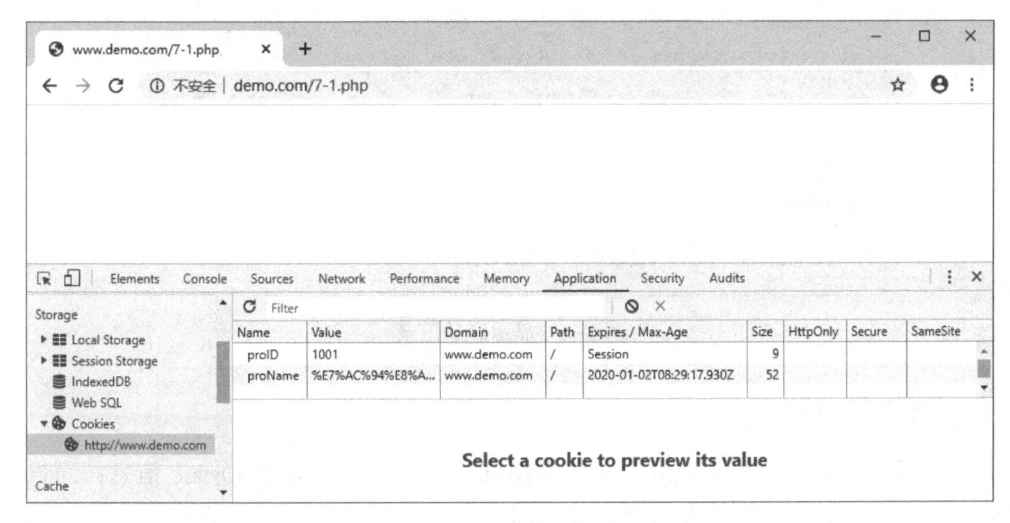

图 8-2　在 Chrome 开发者工具中查看 Cookie

8.1.4　读取 Cookie

在 PHP 中可以通过超全局变量 $_COOKIE 来获取客户端已存储的 Cookie 信息，如果不指定要获取的 name 值，则可以获取到存储的所有 Cookie 信息。

📖 如果设置 Cookie 和读取 Cookie 在同一个页面中，那么在设置 Cookie 之后并不能立即获取到 Cookie 信息。原因是在这一次请求中服务器端返回了需要设置的 Cookie 信息，此次设置的 Cookie 信息只有在下一次发起访问请求时才会发送到服务器端，此时才能读取到 Cookie 信息。

下例是读取例 8-1 中设置的 Cookie 信息。

【例 8-2】显示商品浏览记录 getHistory.php。

```
header("Content-type:text/html;charset=utf-8");
if(!empty($_COOKIE)) {
  $cookies = $_COOKIE;
  //输出预格式化标签
  echo "<pre>";
  var_dump($cookies);
}
if(isset($_COOKIE['proID'])&&isset($_COOKIE['proName'])){
  $id= $_COOKIE['proID'];
  $name= $_COOKIE['proName'];
  echo "已浏览的商品 id 是:{$id},商品名称是:{$name}";
}else{
  echo "暂无浏览记录.";
}
```

上述代码中，在不指定超全局变量 $_COOKIE 的索引时，可获取当前存储的所有 Cookie 信息，返回的数据类型是数组。故可使用 empty( ) 函数判断当前是否存在 Cookie 信息，若需要判断是否存在指定 name 的 Cookie 信息则可使用 isset( ) 函数。运行结果如图 8-3 所示。

```
www.demo.com/8-2.php
不安全 | demo.com/8-2.php

array(2) {
  ["proID"]=>
  string(4) "1001"
  ["proName"]=>
  string(15) "笔记本电脑"
}
已浏览的商品id是：1001，商品名称是：笔记本电脑
```

图 8-3　显示商品记录

8.1.5　删除 Cookie

对于没有设置失效期的 Cookie，在关闭浏览器时会自动删除该 Cookie 信息；而设置了失效期的 Cookie，则会在失效期后删除该 Cookie 信息。如果需要提前删除指定的 Cookie 信息可以使用 setcookie( ) 函数删除。

使用 setcookie( ) 函数删除 Cookie 和设置 Cookie 的方式基本类似，只需将 setcookie( ) 函数中 value 参数设置为空，将 expire 参数设置为一个小于当前系统的时间即可。

例如，可通过将失效期设置为当前时间减 1 秒来删除在例 8-1 中设置的 proName 信息。

```
setcookie('proName', '',time()-1);
```

8.2　案例：商品浏览足迹

8.2　案例：商品浏览足迹

通过记录用户浏览商品的足迹，用户可在购物过程中随时查看之前已浏览过的商品，便于对商品进行比较。本案例常见于各大电子商务网站，也可以用在内容管理系统中作为记录用户已浏览过的新闻来使用。本节详细介绍商品浏览足迹功能的设计与实现。

8.2.1　案例呈现

本节中使用 Cookie 技术实现如图 8-4 所示的“商品浏览足迹”案例。在案例中主要实现以下功能。

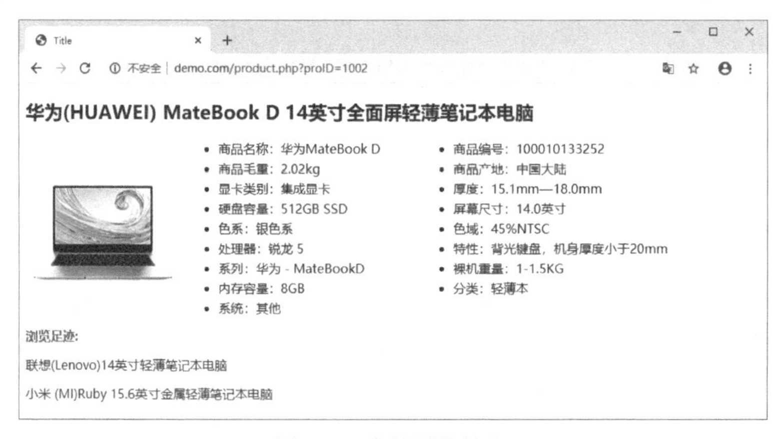

图 8-4　商品浏览足迹

1）记录商品的浏览历史，并在页面中显示浏览足迹。

2）浏览历史中不重复显示同一商品信息。

3）按照用户浏览的先后顺序逆序显示浏览记录。

8.2.2 案例分析

在本案例中需要在商品详情页面使用 Cookie 技术记录已浏览商品的 ID，然后根据记录的商品 ID 查询浏览足迹的商品详情。根据案例的功能描述，可以将该案例的实现分为以下几个步骤。

1）接收 GET 方式传递的商品 ID，并对商品 ID 进行验证。

2）根据商品 ID 查询当前浏览商品的信息。

3）判断之前是否已经存在浏览记录，如果不存在则将当前商品 ID 存入 Cookie 并转步骤 9)。

4）如之前已有浏览记录，则读取 Cookie 中的商品 ID 信息，并根据商品 ID 信息查询商品详情。

5）将 Cookie 中存储的商品 ID 字符串根据逗号拆分为数组。

6）在数组头部添加元素，以保证最后浏览的记录在最前面显示。

7）删除数组中的重复商品 ID。

8）将商品 ID 数组转换为以逗号分隔的字符串，并将此字符串存入 Cookie。

9）加载视图文件，显示商品详情。

8.2.3 案例实现

1. 数据准备

在本案例中需要使用商品信息表，表中包含商品 ID、商品名称、商品价格、商品图片、商品简介等字段。创建数据表的 SQL 脚本如下。

```
CREATE TABLE `productinfo`(
  `productID` int(11) NOT NULL COMMENT '商品编号',
  `productName` varchar(50) DEFAULT NULL COMMENT '商品名称',
  `productPrice` decimal(8,2) DEFAULT NULL COMMENT '商品价格',
  `productPic` varchar(50) DEFAULT NULL COMMENT '商品图片',
  `productIntro` text COMMENT '商品简介',
  PRIMARY KEY (`productID`)
) ENGINE=MyISAM DEFAULT CHARSET=utf8;
```

2. 业务逻辑

将已浏览过的商品 ID 以逗号分隔组成一个字符串，便于存储在 Cookie 中。在存储商品 ID 时先判断 $_COOKIE['proID']是否有值。如果没有值则说明之前暂无浏览历史，直接将当前浏览的商品 ID 存入 Cookie 即可；如有值则取出 Cookie 中存储的商品 ID，使用 IN 子查询来查询商品信息以获取浏览历史信息。在查询时为保证返回的数据按照集合中的商品 ID 顺序排序，需要使用 ORDER BY FIELD()来自定义排序，其语法格式如下。

```
SELECT * FROM table ORDER BY FIELD(column,value1,value2,value3,…)
```

可返回按照 column 字段的 value1、value2、value3 排序的结果集。

在记录当前商品 ID 时，通过 explode()函数将 Cookie 中的商品 ID 拆分为数组，然后使用 array_unshift( ) 函数将当前商品 ID 添加至数组前部，并用 array_unique( ) 函数删除数组中的重复数据，最后使用 implode( ) 函数将数组转为字符串存入 Cookie。业务逻辑部分代码如下。

```
<?php
//商品 ID 参数处理
if (!isset($_GET["proID"])) {
    die("参数传递错误!");
} else {
    $id = $_GET["proID"];
}
$link =mysqli_connect('127.0.0.1', 'root', 'root', 'demo') or die('数据库连接失败!');
mysqli_query($link, 'set names utf8');
//查询商品信息
$sql = "select * from productInfo where productID = $id";
$res =mysqli_query($link, $sql);
$item =mysqli_fetch_assoc($res);
if (empty($item)) {
    die("无对应信息");
}
//记录浏览历史
$historyList = array();
if (isset($_COOKIE['proID'])) {
    $historyID = $_COOKIE['proID'];
    //查询浏览历史,按照集合顺序排序
    $sql = "select productID,productName from productInfo where productID in ($
historyID) order by field(productID, $historyID) ";
    $res =mysqli_query($link, $sql);
    $historyList =mysqli_fetch_all($res,MYSQLI_ASSOC);
    //将 Cookie 中记录的商品 ID 字符串拆分为数组
    $ids = explode(",", $historyID);
    //在数组前部添加元素,保证最后浏览的记录在最前面
    array_unshift($ids, $id);
    //删除数组中的重复商品 ID
    $ids =array_unique($ids);
    //将数组转为字符串并以逗号分隔
    $idStr = implode(",", $ids);
} else {
    $idStr = $id;
}
//设置 Cookie
setcookie('proID', $idStr, time() + 1800);
//加载视图文件
require_once "product.html";
```

3. 视图显示

视图显示分为商品信息显示和浏览历史显示两部分。由于初次访问暂无浏览足迹，因此在显示时需要进行判断。视图显示部分代码如下。

```
<!DOCTYPE html>
<html lang="cn">
<head>
    <meta charset="UTF-8">
    <title>Title</title>
```

```
    <style>
        /* CSS 代码在此省略,完整代码请参考配套源代码 */
    </style>
</head>
<body>
    <!--商品信息显示-->
    <h2><?php echo $item["productName"]?></h2>
    <p style="float: left;width: 250px;"><img src="<?php echo $item['productPic']
?>" alt=""></p>
    <p><?php echo $item["productIntro"]?></p>
    <!--浏览足迹显示-->
    <?php if(!empty($historyList)){?>
    <p id="history">浏览足迹:</p>
    <?php foreach ($historyList as $v) {?>
    <p><a href="product.php?proID=<?= $v['productID']?>"><?= $v['productName']?>
</a></p>
<?php }}?>
</body>
</html>
```

8.3 Session 管理

Session 即会话，是针对 HTTP 的局限性而提出的另一种保持客户端和服务器端会话状态的机制。与 Cookie 相比较而言，保存在 Session 中的数据存储在服务器端，数据的安全性更高且不受存储长度的限制，但是在某一时间段内随着访问用户的增多会对服务器的性能有所影响。本节将详细介绍 Session 的基本概念、工作原理以及使用方法。

8.3.1 Session 的概念

对于 Web 网站来说，Session 指的是从进入网站到关闭浏览器这段时间内的会话，是一个特定的时间概念。由于存储在 Session 中的值可以在生命周期中被当前站点的所有页面访问，因此可在访问者与网站之间建立一种“对话”机制，实现用户访问的连续性。Session 常被用在需要用户登录的场景中，当用户登录成功之后在服务器端为其保存 Session，在访问其他功能页面时将 Session 作为判断用户是否有权限访问的凭证来使用。

8.3.2 Session 的工作原理

保存 Session 后会在服务器内存中为其分配一个存储空间来存储 Session 信息，那么当服务器端为多个用户分别保存 Session 信息后，如何实现用户与存储的 Session 信息一一对应呢？实际上服务器存储的每一个 Session 都有一个唯一的标识，称之为 SessionID。SessionID 是一个由 PHP 随机生成的加密数字，这个 SessionID 会通过 HTTP 响应头返回，并以 Cookie 的方式保存在客户端。当该用户再次发起请求时会自动携带保存在 Cookie 中的 SessionID 并发送到服务器端，服务器端接收到请求之后就会依据 SessionID 找到相应的 Session，从而识别该用户，其工作原理如图 8-5 所示。

在图 8-5 中有用户名为 1001 和 1002 两个用户，用户 1001 登录成功后存储 Session 时，

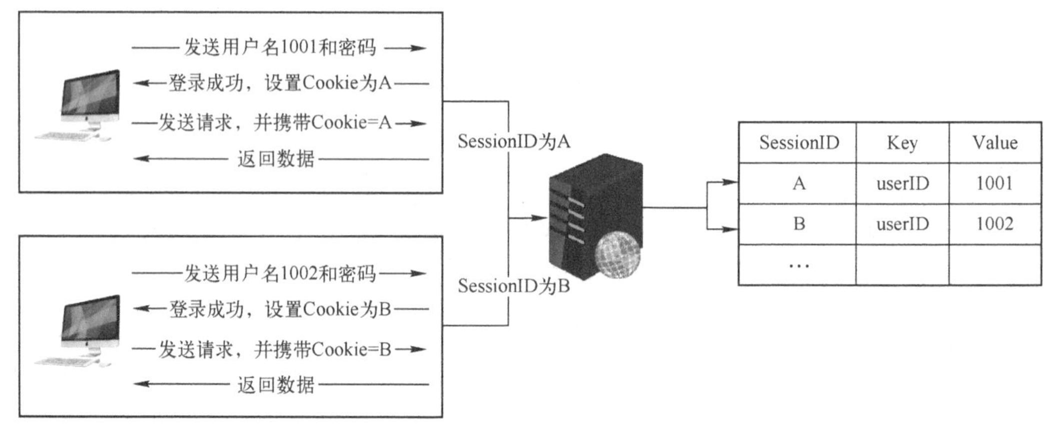

图 8-5　Session 工作原理

服务器端为其生成的 SessionID 为 A，用户 1002 对应的 SessionID 为 B。服务器端在进行响应时会将 A 和 B 以 Cookie 的形式分别存储在客户端。当用户 1001 再次向服务器请求时会自动携带 Cookie 中的 SessionID，服务器接收到请求后查找内存中 SessionID 为 A 的内容，通过比较最终确定该请求来源于之前的用户 1001。

以上的过程和商场中的智能存包柜的工作流程类似。当按下“存包”按钮时（开始存储 Session），会自动分配一个柜子供用户存储物品（分配存储单元），此时会为目前开启的柜子随机生成一个取物品的密码（生成 SessionID），同时打印该密码给用户（保存 SessionID）。当用户取物品时，只需携带之前的密码条，通过输入或扫描的方式告知服务器端即可识别该客户，识别正确后开启柜门取出物品。

8.3.3　创建 Session

与 Cookie 的设置方法不同，在使用 Session 之前必须先启动一个会话，在 PHP 中使用 session_start( ) 函数来开启一个会话，其语法格式如下。

```
bool session_start(void)
```

session_start( ) 函数用于创建新会话或者重用现有会话，主要完成 Session 的相关初始化工作。当用户第一次发起请求时，seesion_start( ) 函数会创建一个唯一的 SessionID，并自动通过 HTTP 的响应头，将这个 SessionID 保存到客户端 Cookie 中；当同一个用户再次访问这个网站时 session_start( ) 函数负责将服务器中与当前 SessionID 对应的信息读取到 Session 中。

📖 session_start( ) 函数必须在最开始执行，其之前不能有任何内容输出。

开启会话后就可以通过超全局变量 $_SESSION 来保存 Session 信息，直接给该数组新增一个元素即可。在使用 Session 时会自动对要设置的值进行编码和解码，因此 Session 中可以存储任何数据类型。

【例 8-3】 存储用户信息 setSession. php。

```
<?php
session_start();
$_SESSION['userID']='1001';
```

```
$_SESSION['roleID']=1;
?>
```

8.3.4 读取 Session

读取 Session 时同样需要先使用 session_start( ) 开启会话，然后使用全局数组 $_SESSION，并根据创建 Session 时命名的数组键名进行读取。

【例 8-4】读取 Session 中用户信息 getSession. php。

```
<?php
session_start();
if(isset($_SESSION['userID'])){
  echo $_SESSION['userID'];
}else{
  echo "尚未创建 Session 信息";
}
?>
```

8.3.5 删除 Session

与删除普通数组元素相同，可以使用 unset( ) 函数删除 Session 中的某个值。如果需要删除 Session 中的所有信息，可直接将一个空数组赋值给 $_SESSION，以释放服务器内存中保存的 Session 信息。一般在用户退出时不仅要把 Session 信息删除，还应结束当前会话并清空所有 Session 中的资源，可以使用 session_destroy( ) 函数彻底销毁 Session，以删除当前会话保存在服务器端的 session 文件。

【例 8-5】删除 Session 中用户信息 delSession. php。

```
<?php
session_start();
//仅删除保存在 Session 中的 userID
unset($_SESSION['userID']);
//将 Session 中所有信息删除,对内存中的 $_SESSION 变量释放(roleID 被删除)
$_SESSION=array();
//删除当前用户对应的 session 文件,清空所有资源
session_destroy();
?>
```

8.4 案例：用户登录

8.4 案例：用户登录

用户登录常作为交互操作之前的身份或权限验证使用，广泛应用于各类网站和应用系统。本节详见介绍用户登录功能的设计与实现。

8.4.1 案例呈现

本节使用 Session 技术实现如图 8-6 所示的“用户登录”案例。在案例中主要实现以下功能。

1）对用户输入的用户名、密码进行验证，验证通过后跳转到如图 8-7 所示的管理页面，验证失败时给出相应的提示信息。

图 8-6　用户登录

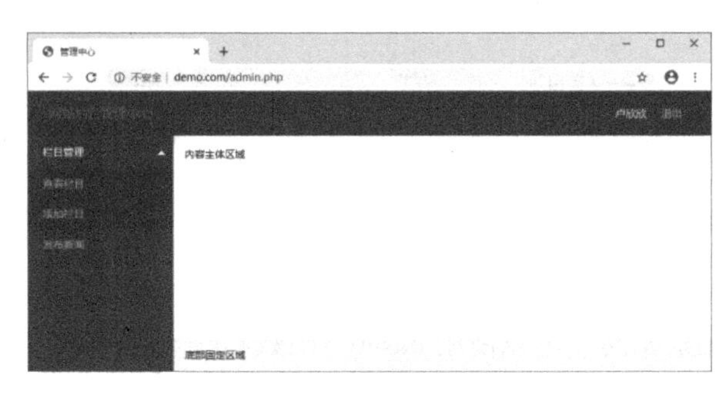

图 8-7　管理中心

2）如果用户在未登录状态下直接通过 URL 方式请求管理页面，则强制跳转到登录页面进行登录。

3）对用户的密码进行 MD5 加密，并使用加盐的方式增强其安全性（在密码中混入一段随机的字符串，这个随机的字符串称为盐，这一过程称之为“加盐”）。加盐后可在一定程度上防止通过查表法、反向查表法和彩虹表来破解密码。

8.4.2　案例分析

在本案例中首先需要制作一个用户登录的表单，当用户提交表单后根据获取的用户信息和数据表中存储的用户信息进行比对。比对成功则为用户保存 Session 信息，并以此信息作为判断是否登录的凭证。根据案例的功能描述，可以将该案例的实现分为以下几个步骤。

1）制作一个包含文本框、密码框、提交按钮的表单。

2）接收表单提交的 POST 信息，并根据获取的用户名查询用户表中与此用户名匹配的密码、姓名、盐。

3）判断步骤 2）的查询结果是否为空，若为空则提示用户名不存在，返回登录页面。不为空则转步骤 4）。

4）将用户填写的密码和查询到的盐采用注册时相同的算法进行加密处理，并与从数据表中查询到的密码进行比较。若不相等则提示密码错误，返回登录页面；否则登录成功转步骤 5）。

5）开启 Session，将用户 ID 和用户姓名分别存入 Session，并跳转到管理中心页面。

6）在管理中心页面开启 Session，判断之前已设置的 Session 值是否存在。若存在则正常显示，若不存在则提示尚未登录或登录信息已失效，终止程序运行并强制重新登录。

8.4.3 案例实现

1. 准备数据

在本案例中需要使用用户信息表，表中包含用户 ID、用户姓名、用户密码、盐值、注册时间等字段。创建数据表的 SQL 脚本如下。

```
CREATE TABLE `userinfo`(
  `userID` varchar(15) NOT NULL COMMENT '账号',
  `userName` varchar(30) DEFAULT '' COMMENT '真实姓名',
  `userPwd` varchar(32) DEFAULT NULL COMMENT '密码',
  `salt` varchar(4) DEFAULT NULL COMMENT '盐',
  `regDate` timestamp NULL DEFAULT CURRENT_TIMESTAMP COMMENT '注册时间',
  PRIMARY KEY (`userID`)
) ENGINE=MyISAM DEFAULT CHARSET=utf8;
//添加测试数据(用户密码为 123456,盐为 0811)
INSERT INTO `userinfo` VALUES ('20102007', '卢欣欣', md5(1234560811), '0811', '2020-01
-04 15:21:46');
```

2. 制作登录页面

登录页面的表单中包含文本框、密码框和提交按钮，表单数据以 POST 方式进行提交。登录页面代码如下。

```
<!DOCTYPE html>
<html lang="cn">
<head>
    <meta charset="utf-8">
    <title>用户登录</title>
    <style>
        /* CSS 代码在此省略,完整代码请参考配套源代码 */
    </style>
<body>
<div class="login">
    <h2>用户登录</h2>
    <form action="doLogin.php" method="post">
        用户名:<input type="text" placeholder="请输入用户名" name="userID"
required id="userID">
        密  码:<input type="password" placeholder="请输入密码" name="userPwd"
required id="userPwd">
        <button class="btn" type="submit">登   录</button>
    </form>
</div>
</body>
</html>
```

3. 登录业务逻辑

登录页面中的表单提交数据给登录业务逻辑程序处理数据，按照案例分析中的步骤 2)~步骤 5) 进行判断。登录业务逻辑代码如下。

```
<?php
header("Content-type:text/html;charset=utf-8");
```

```
if ($_POST) {
  //获取用户填写的信息
  $ID = $_POST["userID"];
  $pwd = $_POST["userPwd"];
  $link =mysqli_connect('127.0.0.1', 'root', 'root', 'demo') or die('数据库连接失败!' .
mysqli_error($link));
  mysqli_query($link, 'set names utf8');
  //根据用户名查询用户密码和对应的盐值
  $sql = "select userPwd,userName,salt from userInfo where userID=?";
  $stmt =mysqli_prepare($link, $sql);
  mysqli_stmt_bind_param($stmt, "s", $ID);
  $res =mysqli_stmt_execute($stmt);
//从预编译对象中获取结果集
  $res=mysqli_stmt_get_result($stmt);
  $userData =mysqli_fetch_assoc($res);
  //判断结果
  if (empty($userData)) {
    echo "<script>alert('用户名不存在!');history.go(-1)</script>";
  } else {
    $pwdDB = $userData["userPwd"];
    $salt = $userData["salt"];
    if ($pwdDB != md5($pwd . $salt)) {
      echo "<script>alert('用户密码错误!');history.go(-1)</script>";
    } else {
      //验证通过,保存 Session,之后跳转到用户页面
      session_start();
      $_SESSION["userID"] = $ID;
      $_SESSION["userName"] = $userData["userName"];
      echo "<script>location.href='admin.php'</script>";
    }
  }
} else {
  echo "<script>alert('数据传递错误!');history.go(-1)</script>";
}
```

4. 验证是否登录

Session 常作为用户是否登录的凭证来使用，为防止未登录用户直接请求访问管理中心页面，因此在管理中心页面头部应首先对在登录业务逻辑中已保存的 Session 进行验证，验证通过方可加载管理中心页面。验证是否登录的代码如下。

```
<?php
header("Content-type:text/html;charset=utf-8");
session_start();
if(isset($_SESSION["userID"])){
  $id= $_SESSION["userID"];
  $name= $_SESSION["userName"];
  require_once 'admin.html';
}else{
  die("<script>alert('你尚未登录或登录信息已失效,请重新登录!');location.href='log-
in.html'</script>");
}
?>
```

📖 本案例中将4位盐值直接拼接在原始密码后再进行MD5加密存储，这仅仅是为了方便讲解，在实际项目中不可采用这种短盐值和简易组合。

8.5 实践操作

1）分别使用Cookie和Session实现如图8-8所示的网页更换主题的功能。当用户选择主题后页面背景颜色显示为相应的颜色，并比较两者实现的区别。

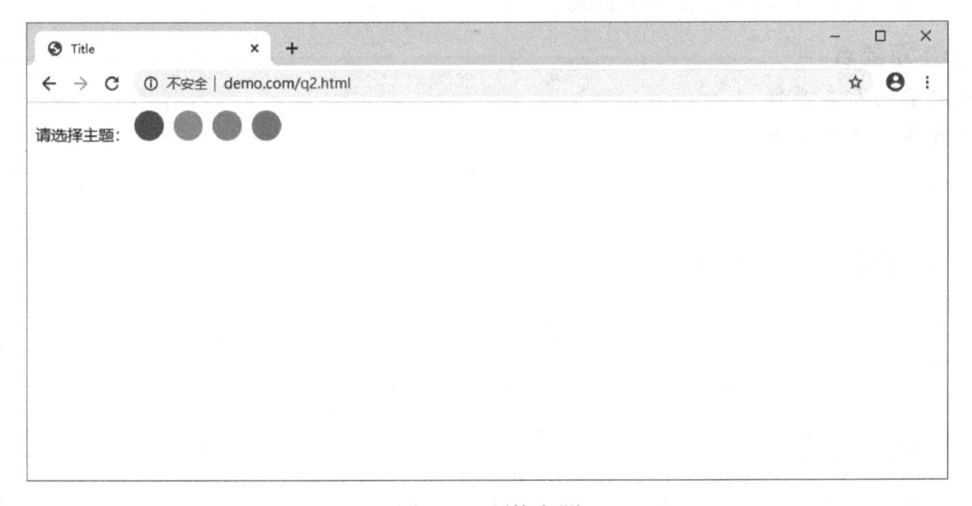

图8-8 更换主题

2）综合运用Cookie和Session相关知识，实现可“7天内免登录”的用户自动登录功能，如图8-9所示。

图8-9 用户自动登录

第9章　文件操作

在 Web 开发中，文件和目录的操作是非常有用的，客户端可以通过访问 PHP 脚本程序在服务器上创建目录、遍历目录、创建文件和删除文件等。本章主要讲解 PHP 中目录和文件的基本操作，以及文件的上传和下载。

本章要点

- 目录的基本操作
- 文件的基本操作
- 文件的上传与下载

9.1　目录的基本操作

通过 PHP 对服务器中的目录进行操作是非常方便的。本节主要讲解通过 PHP 实现创建目录、删除目录、移动目录、遍历目录等功能。

9.1.1　创建目录

在一些 Web 应用程序开发中，经常会将上传的文件根据上传时间分目录保存。PHP 提供了 mkdir( ) 函数来创建目录，其语法格式如下。

```
bool mkdir ( string $pathname [, int $mode = 0777 [, bool $recursive = false
[, resource $context ]]] )
```

该函数如果执行成功返回 true，失败则返回 false。函数的参数说明如表 9-1 所示。

表 9-1　mkdir( ) 函数的参数说明

参　　数	说　　明
pathname	必选，要创建的目录的名称
mode	可选，规定目录的权限，默认为 0777（允许全局访问） mode 参数由四个数字组成： 第一个数字通常是 0 第二个数字规定所有者的权限 第三个数字规定所有者所属的用户组的权限 第四个数字规定其他所有人的权限 可能的值（如需设置多个权限，请对下面的数字进行总计）： 1 = 执行权限 2 = 写权限 4 = 读权限 注意：该参数在 Windows 平台被忽略
recursive	可选，规定是否递归创建由 pathname 所指定的多级嵌套目录，默认为 false
context	可选，文件句柄的环境

mkdir( ) 函数的使用示例如下。

```
<?PHP
//在当前目录下创建 common 目录
mkdir('common');
//根据当前时间生成子目录名
$subPath = date('Ymd');
//在当前目录下递归创建目录
mkdir("upload/$subPath", 0777, true);
?>
```

9.1.2 删除目录

PHP 提供了 rmdir( ) 函数删除文件目录。它只能删除一个已存在的空目录，并且用户需要拥有相应的目录权限。如果要删除一个非空的目录，首先需要将该目录下的文件都删除，再调用 rmdir( ) 函数删除目录，如果目录中还存在子目录，且子目录非空，则需要采用递归方法删除目录。rmdir( ) 函数的语法格式如下。

```
bool rmdir ( string $dirname [, resource $context ] )
```

该函数如果执行成功返回 true，失败则返回 false。函数的参数说明如表 9-2 所示。

表 9-2　rmdir( ) 函数的参数说明

参　数	说　明
dirname	必选，要删除的目录的名称
context	可选，文件句柄的环境

rmdir( ) 函数的使用示例如下。

```
<?php
//删除 image 目录
rmdir('upload/image');
?>
```

9.1.3 移动目录

9.1.3　移动目录 

在对文件进行管理时，有时需要使用移动目录的功能，而 PHP 没有提供特定的函数来实现这个功能，需要自定义一个函数来实现，其中会用到 PHP 的内置函数：file_exists( )、basename( ) 和 rename( )。

1. file_exists( ) 函数

file_exists( ) 函数用来检查文件或目录是否存在，接收一个文件或目录的路径作为参数，如果指定的目录或文件存在返回 true，否则返回 false。其语法格式如下。

```
bool file_exists ( string $filename )
```

2. basename( ) 函数

basename( ) 函数用来获取路径中的文件名部分，其语法格式如下。

```
string basename ( string $path [, string $suffix ] )
```

如果参数 path 是指向文件的全路径，则返回文件名，如果是指向目录的全路径，则返回目录名。函数的参数说明如表 9-3 所示。

表 9-3　basename( ) 函数的参数说明

参　　数	说　　明
path	必选，文件或目录的路径 在 Windows 中，斜线（/）和反斜线（\）都可以用作目录分隔符。在其他环境下是斜线（/）
suffix	可选，文件扩展名。如果文件名是以 suffix 结束，将不会显示这一部分

3. rename( ) 函数

rename( ) 函数用来重命名文件或目录，其语法格式如下。

```
bool rename ( string $oldname , string $newname [, resource $context ] )
```

该函数如果执行成功返回 true，失败则返回 false。函数的参数说明如表 9-4 所示。

表 9-4　rename( ) 函数的参数说明

参　　数	说　　明
oldname	必选，要重命名的文件或目录 注意：oldname 的封装协议必须和 newname 的相匹配
newname	必选，文件或目录的新名称
context	可选，文件句柄的环境

下面通过一个例子来说明移动目录的具体实现。

【例 9-1】 自定义移动目录函数。

```
<?php
  //自定义移动目录函数
function move($source,$dest){
  //判断源文件或目录是否存在
  if (!file_exists($source)) {
    die('源文件或目录不存在');
  }
  $file = basename($source);              //获取文件名或目录名
  //判断目标目录是否存在
  if (!file_exists($dest)) {
    mkdir($dest, 0777, true);             //如果不存在,递归创建目录
  }
  $destPath = $dest.DIRECTORY_SEPARATOR. $file;        //保存目标文件的完整路径
  //判断目标文件是否存在
  if (file_exists($destPath)) {
    //如果存在,则结束脚本执行
    die('目标文件已存在');
  }
  return rename($source,$destPath); //移动文件或目录
}
//调用 move()函数将 image 目录移动到 static 目录下
$flag = move("./image", "static");
echo $flag ?'移动成功' :'移动失败';
?>
```

上述代码中，move( ) 函数将 source 目录移动到 dest 目录下，如果移动成功返回 true，失

败则返回 false，该函数也可用于移动文件。DIRECTORY_SEPARATOR 是 PHP 的内置常量，其值是当前操作系统的默认文件路径分隔符。

9.1.4 遍历目录

9.1.4 遍历目录 

当要展示指定目录下的文件列表时，需要对该目录下的所有子目录或文件进行遍历。在 PHP 中遍历目录首先需要打开一个目录指针，然后对其进行遍历，需要用到 opendir( )、readdir( )、closedir( )、rewinddir( )函数。

1. opendir( )函数

opendir( )函数用于打开一个目录句柄，接收一个目录路径作为参数，其语法格式如下。

```
resource opendir ( string $path [, resource $context ] )
```

该函数如果执行成功返回目录句柄资源，失败则返回 false。

2. readdir( )函数

readdir( )函数用于读取指定目录，接收 opendir( )函数返回的目录句柄资源作为参数，如果该参数未指定，则使用最后一个由 opendir( )打开的目录句柄资源，其语法格式如下。

```
string readdir ([ resource $dir_handle ] )
```

该函数如果执行成功则返回目录指针指向文件的文件名，并将目录指针向后移动一个位置，如果指针位于目录的结尾，因为没有文件存在，所以返回 false。

3. closedir( )函数

closedir( )函数用于关闭目录句柄，接收 opendir( )函数返回的目录句柄资源作为参数，如果该参数未指定，则使用最后一个由 opendir( )打开的目录句柄资源，其语法格式如下。

```
void closedir ([ resource $dir_handle ] )
```

4. rewinddir( )函数

rewinddir( )函数用于倒回目录句柄，也就是将目录指针重置到目录开始处。该函数接收 opendir( )函数返回的目录句柄资源作为参数，如果该参数未指定，则使用最后一个由 opendir( )打开的目录句柄资源，其语法格式如下。

```
void rewinddir ([resource $dir_handle] )
```

在遍历目录时，经常需要获取文件的一些属性，PHP 内置了一系列函数用于获取文件属性，如表 9-5 所示。

表 9-5 获取文件属性的函数

函 数 名	功 能 描 述
string filetype(string $filename)	获取文件类型
int filesize(string $filename)	获取文件大小
int filectime(string $filename)	获取文件的创建时间
int filemtime(string $filename)	获取文件的修改时间
int fileatime(string $filename)	获取文件的上次访问时间
bool is_readable(string $filename)	判断给定文件是否可读
bool is_writable(string $filename)	判断给定文件是否可写

（续）

函 数 名	功能描述
bool is_executable(string $filename)	判断给定文件是否可执行
bool is_file(string $filename)	判断给定文件是否是常规文件
bool is_dir(string $filename)	判断给定文件是否是目录
array stat(string $filename)	获取文件的信息

下面通过一个案例来说明遍历目录的实现过程。需要注意的是，在遍历任何一个目录时，都会包括“.”和“..”两个特殊的目录，“.”表示当前目录，“..”表示上一级目录。如果不需要这两个目录，可以将其屏蔽。

【例 9-2】 展示 upload 目录下的内容。

```
<?php
$dir = './upload';
$dirHandle = opendir($dir);
$info = [];
while(($name =readdir($dirHandle)) !== false) {    //遍历目录
  $file = "$dir/$name";
  //保存文件信息
  $info[] = [
    'name' => $name,
    'type' => filetype($file),
    'modTime' => date('Y/m/d', filemtime($file))
  ];
}
print_r($info);
?>
```

上述代码中，在判断 readdir( ) 函数的返回结果时，需要使用“!==”不恒等的方式，以防止某些文件名（如“0”）被转换为 false 时，导致程序认为该函数返回结果为 false。运行结果如图 9-1 所示。

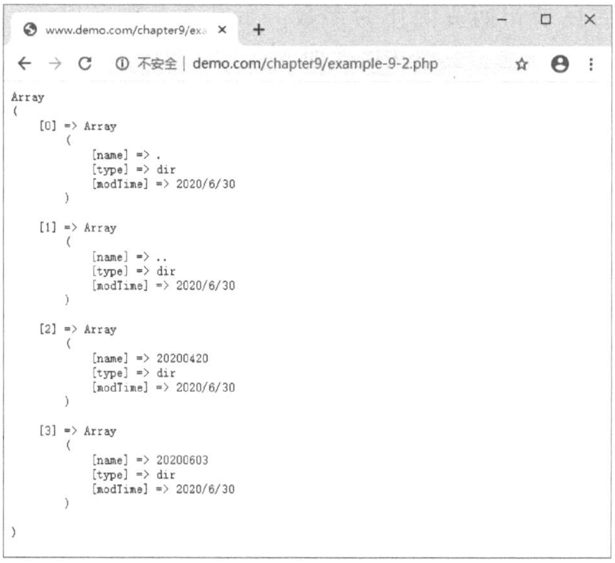

```
www.demo.com/chapter9/exa
不安全 | demo.com/chapter9/example-9-2.php

Array
(
    [0] => Array
        (
            [name] => .
            [type] => dir
            [modTime] => 2020/6/30
        )

    [1] => Array
        (
            [name] => ..
            [type] => dir
            [modTime] => 2020/6/30
        )

    [2] => Array
        (
            [name] => 20200420
            [type] => dir
            [modTime] => 2020/6/30
        )

    [3] => Array
        (
            [name] => 20200603
            [type] => dir
            [modTime] => 2020/6/30
        )

)
```

图 9-1　遍历目录

9.2 文件的基本操作

Web 应用的输入/输出一般都是在浏览器、服务器和数据库之间传递，不过一些情况下也会涉及文件，像日志系统、文件管理器等。本节介绍 PHP 中常见的文件操作，主要包括读文件、写文件、删除文件和复制文件等。

9.2.1 创建或打开文件

在 PHP 中，创建和打开文件都使用 fopen( ) 函数。使用 fopen( ) 函数打开或创建一个文件时，还需要指定如何使用它，也就是以哪种文件模式使用文件资源，其语法格式如下。

```
resource fopen ( string $filename , string $mode [, bool $use_include_path =
false [, resource $context ]] )
```

该函数如果执行成功返回一个指向指定文件的文件指针，失败则返回 false。函数的参数说明如表 9-6 所示。

表 9-6　fopen( ) 函数的参数说明

参　数	说　明
filename	必选，指定要打开的文件或 URL 如果 filename 指定的是一个本地文件，PHP 将尝试在该文件上打开一个流 如果 filename 是 “scheme://...” 的格式，则被当成一个 URL，将会使用封装协议来处理
mode	必选，指定要求到该流的访问类型
use_include_path	可选，如果需要在 include_path 中搜寻文件的话，可以将该参数设为'1'或 true
context	可选，文件句柄的环境

fopen( ) 函数的 mode 参数用来指定文件模式，也就是到该流的访问类型，其可使用的值如表 9-7 所示。

表 9-7　fopen( ) 函数的 mode 参数可以使用的值

参数	说　明
r	只读方式打开文件，从文件开头开始读
r+	读/写方式打开文件，从文件开头开始读/写
w	只写方式打开文件，从文件开头开始写。如果文件存在，则将文件指针指向文件头并将文件大小截为零。如果文件不存在，则创建这个文件
w+	读/写方式打开文件，从文件开头开始读/写。如果文件存在，则将文件指针指向文件头并将文件大小截为零。如果文件不存在，则创建这个文件
x	创建并以写入方式打开，将文件指针指向文件头。如果文件已存在，则 fopen( ) 调用失败并返回 false，并生成一条 E_WARNING 级别的错误信息。如果文件不存在则尝试创建。仅能用于本地文件
x+	创建并以读/写入方式打开，将文件指针指向文件头。如果文件已存在，则 fopen( ) 调用失败并返回 false，并生成一条 E_WARNING 级别的错误信息。如果文件不存在则尝试创建。仅能用于本地文件
a	写入方式打开，将文件指针指向文件末尾。如果文件不存在则尝试创建
a+	读/写入方式打开，将文件指针指向文件末尾。如果文件不存在则尝试创建
b	以二进制模式打开文件，用于与其他模式进行连接
t	以文本模式打开文件。这个模式只是 Windows 系统下的一个选项，不推荐使用

📖 不同的操作系统具有不同的行结束习惯。当写入一个文本文件并想插入一个新行时，需要使用符合操作系统的行结束符号。在 UNIX 系统中，行结束符为\n；在 Windows 系统中，行结束符为\r\n；在 macOS 系统中，行结束符为\r。Windows 系统中提供了一个文本转换标记“t”，可以透明地将 \n 转换为 \r\n。还可以使用“b”来强制使用二进制模式，这样就不会转换数据。为了移植性考虑，建议“b”作为 mode 参数的最后一个字符。

fopen( )函数的使用示例如下。

```
<?php
//创建文件,并以写入的方式打开文件
$fileHandle = fopen('./file.txt','wb');
//以只读的方式打开文件
$fileHandle = fopen('./file.txt','rb');
//打开远程文件,使用 HTTP 协议只能以只读的模式打开
$fileHandle = fopen('http://www.example.com/','r');
//使用 FTP 协议打开远程文件
$fileHandle = fopen("ftp://user:password@example.com/file.txt","w");
?>
```

9.2.2 读写文件

9.2.2 读写文件 

PHP 提供了多种读取和写入文件的标准函数，可以根据它们的功能特性选择使用哪个函数，函数的功能描述如表 9-8 所示。

表 9-8 读取和写入文件函数

函 数 名	功 能 描 述
fread( )	读取打开的文件
fgets( )	从打开的文件中返回一行
fgetc( )	从打开的文件中返回一个单一的字符
file_get_contents( )	把文件内容读入到一个字符串中
file( )	把文件内容读入到一个数组中
readfile( )	读取文件并写入到输出缓冲
fwrite( )	写入文件
file_put_contents( )	将一个字符串写入文件

1. fread( )函数

fread( )函数从打开的文件中读取指定长度的字符串。它是二进制安全的，也就是二进制文件也可以使用该函数读取。其语法格式如下。

```
string fread ( resource $handle , int $length )
```

该函数接收两个参数，第一个参数 handle 是 fopen( )函数返回的文件指针，第二个参数 length 指定获取的字符串长度。函数在读取完 length 个字节或者到达文件末尾时会停止读取文件，如果执行成功返回读取的字符串，失败则返回 false。使用示例如下。

```
<?php
$file = './file.txt';
$handle =fopen($file,'rb') or die('打开文件失败');
$contents =fread($handle, filesize($file));
fclose($handle);
echo $contents;
?>
```

上述代码中使用了 fclose( ) 函数销毁文件资源，该函数接收 fopen( ) 函数返回的文件指针作为参数。

2. fgets( ) 函数

fgets( ) 函数从打开的文件中读取一行内容，其语法格式如下。

```
string fgets ( resource $handle [, int $length ] )
```

该函数的第一个参数 handle 是 fopen( ) 函数返回的文件指针，第二个可选参数 length 规定返回的字节数，默认为 1024 字节。函数在读取到 length-1 个字节、碰到换行符或者到达文件末尾时会停止读取数据，如果执行成功返回读取的字符串，如果到达文件末尾或执行失败则返回 false。使用示例如下。

```
<?php
$file = './file.txt';
$handle = fopen($file,'rb') or die('打开文件失败');
while (($buffer =fgets($handle, 4096)) !== false) {
  echo $buffer;
}
if (!feof($handle)) {
  echo "读取过程发生失败";
}
fclose($handle);
?>
```

上述代码中使用了 feof( ) 函数判断文件指针是否到了文件结束的位置，该函数接收 fopen( ) 函数返回的文件指针作为参数。

3. fgetc( ) 函数

fgetc( ) 函数从文件中读取一个字符，其语法格式如下。

```
string fgetc ( resource $handle )
```

该函数接收 fopen( ) 函数返回的文件指针作为参数，如果执行成功返回包含一个字符的字符串，如果到达文件末尾或执行失败则返回 false。使用示例如下。

```
<?php
$file = './file.txt';
$handle =fopen($file,'rb') or die('打开文件失败');
while (($char =fgetc($handle)) !== false) {
  echo "$char \n";
}
fclose($handle);
?>
```

上述代码中，通过 while 语句循环读取文件中的字符，直到文件末尾。

4. file_get_contents( ) 函数

file_get_contents( ) 函数把整个文件读入一个字符串中。该函数是把文件内容读入到一个字符串中的首选方法，如果操作系统支持还会使用内存映射技术来增强性能。其语法格式如下。

```
string file_get_contents ( string $filename [, bool $use_include_path = false
[, resource $context [, int $offset = 0 [, int $maxlen ]]]] )
```

该函数如果执行成功返回从参数 offset 指定的位置开始读取的长度为 maxlen 的内容，失败则返回 false。函数的参数如表 9-9 所示。

表 9-9　file_get_contents( ) 函数的参数说明

参　数	说　明
filename	必选，文件路径
use_include_path	可选，如果需要在 include_path 中搜寻文件的话，可以将该参数设为'1'或 true
context	可选，文件句柄的环境
offset	可选，在文件中开始读取的位置
maxlen	可选，读取的字节数

file_get_contents( ) 函数的使用示例如下。

```
<?php
$contents =file_get_contents('./file.txt');
echo $contents;
?>
```

5. file( ) 函数

file( ) 函数和 file_get_contents( ) 函数类似，不需要使用 fopen( ) 函数打开文件。该函数把整个文件读入到一个数组中，数组中的每个元素是文件中相应的一行，包括换行符在内。使用 file( ) 函数读取文件内容后可以使用数组的相关函数对文件内容进行处理。其语法格式如下。

```
array file ( string $filename [, int $flags = 0 [, resource $context ]] )
```

该函数执行成功返回一个数组，失败则返回 false。函数的参数说明如表 9-10 所示。

表 9-10　file( ) 函数的参数说明

参　数	说　明
filename	必选，文件路径
flags	可选，规定如何打开/读文件，可以是以下一个或多个常量： FILE_USE_INCLUDE_PATH：在 include_path 中查找文件 FILE_IGNORE_NEW_LINES：在数组每个元素的末尾不要添加换行符 FILE_SKIP_EMPTY_LINES：跳过空行 注意：在 PHP5 之前该参数是 include_path，如果需要在 include_path 中搜寻文件的话，可以将该参数设为'1'或 true
context	可选，文件句柄的环境

file( ) 函数的使用示例如下。

```
<?php
$arr = file('./file.txt', FILE_IGNORE_NEW_LINES | FILE_SKIP_EMPTY_LINES);
print_r($arr);
?>
```

6. readfile( )函数

readfile( )函数读取指定的文件内容，并立即输出到输出缓冲区。它接收文件路径作为参数，其语法格式如下。

```
int readfile ( string $filename [, bool $use_include_path = false [, resource $con-
text ]] )
```

该函数如果执行成功返回从文件中读入的字节数，失败则返回 false。使用示例如下。

```
<?php
//将文件 file.txt 中的内容读出并输出到浏览器
readfile('./file.txt');
?>
```

7. fwrite( )函数

fwrite( )函数将字符串内容写入到文件中。由于不同的操作系统具有不同的行结束符号，当写入一个文本文件并想插入一个新行时，需要使用相应操作系统的行结束符号。其语法格式如下。

```
int fwrite ( resource $handle , string $string [, int $length ] )
```

其中，参数 handle 是 fopen( )函数返回的文件指针；参数 string 是要写入文件的字符串；参数 length 指定要写入的最大字节数。如果执行成功返回写入的字节数，执行失败则返回 false。使用示例如下。

```
<?php
$handle =fopen("./file.txt","wb");
$charNum = fwrite($handle,"Hello World. Just Testing!");
echo "写入字符数:$charNum";
fclose($handle);
?>
```

8. file_put_contents( )函数

file_put_contents( )函数将数据写入到指定文件中，和依次调用 fopen( )、fwrite( )以及 fclose( )函数的功能一样，其语法格式如下。

```
int file_put_contents ( string $filename , mixed $data [, int $flags = 0 [, re-
source $context ]] )
```

该函数如果执行成功返回写入的字节数，失败则返回 false。函数的参数说明如表 9-11 所示。

表 9-11　file_put_contents( )函数的参数说明

参　数	说　明
filename	必选，文件路径。如果文件不存在，将创建一个文件
data	必选，要写入文件的数据。可以是字符串、数组或数据流

（续）

参　数	说　明
flags	可选，规定如何打开/写入文件，可以是以下一个或多个常量： FILE_USE_INCLUDE_PATH：在 include_path 中查找文件 FILE_APPEND：如果文件 filename 已经存在，追加数据而不是覆盖 LOCK_EX：在写入时获得一个独占锁
context	可选，文件句柄的环境

file_put_contents( )函数每次调用时都会重新打开文件。使用该函数多次操作同一个文件时，为了避免删除文件中已存在的内容，可以使用 FILE_APPEND 选项。

file_put_contents( )函数的使用示例如下。

```
<?php
$file = './file.txt';
$data = '';
for ($row = 1;$row <= 10;$row++) {
    $data .= $row."this is a test \n";
}
file_put_contents($file,$data);
?>
```

9.2.3　文件的基本操作函数

在对文件进行操作时，不仅可以对文件中的数据进行操作，还可以对文件本身进行操作，例如，复制、删除以及重命名文件等。针对这些功能，PHP 提供了相应的函数，如表 9-12 所示。

表 9-12　文件的基本操作函数

函　数　名	功能描述
bool copy (string $source , string $dest [, resource $context])	复制文件，成功返回 true，失败则返回 false
bool unlink (string $filename [, resource $context])	删除文件，成功返回 true，失败则返回 false
bool rename (string $oldname , string $newname [, resource $context])	重命名文件或目录，成功返回 true，失败则返回 false

复制文件示例如下。

```
<?php
$file = './file.txt';
$newFile = './file.txt.bak';
if (!copy($file,$newFile)) {
   echo "复制文件失败";
}
?>
```

删除文件示例如下。

```
<?php
$file = "./file.txt";
if (!unlink($file)) {
```

```
  echo "删除文件失败";
}
?>
```

重命名文件示例如下。

```
<?php
$file = './file.txt';
$newFile = './newFile.txt';
if (!rename($file,$newFile)) {
  echo "重命名文件失败";
}
?>
```

9.3 文件上传和下载

9.3 文件的上传和下载 

在 Web 开发过程中，有时需要将本地文件上传到 Web 服务器，也会从 Web 服务器下载一些文件到本地，如用户上传头像、下载附件等。本节介绍 PHP 中文件的上传和下载。

9.3.1 文件上传

为了满足传递文件信息的需要，HTTP 实现了文件上传机制，在客户端可以将本地文件通过浏览器上传到服务器。上传文件时，首先在客户端选择要上传的文件，然后服务器接收并处理上传的文件。

1. 客户端选择上传文件

HTML 表单是最常用的文件上传方法，通过 form 表单中的<input type="file" />文件域可以选择本地文件。注意，通过表单上传文件时，需要将表单的提交方式设置为 POST，并将 enctype 属性的值设为“multipart/form-data”，让服务器知道会传递文件并带有常规表单信息。

文件上传表单的示例如下。

```
<?php
<form method="post" enctype="multipart/form-data">
    <input type="file" name="upload" />
    <input type="submit" value="上传">
</form>
?>
```

2. 服务器端处理上传文件

在客户端选择本地文件并提交后，需要服务器端来处理上传的文件，PHP 默认将通过 HTTP 上传的文件保存到服务器的临时目录下，该临时文件的保存期为脚本的执行周期。通过 PHP 配置文件 php.ini 中的“upload_tmp_dir”选项可以查看和设置临时目录。

表单提交给服务器的文本数据，可以通过 PHP 中的超全局变量$_GET 和$_POST 接收，而上传的文件信息则存储在超全局变量$_FILES 中，它是一个多维数组，该数组的第一维键名是文件上传表单元素 input 的 name 属性的值，第二维中存储的是上传文件的具体信息，如表 9-13 所示。

表 9-13　全局数组$_FILES 中的元素说明

数组元素	说　明
$_FILES["fileName"]["name"]	客户端机器文件的原名称
$_FILES["fileName"]["size"]	已上传文件的大小，单位为字节
$_FILES["fileName"]["tmp_name"]	文件上传后，在服务器存储的临时文件名
$_FILES["fileName"]["error"]	文件上传过程中产生的错误信息，有以下几个可能的值： 0：表示没有发生错误，文件上传成功 1：上传的文件超过了 php.ini 中 upload_max_filesize 选项限制的值 2：上传文件的大小超过了表单中 MAX_FILE_SIZE 选项指定的值 3：文件只有部分被上传 4：没有文件被上传 6：找不到临时文件夹 7：文件写入失败
$_FILES["fileName"]["type"]	文件的 MIME 类型

由于文件上传成功后会暂时保存在临时目录，如果需要长期保存文件可以使用 move_uploaded_file()函数将上传的文件从临时目录移动到指定位置，该函数的语法格式如下。

```
bool move_uploaded_file ( string $filename , string $destination )
```

move_uploaded_file()函数会检查并确保由 filename 指定的文件是合法的上传文件。如果文件合法，则将其移动到指定目录。需要注意的是，目标目录 destination 必须是已经存在的目录，否则会移动失败。函数如果执行成功返回 true，失败则返回 false。

服务器处理上传文件的示例如下。

```
<?php
if (isset($_FILES['upload']) && $_FILES['upload']['error'] == 0) {
  if(move_uploaded_file($_FILES['upload']['tmp_name'], "./uploads/{$_FILES
['upload']['name']}")){
    die('文件上传成功');
  }
}
?>
```

上述代码虽然实现了文件的上传功能，但还存在一些不足，如没有对文件的类型进行验证、没有对大小进行限制、没有对上传后的文件进行重命名等。下面以图片上传为例讲解文件上传的完整处理流程。

【例 9-3】 图片上传。

```
<!doctype html>
<html>
<head><meta charset="utf-8"><title>图片上传</title></head>
<body>
<?php
$allowType = array('gif','png','jpg');                  //允许上传的文件类型
$size = 3 * 1024 * 1024;                                //上传文件大小的上限
$path = './upload/';                                    //上传文件路径
if (!empty($_FILES['pic'])) {
```

```
$picInfo = $_FILES['pic'];                              //获取用户上传文件信息
  if ($picInfo['error'] != 0) {                        //判断文件上传到临时文件是否出错
    die('上传过程发生错误');
  }
  $type =substr(strrchr($picInfo['name'],'.'),1);      //获取上传文件的类型
  if(!in_array($type,$allowType)){                     //判断上传文件类型
    die('图片类型不符合要求,允许的类型为:'.implode('、',$allowType));
  }
  if ($picInfo['size'] >$size) {
    die('图片大小超过限制,允许大小:'.$size.'字节');
  }
  $filename =md5(uniqid(mt_rand(), true)).".$type";//确定新文件名
  $subPath = date('Ymd');                              //上传文件保存子目录
  $uploadPath = $path.$subPath;
  if (!is_dir($uploadPath)) {                          //判断文件保存目录是否存在
    mkdir($uploadPath, 0777, true);
  }
  $newFile = $uploadPath.'/'.$filename;
  //头像上传到临时目录成功,将其保存到指定目录中
  if(!move_uploaded_file($picInfo['tmp_name'],$newFile)){
    die('图片上传失败');
  }
  die('图片上传成功');
}
?>
<div>
  <h2>上传图片</h2>
  <form method="post"enctype="multipart/form-data">
  <div>
      <label for="pic">请选择上传的图片:</label><input name="pic" type="file"/>
    </div>
    <div><input type="submit" value="提交"></div>
  </form>
</div>
</body>
</html>
```

在上述代码中，对上传文件的类型和大小都做了限制，并且将上传的文件随机重命名后以天为粒度分目录保存，可以方便查找。

9.3.2 文件下载

实现文件下载，需要向浏览器发送必要的消息头，告诉浏览器不要直接解析文件，而是以下载文件的方式处理。PHP 中使用 header( ) 函数发送消息头，该函数接收一个头消息的字符串作为参数。文件下载需要发送 3 个响应消息头信息。以下载图片 test.jpg 为例，需要发送的消息头如下。

```
<?php
header('Content-type: image/jpeg');
header('Content-Disposition:attachment;filename=test.jpg');
header('Content-Length: 3380');
?>
```

在上述代码中，“Content-type”用于指定文件的类型；“Content-Disposition”用于文件的描述，其中 attachment 表明这是一个附件，filename 指定下载后的文件名；“Content-Length”说明文件的大小。

在设置完消息头后，还需要将文件的内容输出到浏览器，可以使用 readfile( ) 函数将文件读取出来并输出到浏览器。下面通过一个案例来说明文件下载的实现。

【例 9-4】 文件下载。

```
<?php
    $file = './test.jpg';
    if (!is_file($file)) {
      die('下载失败');
    }
    header('Content-type: image/jpeg');
    header('Content-Disposition:attachment;filename=test.jpg');
    header('Content-Length:'.filesize($file));
    readfile($file);
?>
```

9.4 案例：文件管理器

9.4 案例：
文件管理器

在图形化操作系统中，经常会使用系统的文件管理器来管理文件。本节将实现一个基于 Web 的文件管理器，通过它可以对 Web 服务器中的文件进行查看、复制和下载等操作。下面详细介绍文件管理器的设计与实现。

9.4.1 案例呈现

本节使用文件操作函数实现如图 9-2 所示的“文件管理器”案例。在案例中主要实现以下功能。

1）默认查看当前目录下的文件列表。

2）通过“打开”操作查看子目录下的文件列表。

3）在当前目录下新建文件夹。

4）上传和下载文件。

5）删除、复制和重命名文件。

图 9-2　文件管理器

9.4.2 案例分析

在本案例中首先需要遍历给定路径，获取路径目录下的文件列表，然后在模板文件中展示文件信息。根据案例的功能描述，可以将该案例的实现分为以下几个步骤。

1）限定 PHP 程序访问的文件范围。

2）接收 GET 方式传递的路径参数，并判断其合法性。

3）接收 GET 方式传递的操作类型参数，并执行相关操作。

4）遍历路径参数指向的目录，获取文件列表。

5）加载模板文件，展示文件信息。

9.4.3 案例实现

1. 限定 PHP 程序访问的文件范围

为了避免用户恶意篡改、获取或泄露服务器的内容，需要限定 PHP 程序只能访问其所在的目录，通过修改 PHP 配置文件中的 open_basedir 选项可以实现该功能。PHP 中提供了 ini_set( ) 函数设置配置文件中的选项值，该函数接收两个参数：选项名和选项值。编写 fileManager. php 文件，限制用户访问的文件范围，实现代码如下。

```
//限制 PHP 程序只能访问其所在的目录
ini_set('open_basedir',__DIR__);
```

在上述代码中，“__DIR__” 是 PHP 中的魔术常量，表示当前运行的脚本文件所在的目录。

2. 判断路径的合法性

由于路径参数是通过 GET 方式传递的，用户可以轻易地修改，所以需要判断该参数的合法性。PHP 提供的 is_file( ) 和 is_dir( ) 函数可以判断指定路径是否是一个常规文件或目录。继续编写 fileManager. php 文件，获取并判断路径参数，实现代码如下。

```
$path =isset($_GET['path']) ?$_GET['path'] : '.';      //获取文件路径参数
$file = '';                                            //保存待处理文件名
//判断文件路径是否存在
if (is_file($path)) {
    $file =basename($path);                            //取出路径中的文件名
    $path =dirname($path);                             //取出路径中的目录
} else if (!is_dir($path)) {                         //如果既不是文件也不是目录,则停止程序
    die('文件路径参数是无效的');
}
```

在上述代码中，如果路径指向文件，则$file 不为空，如果指向目录，则$file 为空。dirname( ) 函数用于获取指定路径中的目录部分。

3. 获取文件列表

在 PHP 中对目录下的文件进行管理，需要先打开目录，然后再对其进行操作。通过 opendir( )、readdir( ) 和 closedir( ) 函数可以实现该功能。继续编写 fileManager. php 文件，获取文件列表，实现代码如下。

```
$handle =opendir($path);                                    //打开目录
$fileList = array('dir'=>array(), 'file'=>array());
//循环遍历文件列表
while (($filename =readdir($handle)) !== false) {
  if ($filename != '.' && $filename != '..'){               //排除当前目录和父级目录
    $filepath = "$path/$filename";                          //拼接文件路径
    $fileType = filetype($filepath);                        //获取文件类型
    if (!in_array($fileType, array('file', 'dir'))) {       //如果既不是文件也不是目录,
                                                            //则跳过
      continue;
    }
    //将文件或目录信息保存到数组中
    $fileList[$fileType][] = array(
      'filename' =>$filename,
      'filepath' =>$filepath,
      'fileSize' =>$fileType == 'file' ? round(filesize($filepath)/1024) : '',
      'fileMtime' => date('Y/m/d H:i:s',filemtime($filepath)),
    );
  }
}
closedir($handle);                                          //关闭文件句柄
```

4. 展示文件列表

获取到文件列表数据后，编写模板文件 fileManager. html 展示$fileList 保存的文件信息，部分代码如下。

```
<!--文件列表 -->
<table>
  <tr><th>名称</th><th>修改日期</th><th>大小</th><th>操作</th></tr>
  <!--循环输出目录列表 -->
  <?php foreach($fileList['dir'] as $v): ?>
  <tr>
    <td>
      <a href="?path=<?php echo $v['filepath'];?> "><?php echo $v['filename']; ?>
         </a>
    </td>
    <td><?php echo $v['fileMtime']; ?></td>
    <td>-</td><td><a href="?path=<?php echo $v['filepath'];?> ">打开</a></td>
  </tr>
  <?php endforeach; ?>
  <!--循环输出文件列表 -->
  <?php foreach($fileList['file'] as $v): ?>
  <tr>
    <td><?php echo $v['filename']; ?></td><td><?php echo $v['fileMtime']; ?></td>
    <td><?php echo $v['fileSize']; ?> KB</td>
    <td><a href="">重命名</a><a href="">复制</a><a href="">删除</a><a href="">
下载</a></td>
  </tr>
```

```
  <?php endforeach; ?>
</table>
```

在上述代码中，目录的打开操作需要传递 path 参数，它是对应目录的路径，单击“打开”会展示该目录下的文件列表。在 fileManager. php 文件中加载模板文件 fileManager. html 后，运行 fileManager. php，效果如图 9-3 所示。单击 test 目录的“打开”操作，效果如图 9-4 所示。

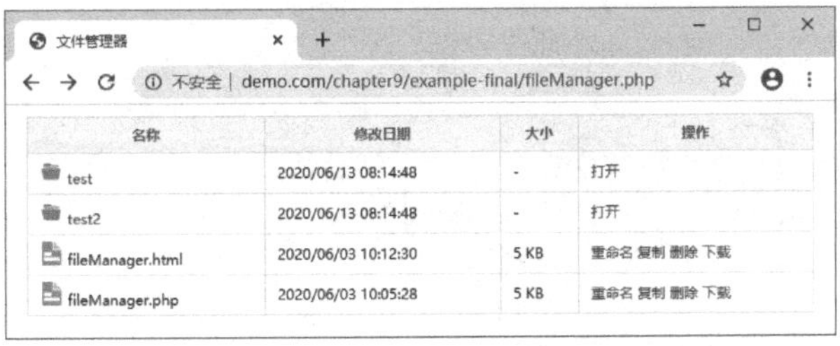

文件管理器
不安全 | demo.com/chapter9/example-final/fileManager.php

名称	修改日期	大小	操作
test	2020/06/13 08:14:48	-	打开
test2	2020/06/13 08:14:48	-	打开
fileManager.html	2020/06/03 10:12:30	5 KB	重命名 复制 删除 下载
fileManager.php	2020/06/03 10:05:28	5 KB	重命名 复制 删除 下载

图 9-3　当前脚本所在目录的文件列表

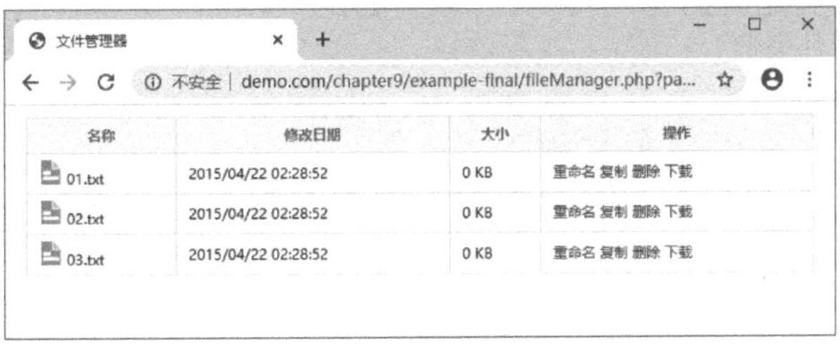

文件管理器
不安全 | demo.com/chapter9/example-final/fileManager.php?pa...

名称	修改日期	大小	操作
01.txt	2015/04/22 02:28:52	0 KB	重命名 复制 删除 下载
02.txt	2015/04/22 02:28:52	0 KB	重命名 复制 删除 下载
03.txt	2015/04/22 02:28:52	0 KB	重命名 复制 删除 下载

图 9-4　根据路径参数展示文件列表

5. 实现返回上一级目录的功能

添加返回上一级目录的链接，可以方便用户切换目录，首先修改 fileManager. html 文件，在文件列表前添加链接，实现代码如下。

```
<a href="?path=<?php echo $path;?>&action=prev">返回上一级目录</a>
```

上述代码中，path 参数指定当前文件的路径，action 参数标识操作类型。接下来修改 fileManager. php 文件，在获取文件列表之前添加如下代码。

```
$action =isset($_GET['action']) ?$_GET['action'] : '';    //获取操作参数
switch ($action) {
    case 'prev':     //返回上级目录
        $path =dirname($path);
        break;
}
```

上述代码中，通过 switch 语句对 action 参数值进行判断，然后决定执行何种操作。当 action 的值为“prev”时，表示返回上一级目录。通过 dirname( )函数获取上一级目录的路径，重新赋值给$path，接下来的代码会根据$path 来获取文件列表。

6. 实现文件的复制、删除和下载功能

首先修改 fileManager. html 文件，添加文件操作的链接，代码如下。

```
<a href="?path=<?php echo $v['filepath'] ?>&action=rename">重命名</a>
<a href="?path=<?php echo $v['filepath'] ?>&action=copy">复制</a>
<a href="?path=<?php echo $v['filepath'] ?>&action=del">删除</a>
<a href="?path=<?php echo $v['filepath'] ?>&action=download">下载</a>
```

上述代码中，文件操作传递两个参数：path 和 action，path 表示当前文件的路径，action 表示操作类型。然后修改 fileManager. php 文件，添加 switch 语句的 case 项处理相关操作，代码如下。

```
case 'del':                          //删除
  if ($file) {
    unlink("$path/$file");
  }
  break;
case 'copy':                         //复制
  if ($file) {
    if (file_exists("$path/$file.bak")) {
      die('文件名冲突,复制失败');
    }
    if (!copy("$path/$file", "$path/$file.bak")) {
      die('复制文件失败!');
    }
  }
  break;
case 'download':                     //下载
  if ($file) {
   $fileSize = filesize("$path/$file");
   //设置响应头部
   header('Content-type: application/octet-stream');
   header("Content-Disposition:attachment;filename=$file");
   header('Content-Length: '.$fileSize);
   readfile("$path/$file");//读取并输出文件内容
   die;
  }
  break;
```

上述代码中，执行删除、复制或下载操作之前先判断操作对象是否为文件，如果是则向下执行相应操作。

7. 实现文件重命名功能

用户重命名文件时，需要输入文件的新名称，修改 fileManager. html 文件，在“返回上一级目录”前面添加重命名表单，代码如下。

```
<?php if ($action == 'rename'):?>
<form method="post">
  <div>
    <div>
      <label for="newName">将<span><?php echo $file;?></span>重命名为:</label>
      <input type="text" value="<?php echo $file;?>" name="newName" />
    </div>
    <input type="submit" value="确定" />
  </div>
```

```
    </form>
  <?php endif; ?>
```

上述代码中，先判断当前操作是否为重命名，只有在重命名文件时才显示该表单。修改 fileManager. php 文件，继续为 switch 语句添加 case 项实现重命名功能，代码如下。

```
case 'rename':                                          //重命名
  if (!empty($_POST)) {
    $newName = isset($_POST['newName']) ? trim($_POST['newName']) : '';
    //如果文件存在,进行重命名操作
    if ($file && $newName) {
      //判断文件新名称是否已存在于该目录
      if (file_exists("$path/$newName")) {
        die('目标目录下该文件已存在');
      }
      rename("$path/$file","$path/$newName");
    }
    header('Location:?path='.$path);          //重命名完成后跳转
    die;
  }
  break;
```

在对文件重命名之前，先判断用户是否提交了重命名表单数据，如果有提交，则使用 rename( )函数对文件进行重命名。需要注意的是，在对文件重命名后，需要利用 header( )函数进行跳转，并且执行 die 函数结束脚本执行。

8. 实现新建文件夹功能

在操作目录时，经常会新建文件夹和上传文件。修改 fileManager. html 文件，在重命名表单的前面添加新建文件夹和上传文件的按钮和表单，代码如下。

```
<div>
  <a href="?action=mkDir&path=<?=$path ?>">新建文件夹</a>
  <a href="?action=upload&path=<?=$path ?>">上传文件</a>
</div>
<!--创建文件夹-->
<?php if ($action == 'mkDir') : ?>
<form method="post">
  <div>
    <p><label for="newDir">新建文件夹:</label><input type="text" name="newDir"
/></p>
    <input type="submit" value="创建" />
  </div>
</form>
<?php endif; ?>
<!--上传文件-->
<?php if ($action == 'upload') : ?>
<form method="post" enctype="multipart/form-data">
  <div>
    <p><label for="file">上传文件:</label><input type="file" name="file"></p>
    <input type="submit" value="上传" />
```

```
    </div>
  </form>
  <?php endif; ?>
```

修改 fileManager. php 文件，继续为 switch 语句添加 case 项实现新建文件夹和上传文件的功能，代码如下。

```
case 'mkDir':                                    //新建文件夹
  if (isset($_POST['newDir'])) {
    $newDir = isset($_POST['newDir']) ? trim($_POST['newDir']) : '';
    if (!$newDir) {
      die('新建文件夹失败,文件夹名不能为空');
    }
    if (is_dir("$path/$newDir")) {
      die('新建文件夹失败,文件夹已存在');
    }
    mkdir("$path/$newDir")
    header('Location:?path='.$path);  //新建文件夹后跳转
    die;
  }
  break;
case 'upload':                                   //处理上传文件
  if (isset($_FILES['file'])) {
    $uploadFile = $_FILES['file'];
    //判断上传过程是否出现错误
    if ($uploadFile['error'] > 0) {
      die('文件上传失败!错误代码:'.$uploadFile['error']);
    }
    $filename = $uploadFile['name'];
    if (is_file("$path/$filename")) {
      die('文件已存在,上传失败');
    }
    //保存文件到指定目录
    if(!move_uploaded_file($uploadFile['tmp_name'], "$path/$filename")){
      die('文件上传失败');
    }
    header('Location:?path='.$path);     //文件上传后跳转
    die;
  }
  break;
```

9.5 实践操作

使用文件相关操作函数实现如图 9-5 所示的“网络云盘”系统。该系统通过数据库保存文件和目录信息，主要实现以下功能。

1）展示当前的网盘信息。

2）在当前目录下创建文件夹。

3）上传和下载文件，其中上传文件保存在服务器中。

4）删除文件或目录。

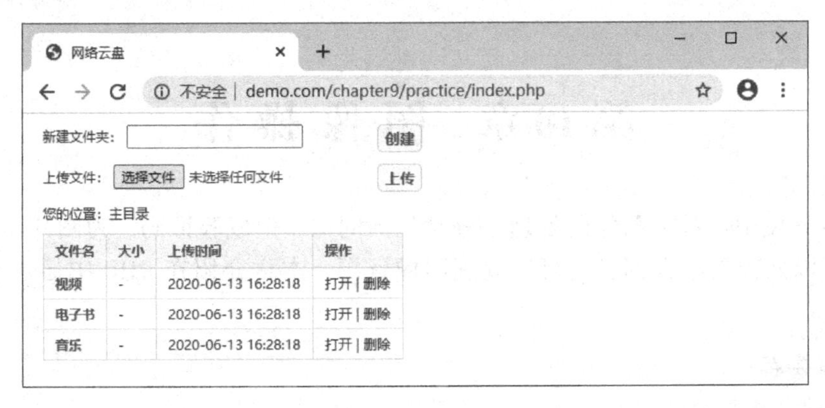

图 9-5　网络云盘

第 10 章　图像操作

在 Web 开发中，对于图像的处理十分常见，例如，生成验证码、为图片添加水印等。PHP 不仅可以处理文本数据，还可以处理图像资源，本章介绍在 PHP 中通过 GD 库操作图像。

本章要点

- 画布的创建和输出
- 文本与图形的绘制
- 图像的基本操作

10.1　GD 库的使用

GD 库是 PHP 处理图像的内置扩展库，它提供了一系列处理图像的函数。不同版本的 GD 库支持的图像格式不完全相同，最新的 GD2 扩展库不仅支持 GIF、JPEG、PNG、XBM 等格式的图像文件，还支持 FreeType、Type1 等字体库。

在 PHP 中使用 GD2 扩展库，需要在 PHP 配置文件 php. ini 中开启 GD2 扩展。首先打开 php. ini 文件，找到“;extension=php_gd2. dll”，删除前边的分号“;”，然后保存修改后的 php. ini 文件，重启 Apache 服务。通过输出 phpinfo( ) 函数的返回信息可以查看 GD 库是否开启成功。

本节介绍 GD 库的基本使用，主要包括创建画布、绘制文本、绘制图像以及输出图像等操作。

10.1.1　创建画布

PHP 中使用 GD 库对图像的所有操作都是基于画布进行的，因此，在使用 PHP 处理图像前，需要先创建画布，也就是图像资源。PHP 提供了多种创建画布的方式，可以创建一个空白画布，也可以基于图片创建画布。常用的创建画布的函数如表 10-1 所示。

表 10-1　创建画布的常用函数

函数名	功能描述
resource imagecreate(int $width, int $height)	创建一幅基于调色板的图像
resource imagecreatetruecolor(int width, int height)	创建一幅真彩色图像
resource imagecreatefromjpeg(string $filename)	从 JPEG 文件或 URL 新建一幅图像
resource imagecreatefromgif(string $filename)	从 GIF 文件或 URL 新建一幅图像
resource imagecreatefrompng(string $filename)	从 PNG 文件或 URL 新建一幅图像

表 10-1 中的函数如果执行成功返回图像资源，代表一幅空白图像或从给定文件名取得的图像，失败则返回 false。

imagecreate()和 imagecreatetruecolor()函数可以创建一个指定大小的空白画布，但是各自能够容纳颜色的总数不同。imagecreate()函数可以创建一幅基于普通调色板的图像，通常支持 256 色。而 imagecreatetruecolor()函数可以创建一幅真彩色图像，它不支持 GIF 格式。

基于已有图片创建画布时需要根据图片的类型选择函数，表 10-1 中的 imagecreatefromjpeg()、imagecreatefromgif()和 imagecreatefrompng()函数都可以根据指定的图片路径创建一个图像资源，分别用于 JPEG、GIF 和 PNG 格式的图像。

使用示例如下。

```
<?php
//创建一个宽 200、高 60 的画布
$img = imagecreate(200, 60);
//创建一个宽 200、高 60 的真彩色画布
$img = imagecreatetruecolor(200, 60);
//基于 image.jpg 图片创建一个画布
$img = imagecreatefromjpeg('./image.jpg');
//基于 image.png 图片创建一个画布
$img = imagecreatefrompng('./image.png');
//基于 image.gif 图片创建一个画布
$img = imagecreatefromgif('./image.gif');
?>
```

10.1.2 设置颜色

在 PHP 中处理图像时，需要设置颜色，就像在画画时需要使用调色板一样。PHP 提供了 imagecolorallocate()函数为图像设置颜色，如果需要设置多种颜色，只需多次调用该函数即可，其语法格式如下。

```
int imagecolorallocate (resource $image, int $red, int $green, int $blue)
```

该函数如果执行成功返回由给定 RGB 成分组成颜色的标识符，失败则返回-1。函数的参数说明如表 10-2 所示。

表 10-2 imagecolorallocate()函数的参数说明

参　数	说　明
image	必选，指定图像资源
red	必选，指定红颜色的成分，取值范围为 0~255 或十六进制的 0x00~0xFF
green	必选，指定绿颜色的成分，取值范围为 0~255 或十六进制的 0x00~0xFF
blue	必选，指定蓝颜色的成分，取值范围为 0~255 或十六进制的 0x00~0xFF

注意，如果是使用 imagecreate()函数创建的画布，第一次调用 imagecolorallocate()函数时会给基于调色板的图像填充背景色。

imagecolorallocate()函数的使用示例如下。

```
<?php
$img = imagecreatetruecolor(200, 60);          //创建一个宽 200、高 60 的真彩色画布
```

```
$bgColor =imagecolorallocate($img, 255, 255, 255);   //为画布分配颜色
$img2 = imagecreate(200, 60);                        //创建一个宽 200、高 60 的画布
$bgColor2 =imagecolorallocate($img2, 255, 255, 255); //为画布设置背景色
?>
```

10.1.3 输出和销毁图像

在完成图像资源的处理后，一般会将图像输出到浏览器或者保存到文件中。在 PHP 中，提供了一些函数可以将动态绘制完成的画布直接生成 GIF、JPEG、PNG 和 WBMP 四种图像格式，输出图像的常用函数如表 10-3 所示。

表 10-3 输出图像的常用函数

函 数 名	功 能 描 述
bool imagegif(resource $image[, string $filename])	以 GIF 格式将图像输出
bool imagejpeg(resource $image[, string $filename[, int $quality]])	以 JPEG 格式将图像输出
bool imagepng(resource $image[, string $filename])	以 PNG 格式将图像输出
bool imagewbmp(resource $image[, string $filename[, int $foreground]])	以 WBMP 格式将图像输出

表 10-3 中四个函数的使用方法很相似，第一个参数 image 是由图像创建函数返回的图像资源，为必选参数。第二个参数 filename 指定文件保存的路径，为非必传项。如果传递该参数，则会将图像保存到指定路径；如果不传递或为 NULL，则直接将图像输出，并在浏览器中展示图像。需要注意的是，如果将图像输出到浏览器，一定要在输出之前使用 header( ) 函数发送头消息，通知浏览器使用正确的 MIME 类型解析内容。

imagejpeg( ) 函数的第三个可选参数 quality 指定图像的质量，取值范围为 0（最差质量，文件更小）到 100（最佳质量，文件最大），默认值为 75。imagewbmp( ) 函数的第三个可选参数 foreground 指定图像的前景颜色，其值为 imagecolorallocate( ) 函数返回的颜色标识，默认为黑色。

以 imagegif( ) 函数为例，示例如下。

```
<?php
//创建一个宽 200、高 60 的画布
$img = imagecreate(200, 60);
//为画布设置背景色
imagecolorallocate($img, 255, 255, 255);
//发送响应头
header('Content-type: image/gif');
//输出图像到浏览器
imagegif($img);
?>
```

如果图像资源不再使用，一般会将其销毁以释放内存。PHP 中提供的 imagedestroy( ) 函数可以销毁图像资源，其语法格式如下。

```
bool imagedestroy (resource $image)
```

该函数接收一个图像资源作为参数，如果执行成功返回 true，失败则返回 false。

10.1.4 绘制文本

10.1.4 绘制文本

在图像中绘制文本是软件开发中常用的功能，例如，验证码、文字水印等。PHP 不仅支持比较多的字体库，而且提供了非常灵活的文字绘制方法，通过 imagestring()、imagestringup()、imagechar() 以及 imagecharup() 等函数可以使用 PHP 内置字体将文本绘制到图像中。通过 imagettftext() 函数可以使用 TrueType 字体向图像写入文本，TrueType 字体是一种可以缩放的、与设备无关的字体。

1. imagestring() 函数

imagestring() 函数用来在画布上水平地绘制一行字符串，其语法格式如下。

```
bool imagestring (resource$image, int$font, int$x, int$y, string$s, int$color )
```

该函数如果执行成功返回 true，失败则返回 false。函数的参数说明如表 10-4 所示。

表 10-4 imagestring() 函数的参数说明

参　数	说　明
image	必选，指定要绘制文本的画布
font	必选，指定文字字体标识符，如果 font 是 1、2、3、4 或 5，则使用内置字体
x	必选，指定绘制文本位置的 x 坐标
y	必选，指定绘制文本位置的 y 坐标
s	必选，指定要绘制的文本
color	必选，指定文本的颜色

imagestring() 函数的使用示例如下。

```
<?php
$img = imagecreate(200, 60);                          //创建一个宽 200、高 60 的画布
imagecolorallocate($img, 255, 255, 255);              //为画布设置背景色
$textColor = imagecolorallocate($img, 255, 0, 0);     //设置字体颜色
imagestring($img, 5, 80, 25, 'test', $textColor);     //绘制文本
header('Content-type: image/gif');                    //发送响应头
imagegif($img);                                       //输出图像到浏览器
?>
```

2. imagestringup() 函数

imagestringup() 函数用来在画布上垂直地绘制一行字符串，其语法格式如下。

```
bool imagestringup (resource$image, int$font, int$x, int$y, string$s, int$col-
or)
```

该函数用 color 颜色将字符串 s 垂直地绘制到 image 所代表的图像的（x，y）坐标处，如果执行成功返回 true，失败则返回 false。imagestringup() 函数的参数和 imagestring() 函数一致，参数说明可以参考表 10-4。

3. imagechar() 函数

imagechar() 函数用来在画布上水平地绘制一个字符，其语法格式如下。

```
bool imagechar (resource$image, int$font, int$x, int$y, string$c, int$color)
```

该函数如果执行成功返回 true，失败则返回 false。函数的参数说明如表 10-5 所示。

表 10-5　imagechar( )函数的参数说明

参　数	说　明
image	必选，指定要绘制文本的画布
font	必选，指定文字字体标识符，如果 font 是 1，2，3，4 或 5，则使用内置字体
x	必选，指定绘制字符位置的 x 坐标
y	必选，指定绘制字符位置的 y 坐标
c	必选，指定要绘制的字符
color	必选，指定字符的颜色

imagechar( )函数的使用示例如下。

```
<?php
$img = imagecreate(200, 60);                              //创建一个宽 200、高 60 的画布
imagecolorallocate($img, 255, 255, 255);                  //为画布设置背景色
$textColor = imagecolorallocate($img, 255, 0, 0);         //设置字体颜色
imagechar($img, 5, 80, 40, 't', $textColor);              //绘制字符
header('Content-type: image/gif');                        //发送响应头
imagegif($img);                                           //输出图像到浏览器
?>
```

4. imagecharup( )函数

imagecharup( )函数用来在画布上垂直地绘制一个字符，其语法格式如下。

```
bool imagecharup (resource $image, int $font, int $x, int $y, string $c, int $color)
```

该函数用 color 颜色将字符 c 绘制到 image 所代表的图像的（x,y）坐标处，如果执行成功返回 true，失败则返回 false。imagecharup( )函数的参数和 imagechar( )函数一致，参数说明可以参考表 10-5。

5. imagettftext( )函数

imagettftext( )函数用 TrueType 字体向图像写入文本，其语法格式如下。

```
array imagettftext (resource $image, float $size, float $angle, int $x, int $y, int
$color, string $fontfile, string $text)
```

该函数如果执行成功，则返回一个包含 8 个元素的数组，数组元素分别表示文本外框四个角的坐标，顺序为左下角—右下角—右上角—左上角。这些坐标是相对于文本的，和角度无关，因此“左上角”指的是以水平方向看文字时的左上角；如果执行失败则返回 false。函数的参数说明如表 10-6 所示。

表 10-6　imagettftext ( )函数的参数说明

参　数	说　明
image	必选，指定要绘制文本的画布
size	必选，字体的尺寸。根据 GD 库的版本，为像素尺寸（GD1）或点（磅）尺寸（GD2）
angle	必选，角度制表示的角度，0°为从左向右读的文本。更高数值表示逆时针旋转，例如，90°表示从下向上读的文本
x	必选，x 坐标，由 x，y 所表示的坐标定义了第一个字符的基本点，大概是字符的左下角 这和 imagestring( )函数不同，其 x，y 定义了第一个字符的左上角
y	必选，y 坐标。设定字体基线的位置，不是字符的最底端

（续）

参　数	说　明
color	必选，颜色索引。使用负的颜色索引值具有关闭防锯齿的效果
fontfile	必选，指定使用的 TrueType 字体的路径
text	必选，UTF-8 编码的文本字符串。如果字符串中使用的某个字符不被字体支持，一个空心矩形将替换该字符

imagettftext( )函数的使用示例如下。

```
<?php
$img = imagecreate(200, 60);                          //创建一个宽 200、高 60 的画布
imagecolorallocate($img, 255, 255, 255);              //为画布设置背景色
$textColor = imagecolorallocate($img, 255, 0, 0);     //设置字体颜色
imagettftext($img, 20, 10, 30, 40,$textColor, __DIR__.'/font.ttf', 'test');
                                                                   //绘制文本
header('Content-type: image/gif');                    //发送响应头
imagegif($img);                                       //输出图像到浏览器
?>
```

10.1.5　绘制图像

10.1.5　绘制图像

在 PHP 中，GD 库提供了很多绘制基本图形的函数，通过这些函数可以绘制点、线、面等图形。在 PHP 中绘制图像时，需要根据坐标来确定图像在画布中的位置，画布中的坐标系统如图 10-1 所示。其中画布的左上角为坐标原点（0,0），水平向右为 X 轴正方向，垂直向下为 Y 轴正方向，单位为像素。

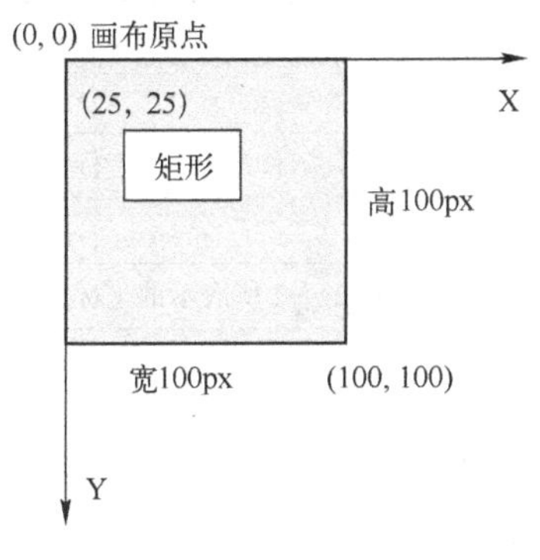

图 10-1　画布坐标系统

下面介绍一些常用的图像绘制函数。

1. imagesetpixel( )函数

imagesetpixel( )函数可以在画布中绘制一个像素点，其语法格式如下。

```
bool imagesetpixel (resource $image, int $x, int $y, int $color)
```

该函数如果执行成功返回 true，并在画布的（x,y）坐标处用 color 颜色绘制一个点，失败则返回 false。函数的参数说明如表 10-7 所示。

表 10-7　imagesetpixel ( ) 函数的参数说明

参　　数	说　　明
image	必选，图像资源
x	必选，x 坐标，由 x，y 所表示的坐标确定了像素点在画布中的位置
y	必选，y 坐标
color	必选，颜色索引

imagesetpixel( ) 函数的使用示例如下。

```
<?php
$img = imagecreate(200, 60);                        //创建一个宽 200、高 60 的画布
imagecolorallocate($img, 255, 255, 255);    //为画布设置背景色
$color =imagecolorallocate($img, 0, 0, 0); //为画布分配颜色
imagesetpixel($img, 10,10,$color);     //使用 color 颜色在画布的(10, 10)处绘制一个点
header('Content-type: image/gif');                  //发送响应头
imagegif($img);                                     //输出图像到浏览器
?>
```

2. imageline( ) 函数

imageline( ) 函数可以在画布中绘制一条线段，其语法格式如下。

```
bool imageline (resource $image, int $x1, int $y1, int $x2, int $y2, int $color)
```

该函数如果执行成功返回 true，并使用 color 颜色从坐标（x1,y1）到（x2,y2）绘制一条线段，如果失败则返回 false。函数的参数说明如表 10-8 所示。

表 10-8　imageline ( ) 函数的参数说明

参　　数	说　　明
image	必选，图像资源
x1	必选，起始点的 x 坐标，由 x1，y1 所表示的坐标确定了线段的开始位置
y1	必选，起始点的 y 坐标
x2	必选，结束点的 x 坐标，由 x2，y2 所表示的坐标确定了线段的结束位置
y2	必选，结束点的 y 坐标
color	必选，颜色索引

imageline( ) 函数的使用示例如下。

```
<?php
$img = imagecreate(200, 60);                        //创建一个宽 200、高 60 的画布
imagecolorallocate($img, 255, 255, 255);    //为画布设置背景色
$color =imagecolorallocate($img, 0, 0, 0);//为画布分配颜色
imageline($img, 40,0, 80, 59,$color);     //使用 color 颜色从(40, 0)到(80, 59)绘制一条线段
header('Content-type: image/gif');                  //发送响应头
imagegif($img);                                     //输出图像到浏览器
?>
```

3. imagerectangle( ) 函数

imagerectangle( ) 函数可以在画布中绘制一个矩形，其语法格式如下。

```
bool imagerectangle (resource $image, int $x1, int $y1, int $x2, int $y2, int $color)
```

该函数如果执行成功返回 true，并会使用 color 颜色在画布中画一个矩形，其左上角坐标为（x1,y1），右下角坐标为（x2,y2），如果失败则返回 false。函数的参数说明如表 10-9 所示。

表 10-9　imagerectangle( ) 函数的参数说明

参　　数	说　　明
image	必选，图像资源
x1	必选，矩形左上角的 x 坐标，由 x1，y1 所表示的坐标确定了矩形左上角的位置
y1	必选，矩形左上角的 y 坐标
x2	必选，矩形右下角的 x 坐标，由 x2，y2 所表示的坐标确定了矩形右下角的位置
y2	必选，矩形右下角的 y 坐标
color	必选，颜色索引

imagerectangle( ) 函数的使用示例如下。

```
<?php
$img = imagecreate(200, 60);                     //创建一个宽 200、高 60 的画布
imagecolorallocate($img, 255, 255, 255);         //为画布设置背景色
$color =imagecolorallocate($img, 0, 0, 0);       //为画布分配颜色
imagerectangle($img, 20,20, 100, 40,$color);     //使用 color 颜色在画布中绘制一个矩形
header('Content-type: image/gif');               //发送响应头
imagegif($img);                                  //输出图像到浏览器
?>
```

4. imageellipse( ) 函数

imageellipse( ) 函数可以在画布中绘制一个椭圆，其语法格式如下。

```
bool imageellipse (resource $image, int $cx, int $cy, int $width, int $height, int $
color)
```

该函数如果执行成功返回 true，并会在指定坐标绘制一个椭圆，如果失败则返回 false。函数的参数说明如表 10-10 所示。

表 10-10　imageellipse ( ) 函数的参数说明

参　　数	说　　明
image	必选，图像资源
cx	必选，椭圆中间的 x 坐标
cy	必选，椭圆中间的 y 坐标
width	必选，椭圆的宽度
height	必选，椭圆的高度
color	必选，颜色索引

imageellipse( ) 函数的使用示例如下。

```
<?php
$img = imagecreate(200, 60);                      //创建一个宽 200、高 60 的画布
imagecolorallocate($img, 255, 255, 255);          //为画布设置背景色
$color =imagecolorallocate($img, 0, 0, 0);        //为画布分配颜色
imageellipse($img, 100,30, 100, 40,$color);       //使用 color 颜色在画布中绘制一个椭圆
header('Content-type: image/gif');                //发送响应头
imagegif($img);                                   //输出图像到浏览器
?>
```

5. imagefill( )函数

imagefill( )函数可以对画布的区域进行颜色填充，其语法格式如下。

```
bool imagefill (resource $image, int $x, int $y, int $color)
```

该函数如果执行成功返回 true，并在画布的坐标（x,y）处用 color 颜色执行区域填充，也就是与（x,y）点颜色相同且相邻的点都会被填充，如果失败则返回 false。

imagefill( )函数的使用示例如下。

```
<?php
$img = imagecreatetruecolor(200, 60);               //创建一个宽 200、高 60 的真彩色画布
$color =imagecolorallocate($img, 255, 0, 0);        //为画布分配颜色
imagefill($img, 0, 0,$color);                       //使用 color 颜色填充画布的整个区域
header('Content-type: image/gif');                  //发送响应头
imagegif($img);                                     //输出图像到浏览器
?>
```

10.2 案例：验证码

10.2 案例：验证码

在注册、登录网站时，为了提高网站的安全性，避免恶意攻击，经常需要输入各种各样的验证码。验证码是为了防止攻击者利用机器人自动批量注册或用特定程序通过暴力破解方式不断地登录、灌水等。通常情况下，验证码是图片中的一个字符串，用户需要识别其中的有效信息，才能正常注册或登录。本节详细介绍验证码生成和验证的设计与实现。

10.2.1 案例呈现

本节使用 GD 库的基本函数实现如图 10-2 所示的用户登录页面的“验证码”案例。在案例中主要实现以下功能。

1）使用 PHP 图像技术生成验证码图片。

2）通过 img 标签展示验证码图片。

3）通过 session 技术验证用户提交的验证码。

4）使用 JavaScript 技术在不刷新页面的情况下，更新验证码。

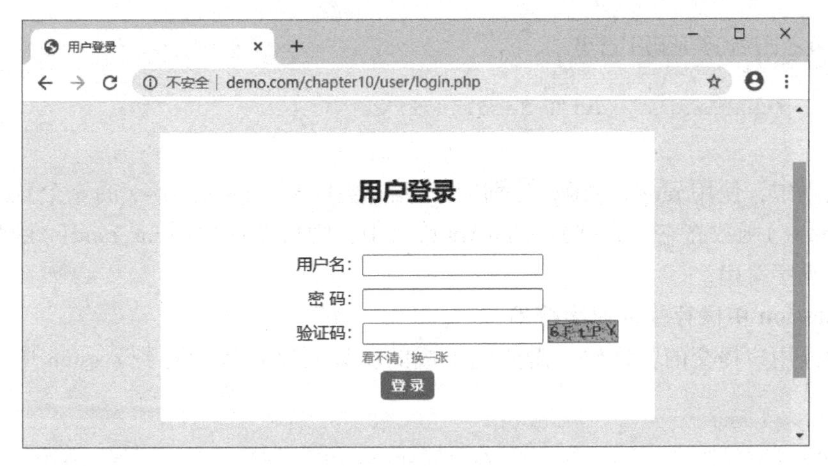

图 10-2　用户登录页面

10.2.2　案例分析

在本案例中首先需要生成验证码图片，然后编写用户登录页面，最后对用户提交的验证码进行验证。根据案例的功能描述，可以将该案例的实现分为以下几个步骤。

1）随机生成一个验证码字符串，该字符串由 A~Z、a~z 和 1~9 组成。

2）将验证码字符串保存到 session 中。

3）在画布上绘制验证码字符串，并且绘制一些干扰元素。

4）输出图像。

5）加载模板文件，展示表单信息。

6）验证用户输入的验证码。

10.2.3　案例实现

1. 初始化变量

验证码是由背景颜色、干扰元素和验证码字符串组成的一张图片。在生成验证码之前，需要设置验证码图片的宽度和高度，以及验证码字符串的长度和字体大小。编写 captcha.php 文件，设置初始化变量，代码如下。

```
$imgWidth = 70;          //初始化验证码图片的宽
$imgHeight = 22;         //初始化验证码图片的高
$charLen = 5;            //初始化码值的长度
$fontSize = 5;           //初始化验证码字体大小
```

2. 生成验证码字符串

通过数组函数可以从 A~Z、a~z 和数字 1~9 中随机获取指定个数的字符。继续编写 captcha.php 文件，获取验证码字符串，代码如下。

```
$code = '';              //保存验证码字符串
//生成字符集数组,不需要 0,避免与字母 o 冲突
$charArr = array_merge(range(1, 9), range('A', 'Z'), range('a', 'z'));
$endIndex = count($charArr) - 1;
```

```
//获取指定长度的验证码字符串
for ($i = 0;$i <$charLen;$i++) {
  $code.= $charArr[mt_rand(0,$endIndex)];
}
```

上述代码中，使用 range( ) 函数分别创建了包含 1~9、A~Z、a~z 的 3 个数组，并且使用 array_merge( ) 函数将它们合并到$charArr 数组中，随后循环使用 mt_rand( ) 函数生成随机数获取验证码字符串。

3. 在 session 中保存验证码字符串

为了验证用户提交的验证码，需要将生成的验证码字符串保存到 session 中，实现代码如下。

```
session_start();                    //启动会话
$_SESSION['captcha'] = $code;       //将验证码字符串保存到 session 中
```

4. 创建画布并填充背景色

通过 PHP 中的 imagecreatetruecolor( ) 函数可以创建一个指定大小的空白画布，并且可以通过 imagefill( ) 函数为其填充背景色。继续编写 captcha. php 文件，代码如下。

```
$img = imagecreatetruecolor($imgWidth,$imgHeight);     //创建一个空白画布
$bgColor =imagecolorallocate($img,200,200,200);        //为画布分配颜色
imagefill($img, 0, 0,$bgColor);                        //填充背景色
```

5. 绘制验证码字符串

通过调用 PHP 提供的绘制文本函数可以将验证码字符串绘制到画布中。继续编写 captcha. php 文件，代码如下。

```
//设置字符串颜色
$strColor = imagecolorallocate($img, mt_rand(0, 100), mt_rand(0, 100),mt_rand
(0, 100));
for ($i = 0;$i <$charLen;$i++) {
  //设定字符串位置
  $x = floor($imgWidth /$charLen) * $i + 3;
  $y = rand(0, 5);
  imagechar($img,$fontSize,$x,$y,$code[$i],$strColor);
}
```

上述代码中，为了使验证码字符串尽量分散均匀，每次只绘制一个字符。

6. 绘制干扰元素和边框

在实际应用中，验证码图片中经常会有一些点、线作为干扰元素以增加恶意程序自动识别验证码的难度，增强程序安全性。PHP 提供的 imagesetpixel( ) 函数和 imageline( ) 函数分别可以在画布上绘制一个像素点和一条线段。为了使验证码图片更加清晰，可以使用 imagerectangle( ) 函数为画布绘制边框。继续编写 captcha. php 文件，代码如下。

```
//绘制一些干扰像素点
for($i = 0;$i < 300;$i++) {
  //为画布分配随机颜色
  $color =imagecolorallocate($img, mt_rand(0, 255), mt_rand(0, 255),mt_rand(0,
255));
  imagesetpixel($img, mt_rand(0,$imgWidth), mt_rand(0,$imgHeight),$color);
```

```
}
//绘制一些干扰线段
for($i = 0;$i < 10;$i++) {
 $color =imagecolorallocate($img, mt_rand(0, 255), mt_rand(0, 255),mt_rand(0,
255));
  //在$img 图像上随机画一条直线
  imageline(
   $img,
   mt_rand(0,$imgWidth - 1), 0,
   mt_rand(0,$imgWidth - 1),$imgHeight,
   $color
  );
}
//为画布绘制矩形边框
$rectColor = imagecolorallocate($img, 150, 150, 150);
imagerectangle($img, 0, 0,$imgWidth - 1,$imgHeight - 1,$rectColor);
```

上述代码中，绘制了 300 个点和 10 条线段作为干扰元素，并且线段的起始和结束位置分别在画布的上下两条边上。

7. 输出验证码图片

验证码绘制完成后，需要将验证码输出为一个图片，PHP 中提供的 imagepng( ) 函数可以输出 PNG 类型的图片。继续编写 captcha. php 文件，代码如下。

```
header('Content-Type: image/png');
imagepng($img);          //输出图片
imagedestroy($img);      //销毁画布
```

上述代码中，在输出图片之前通过响应头部告诉浏览器要输出图片的格式，并且在输出图片之后销毁图像资源以释放内存资源。

8. 编写用户登录页面

创建 login. html 文件，在文件中编写用户登录表单，部分代码如下。

```
<form action="login.php" method="post">
  <div>
    <label for="username">用户名:</label>
    <div><input type="text" name="username"/></div>
  </div>
  <div>
    <label for="password">密 码:</label>
    <div><input type="password" name="password" /></div>
  </div>
  <div class="box">
    <label for="captcha">验证码:</label>
    <div>
      <input type="text" name="captcha" />
      <img src="captcha.php" alt="验证码图片" id="captcha_img"/>
      <a href="#" id="change">看不清,换一张</a>
    </div>
  </div>
  <div class="center"><input type="submit" value="登 录" class="login_btn" />
</div>
```

```
</form>
<script>
    var change = document.getElementById("change");
    varimg = document.getElementById("captcha_img");
    change.onclick = function(){
        //增加一个随机参数,防止图片缓存
        img.src = "captcha.php?t = "+Math.random();
        return false; //阻止超链接默认的跳转动作
    }
</script>
```

上述代码中，<img>标签用于显示 captcha. php 文件中生成的验证码图片，并且通过 JavaScript 实现不刷新页面更换验证码。

9. 验证用户输入的验证码

当用户提交登录信息到 login. php 后，在 login. php 文件中可以接收并处理用户的登录信息。其中，关于用户名和密码的验证可以参考第 8 章案例“用户登录”，这里不再赘述。编写 login. php 文件，实现验证码的验证，代码如下。

```
header("Content-Type:text/html;charset=utf-8");
session_start();                                    //开启 session
if(!empty($_POST)){                                 //判断是否有表单提交
   //获取用户输入的验证码
  $code =isset($_POST['captcha']) ? trim($_POST['captcha']) : '';
   if(empty($_SESSION['captcha'])){                 //判断 session 中是否存在验证码
     die('验证码已过期,请重新登录!');
   }
   //比较用户提交的验证码和 session 中是否相同,忽略大小写
   if (strtolower($code) == strtolower($_SESSION['captcha'])){
     die '验证码正确';
   } else{
     echo('验证码错误,请重新输入');
   }
   unset($_SESSION['captcha']);    //清除 session 中保存的验证码
}
require './login.html';
```

上述代码中，在比较验证码之前先判断 session 中是否保存了验证码。并且为了安全考虑，在验证完成后，需要清除 session 中的验证码信息。

10.3 图像的基本操作

前面介绍的一些 GD 库操作都是动态绘制图像，而在 Web 开发中，经常会对一些已存在的图片进行缩放、添加水印和裁剪等。本节介绍图像的一些基本操作，主要包括图像的缩放、旋转和添加水印等。

10.3.1 图片缩放

10. 3. 1 图片缩放

图像是网站中的重要内容，为了节省存储空间，并提高

浏览和下载速度，网站对于上传的大图片会缩放成小图片，生成大小统一的缩略图。在PHP中缩放图片的主要步骤为：获取源图像大小、计算缩放图片大小、创建画布和生成缩放图片。其中会使用getimagesize()和imagecopyresampled()函数。

getimagesize()函数可以获取图像的大小，其语法格式如下。

```
array getimagesize ( string $filename [, array &$imageinfo ] )
```

该函数接收文件路径作为参数，如果执行成功则返回一个数组，键值0给出的是图像宽度的像素值；键值1给出的是图像高度的像素值；键值2给出的是图像类型的标记；键值3给出的是一个文本字符串，内容为“height="yyy" width="xxx"”，可直接用于img标签；键值bits给出的是图像的每种颜色的位数，二进制格式；键值channels给出的是图像的通道值，RGB图像默认是3；键值mime给出的是图像的MIME信息。如果失败则返回false。

getimagesize()函数的使用示例如下。

```
list($width,$height) =getimagesize('./image.jpg');
```

imagecopyresampled()函数可以复制部分图像并调整大小，其语法格式如下。

```
bool imagecopyresampled ( resource $dst_image , resource $src_image , int $dst_x ,
int $dst_y , int $src_x , int $src_y , int $dst_w , int $dst_h , int $src_w , int $src_h
)
```

该函数如果执行成功则返回true，并会将src_image中的一块矩形区域复制到dst_image中，平滑地插入像素值，如果源和目标的宽度和高度不同，则会进行相应的图像收缩或拉伸，如果失败则返回false。函数的参数说明如表10-11所示。

表10-11　imagecopyresampled()函数的参数说明

参　数	说　明
dst_image	必选，目标图像资源
src_image	必选，源图像资源
dst_x	必选，目标x坐标，由dst_x，dst_y所表示的坐标确定了复制区域在目标图像中的位置，坐标为左上角
dst_y	必选，目标y坐标
src_x	必选，源的x坐标，由src_x，src_y所表示的坐标确定了复制区域的位置，坐标为左上角
src_y	必选，源的y坐标
dst_w	必选，目标宽度
dst_h	必选，目标高度
src_w	必选，源图像的宽度
src_h	必选，源图像的高度

图片缩放的代码如下。

```
?php
$maxWidth = 200;                                    //缩放后图片的最大宽高
$maxHeight = 60;
```

```
$imgPath = './image.jpg';
list($srcWidth,$srcHeight) = getimagesize($imgPath);           //获取源图像宽高
if ($maxWidth/$srcWidth > $maxHeight/$srcHeight) {             //计算缩放比例
    $scale = $maxHeight/$srcHeight;
} else {
    $scale = $maxWidth/$srcWidth;
}
//计算缩放后尺寸
$destWidth = floor($scale * $srcWidth);
$destHeight = floor($scale * $srcHeight);
$srcImg = imagecreatefromjpeg($imgPath);                       //创建源图像资源
$destImg = imagecreatetruecolor($destWidth,$destHeight);       //创建目标图像资源
imagecopyresampled($destImg,$srcImg, 0, 0, 0, 0,$destWidth,$destHeight,$src-
Width,$srcHeight);                                             //等比例缩放图片
header('Content-type: image/jpeg');
imagejpeg($destImg);                                           //输出图像
?>
```

上述代码中，首先根据缩放前后的图像尺寸确定缩放比例，然后对图像进行等比例缩放。

10.3.2 图片裁剪

图片裁剪是指在一个大背景图片中剪切出一张指定区域的图片，经常会在设置个人头像时使用。图片裁剪和图片缩放的原理相似，也可以通过 imagecopyresampled( )函数来实现。

图片裁剪的代码如下。

```
<?php
$imgPath = './image.jpg';
$width = 400;                                          //裁剪后图片的宽高
$height = 200;
$x = 50;                                               //裁剪位置
$y = 50;
$srcImg = imagecreatefromjpeg($imgPath);               //创建图像资源
$destImg = imagecreatetruecolor($width,$height);       //创建保存裁剪后图片的资源
//裁剪图片
imagecopyresampled($destImg, $srcImg, 0, 0, $x, $y, $width, $height, $width,
$height);
header('Content-type: image/jpeg');
imagejpeg($destImg);                                   //输出图像
?>
```

上述代码中，从源图片的（x,y）坐标处剪切出了一块指定大小的区域并输出到浏览器。

10.3.3 添加水印

10.3.3 添加水印

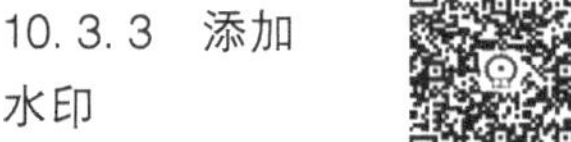

为避免网站中的图片被他人盗用，经常需要在图片中添加水印以确定版权。制作水印可以使用文字或图片，由于可以通过一些软件美化图片，所以图片水印的效果会更好一些。

使用文字制作水印，只需要在图片上绘制一些文字即可，可参考绘制文本章节。使用图

片制作水印，则可使用 PHP 中的 imagecopy( ) 函数，复制图像的一部分，其语法格式如下。

```
bool imagecopy ( resource $dst_im , resource $src_im , int $dst_x , int $dst_y , int
$src_x , int $src_y , int $src_w , int $src_h )
```

该函数将 src_im 图像从坐标（src_x，src_y）开始，宽度为 src_w，高度为 src_h 的区域复制到 dst_im 图像中坐标（dst_x，dst_y）的位置上，函数如果执行成功返回 true，失败则返回 false。

添加图片水印的实现代码如下。

```
<?php
$imgPath = './image.jpg';
$waterPath = './watermark.png';                                    //水印图片
list($width,$height) =getimagesize($imgPath);                      //获取图片信息
list($waterWidth,$waterHeight) = getimagesize($waterPath);//获取水印图片信息
//水印在图片的右下角位置
$x = $width -$waterWidth;
$y = $height -$waterHeight;
$back =imagecreatefromjpeg($imgPath);                              //创建图片资源
$watermarkImg = imagecreatefrompng($waterPath);
imagecopy($back,$watermarkImg,$x,$y,0,0,$waterWidth,$waterHeight);
                                                                        //添加水印
header('Content-type: image/jpeg');                                //输出图片
imagejpeg($back);
?>
```

上述代码中，水印图片添加在图片的右下角位置，实现效果如图 10-3 所示。

图 10-3　添加水印

10.3.4　图片旋转和翻转

图片旋转是指按特定角度转动图片，图片翻转则是将图片内容按特定方向对调。图片旋转可通过 imagerotate( ) 函数来实现，可用指定角度旋转图像，其语法格式如下。

```
resource imagerotate ( resource $src_im, float $angle , int $bgd_color [, int $ig-
nore_transparent = 0 ] )
```

该函数将 src_im 图像旋转 angle 角度。bgd_color 指定旋转后没有覆盖到的部分的颜色。旋转的中心是图像的中心，旋转后的图像会按比例缩小以适合目标图像的大小（边缘不会被剪去）。如果执行成功，返回旋转后的图像资源，失败则返回 false。函数的参数说明如表 10-12 所示。

表 10-12　imagerotate( ) 函数的参数说明

参　数	说　明
src_im	必选，图像资源
angle	必选，旋转角度，单位为度。旋转角度为逆时针旋转图像的度数
bgd_color	必选，旋转后没有覆盖到部分的颜色
ignore_transparent	必选，如果设为非零值，则透明色会被忽略（否则会被保留）

图片旋转的实现代码如下。

```
<?php
$imgPath = './image.jpg';                       //源图片路径
$img = imagecreatefromjpeg($imgPath);           //创建图片资源
$rotateImg = imagerotate($img, 10, 0);          //旋转图片
header('Content-type: image/jpeg');             //输出图片
imagejpeg($rotateImg);
?>
```

与图片旋转不同，图片翻转不能随意指定角度，只能设置两个方向：沿 Y 轴水平翻转、沿 X 轴垂直翻转。沿 Y 轴水平翻转就是将原图从右向左按 1 像素宽度及图片自身高度循环复制到新图像资源中。沿 X 轴垂直翻转就是将原图从上向下按 1 像素高度及图片自身宽度循环复制到新图像资源中。

图片水平翻转的实现代码如下。

```
<?php
$imgPath = './image.jpg';
$back =imagecreatefromjpeg($imgPath);                     //创建图像资源
list($width,$height) =getimagesize($imgPath);    //获取图片宽高
$flipImg = imagecreatetruecolor($width,$height);//创建图像资源保存翻转后图片
//将原图从右向左按 1 像素宽度及图片自身高度循环复制到新图像资源中
for ($x = 0;$x <$width;$x++) {
    imagecopy($flipImg,$back,$width -$x - 1, 0,$x, 0, 1,$height);
}
header('Content-type: image/jpeg');                       //输出图片
imagejpeg($flipImg);
?>
```

10.4　案例：相册管理器

10.4　案例：相册管理器

在计算机或手机中，经常会使用相册管理器来管理图片。本节将实现一个基于 Web 的相册管理器，可以上传图片并对这些图片进行查看、旋转和添加水印等操作。下面详细介绍相册管理器的设计与实现。

10.4.1 案例呈现

本节使用图像相关操作函数实现如图 10-4 所示的“相册管理器”案例。在案例中主要实现以下功能。

1）查看图片的缩略图列表。

2）上传图片。

3）旋转、水平翻转图片。

4）为图片添加水印。

图 10-4 相册管理器

10.4.2 案例分析

为方便用户查看和管理图片，会对用户上传的图片进行缩放处理，且图片的旋转、添加水印等操作均在原图上进行。根据案例的功能描述，可以将该案例的实现分为以下几个步骤。

1）处理上传文件并生成缩略图。

2）接收通过 GET 方式传递的操作类型参数，并执行相应操作。

3）遍历缩略图的保存目录，获取缩略图列表。

4）加载模板文件，展示图片信息。

10.4.3 案例实现

1. 初始化变量和函数

对于上传图片，需要限制其类型和大小，指定原图和缩略图的保存路径，因此需要初始化一些变量。另外，在创建图像资源和生成图片时，需要根据图片类型调用相应的函数，因此可以自定义一个函数获取图片的大小，创建和生成图片的函数名。编写 photoManager. php 文件，初始化变量和函数，实现代码如下。

```
$allowType = array('gif', 'png', 'jpg', 'jpeg');          //允许上传的文件类型
$size = 1 * 1024 * 1024;                                   //上传文件大小的上限 1 MB
$path = './uploads/';                                      //上传文件路径
```

```
$thumbPath = './uploads/thumb/';     //缩略图存放路径
//自定义函数获取图像的基本信息:宽度、高度、创建画布的函数名和生成图片的函数名
function getImgInfo($imgPath) {
  $info =getimagesize($imgPath);
  //图片类型对应的创建画布函数
  $imgFromFunc = array(
    'image/jpeg' =>'imagecreatefromjpeg',
    'image/gif' =>'imagecreatefromgif',
    'image/png' =>'imagecreatefrompng',
  );
  //图片类型对应的生成图片函数
  $imgToFunc = array(
    'image/jpeg' =>'imagejpeg',
    'image/gif' =>'imagegif',
    'image/png' =>'imagepng',
  );
  //返回图片的宽高、创建画布的函数名和生成图片的函数名
  return array(
    'width' =>$info[0],
    'height' =>$info[1],
    'from' =>$imgFromFunc[$info['mime']],
    'to' =>$imgToFunc[$info['mime']],
  );
}
```

2. 获取缩略图列表

可通过 glob()函数返回匹配指定模式的文件名或目录。继续编写 photoManager.php 文件，获取缩略图列表，实现代码如下。

```
$fileList = glob("$thumbPath*.{jpg,png,gif,jpeg}", GLOB_BRACE); //获取缩略图列表
```

上述代码中，通过 glob()函数获取到 ./uploads/thumb/目录下的 JPG、PNG、GIF 和 JPEG 类型的缩略图。

3. 展示缩略图列表

获取到缩略图列表数据后，编写模板文件 photoManager.html 展示缩略图，部分代码如下。

```
<div>
  <?php foreach($fileList as $file) : ?>
  <div><img src="<?=$file ?>"></div>
  <?php endforeach; ?>
</div>
```

4. 上传图片并生成缩略图

首先修改 photoManager.html 文件，在缩略图列表前添加上传表单，实现代码如下。

```
<form method="post" action="?action=upload" enctype="multipart/form-data">
  <div>
    <div class="left_box">
      <label for="file">上传图片:</label><input type="file" name="file" class
="file">
    </div>
```

```
    <input class="sub" type="submit" value="上传图片" />
  </div>
</form>
```

上述代码中，表单数据会提交到 photoManager.php 文件处理，其中携带的 action 参数表示操作类型。接下来修改 photoManager.php 文件，在获取缩略图列表之前添加如下代码。

```
$action =isset($_GET['action']) ?$_GET['action'] : '';              //获取操作类型
$filename =isset($_GET['filename']) ?$_GET['filename'] : '';        //获取图片路径
switch ($action) {
  case 'upload':                                                    //上传图片
    if (!empty($_FILES['file'])) {                                  //判断是否上传文件
      $picInfo =$_FILES['file'];                                    //获取用户上传文件信息
      if ($picInfo['error'] != 0) {                     //判断文件上传到临时目录是否出错
        die('上传过程发生错误,错误代码:'.$picInfo['error']);
      }
      $type =substr(strrchr($picInfo['name'], '.'), 1);             //获取上传文件的类型
      if (!in_array($type,$allowType)) {                            //判断上传文件类型
        die('图片类型不符合要求,允许的类型为:'.implode('、',$allowType));
      }
      if ($picInfo['size'] >$size) {                                //判断上传文件大小
        die('图片大小超过限制,允许大小:'.$size.'字节');
      }
      $filename = md5(uniqid(mt_rand(), true)).".$type";            //新文件名
      $newFile =$path.$filename;
      if (!move_uploaded_file($picInfo['tmp_name'],$newFile)){
                                                                //将图片保存到指定目录中
        die('图片上传失败');
      }
      $outputPath = $thumbPath.$filename;                           //保存路径
      thumb($newFile,$outputPath);                                  //生成缩略图
    }
  break;
}
```

上述代码中，通过 switch 语句对 action 参数值进行判断，决定执行何种操作。当 action 的值为“upload”时表示上传图片，在将上传图片保存到指定目录后调用 thumb( ) 函数生成缩略图。thumb( ) 函数的实现代码如下。

```
//固定高度的情况下等比例缩放图片
function thumb($imgPath,$outputPath) {
  $maxHeight = 150;                             //缩放后图片的高度
  $srcInfo = getImgInfo($imgPath);              //获取源图像信息
  $srcWidth =$srcInfo['width'];
  $srcHeight =$srcInfo['height'];
  $scale = $maxHeight /$srcHeight;              //计算缩放比例
  $destWidth = floor($scale * $srcWidth);       //计算缩放后尺寸
  $destHeight = floor($scale * $srcHeight);
  $srcImg = $srcInfo['from']($imgPath);         //创建源图像资源
  $destImg = imagecreatetruecolor($destWidth,$destHeight); //创建目标图像资源
  imagecopyresampled($destImg,$srcImg, 0, 0, 0, 0,$destWidth,$destHeight,$src-
Width,$srcHeight);                              //缩放图片
```

```
  $srcInfo['to']($destImg,$outputPath);
  imagedestroy($srcImg);           //销毁图像资源
  imagedestroy($destImg);
}
```

上述代码中，thumb()函数可以在固定高度的情况下等比例缩放图片，该函数接收两个参数，imgPath 参数表示源图片路径，outputPath 参数指定缩略图的保存路径。

5. 实现图片的旋转、水平翻转和添加水印

首先修改 photoManager.html 文件，在图片下面添加操作的链接地址，实现代码如下。

```
<div>
  <a href="?action=rotate&filename=<?=basename($file)?>">旋转</a>
  <a href="?action=flip&filename=<?=basename($file)?>">水平翻转</a>
  <a href="?action=watermark&filename=<?=basename($file)?>">添加水印</a>
</div>
```

图片操作需要传递两个参数：action 和 filename，其中，action 表示操作类型，filename 表示图片路径。然后修改 photoManager.php 文件，添加 switch 语句的 case 项处理相关操作，实现代码如下。

```
case 'rotate':                                          //旋转图片
  if ($filename && file_exists($path.$filename)) {
    rotate($path.$filename);                            //旋转图片
    thumb($path.$filename,$thumbPath.$filename);        //对旋转后的图片进行缩放
  }
  break;
case 'watermark':                                       //添加水印
  if ($filename && file_exists($path.$filename)) {
    watermark($path.$filename,'./image/water.png');//添加水印
    thumb($path.$filename,$thumbPath.$filename);        //对添加水印后的图片进行缩放
  }
  break;
case  'flip':                                           //水平翻转
  if ($filename && file_exists($path.$filename)) {
    flip($path.$filename);                              //水平翻转
    thumb($path.$filename,$thumbPath.$filename);        //对翻转后的图片进行缩放
  }
  break;
```

图片操作均在原图上进行，然后对处理过的原图重新生成缩略图。旋转、水平翻转和添加水印操作均通过自定义的 rotate()、flip()和 waterMark()函数实现，代码如下。

```
//逆时针 90°旋转图片
function rotate($imgPath) {
   $imgInfo = getImgInfo($imgPath);
   $img = $imgInfo['from']($imgPath);             //创建图片资源
   $rotateImg = imagerotate($img, 90, 0);         //旋转图片
   $imgInfo['to']($rotateImg,$imgPath);           //输出图片
    imagedestroy($img);                           //销毁图像资源
    imagedestroy($rotateImg);
```

```
}
//在图片右下角添加水印
function waterMark($imgPath,$waterPath){
    $imgInfo = getImgInfo($imgPath);                //获取图片信息
    $waterInfo = getImgInfo($waterPath);            //获取水印图片信息
    $x = $imgInfo['width'] - $waterInfo['width'];   //计算水印在图片中位置
    $y = $imgInfo['height'] - $waterInfo['height'];
    $back = $imgInfo['from']($imgPath);             //根据图片类型创建图片资源
    $waterImg = $waterInfo['from']($waterPath);
    //添加水印
    imagecopy($back, $waterImg, $x, $y, 0, 0, $waterInfo['width'], $waterInfo['
height']);
    $imgInfo['to']($back,$imgPath);                 //输出图片
    imagedestroy($back);                            //销毁图像资源
    imagedestroy($waterImg);
}
//水平翻转图片
function flip($imgPath){
    $imgInfo = getImgInfo($imgPath);                //获取图片信息
    $width = $imgInfo['width'];
    $height = $imgInfo['height'];
    $back = $imgInfo['from']($imgPath);             //创建图像资源
    $flipImg = imagecreatetruecolor($width,$height);  //创建图像资源保存翻转后图片
    //将原图从右向左按 1 像素宽度及图片自身高度循环复制到新图像资源中
    for ($x = 0;$x <$width;$x++){
        imagecopy($flipImg,$back,$width - $x - 1,0,$x,0,1,$height);
    }
    $imgInfo['to']($flipImg,$imgPath);              //输出图片
    imagedestroy($back);                            //销毁图像资源
    imagedestroy($flipImg);
}
```

10.5 实践操作

使用图像相关操作函数实现一个根据投票结果生成直方图的功能，效果如图 10-5 所示。

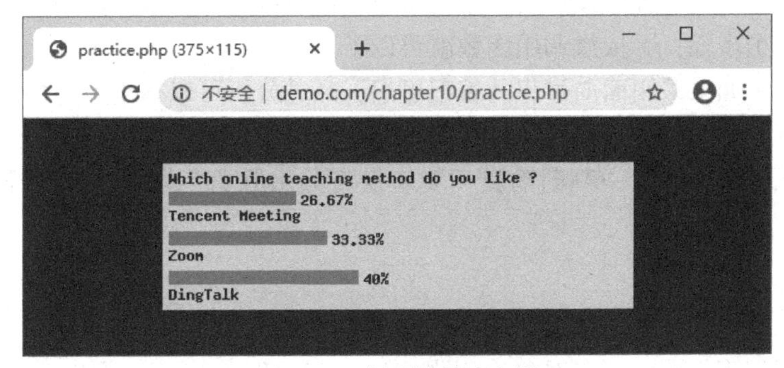

图 10-5　投票结果直方图

第 11 章　PHP 面向对象编程

面向对象编程是一种程序设计思想，把处理问题需要的相关数据和数据处理方法组合成“对象”，从对象的角度对问题进行建模并解决问题。面向对象编程具有可读性强、易维护、易扩展等优点。PHP7 在面向对象方面引入了匿名类，改进了命名空间引入方法，并废除了类同名构造方法，不再支持以静态方式调用非静态方法。本章主要介绍 PHP 中面向对象的封装、继承、多态三大特性，以及抽象类、接口、魔术方法、单例模式和常用类的封装。

本章要点

- 类与对象
- 封装、继承、多态
- 单例模式
- 常用类的封装

11.1　程序设计方法

计算机中的程序设计方法可以分为面向过程编程和面向对象编程两种，两者采用的设计思想不同，在面向过程编程中，程序=算法+数据结构；在面向对象编程中，程序=对象+对象+…。本节主要介绍面向过程编程和面向对象编程的概念。

11.1.1　面向过程编程

面向过程编程是一种以“过程”为中心的程序设计方法，面向过程编程将问题分解为若干过程，每一个过程就是解决问题的一个步骤，把每个步骤按照预定的先后顺序依次执行即可解决问题。在面向过程编程中，程序设计人员需要首先分析出问题可以分解成几个步骤，这里的步骤可以看作程序设计语言中的函数；然后设定每个步骤的输入和输出；最后设计好如何衔接每个步骤，并依次调用函数就可以了。

以下棋为例，如果采用面向过程的编程思想，经过分析可以得出：一局下棋游戏需要包含以下几个步骤：开始游戏→绘制棋盘→黑方落棋→绘制棋盘→判断输赢→如果没有分出胜负，则白方落棋→绘制棋盘→判断输赢→如果没有分出胜负，则黑方继续落棋（返回第 3 步）→输出游戏结果。

11.1.2　面向对象编程

与面向过程编程不同，面向对象编程强调以“对象”为中心。面向对象思想更接近于人的思维方式，采用面向对象的思想进行程序设计时，首先从问题角度出发，从问题中提炼出若干对象，每个对象中包含问题的相关数据和数据处理方法，通过对象之间的交互解决问题。

仍然以下棋为例，如果采用面向对象的思想来设计下棋游戏，则可以把整个游戏分为“玩家”“棋盘”“规则”三个类，玩家类中制定如何落棋子，黑方和白方均可看作一个具体的玩家对象，棋盘类中包含绘制画面的操作，规则类中制定判断犯规和输赢的方法，“落棋子”“绘制画面”“判定输赢”等具体行为的实现细节被封装在类的内部。整个游戏通过对象之间的交互来完成。

11.2 类与对象的使用

类和对象是面向对象编程中两个非常重要的概念，只有理解了类与对象的概念才能真正开启面向对象的大门。本质上来说，类决定了对象的生成，而类来源于对一组具体对象的抽象。本节详细讲解类与对象的概念及用法。

11.2.1 类的定义

类是对一组具有相似特征的事物的抽象描述，而抽象描述是将事物的共同特征提取出来。例如，人都具有身高、体重、姓名等特征，人还有吃饭、睡觉、工作等行为，因此可以把这些特征和行为抽象出来，构成一个类。

PHP 中使用 class 关键字对类进行声明，类名由字母、数字、下划线组成，不能以数字开头，类名不区分大小写，但仍建议采用首字母大写的驼峰式命名方式。定义员工类的代码如下。

```
class Employee{
}
```

11.2.2 成员属性与成员方法

类主要由成员属性和成员方法组成，成员属性用来描述类固有的特征；成员方法用来描述类具有的行为，即类可以做什么事情。例如，员工类包含员工 ID、员工姓名等属性，包含设置 ID、设置姓名等方法。

【例 11-1】给员工类添加成员属性和成员方法。

```
class Employee
{
    //成员属性
    public $eID;//员工 ID
    public $eName;//员工姓名
    //成员方法
    public function setID($id)
    {
        $this->eID = $id;
    }
    public function setName($name)
    {
        $this->eName = $name;
    }
}
```

成员属性和成员方法在声明时一般需要指定其访问权限，public 关键字表示该成员在程序的任何地方均可以被访问，其具体用法在后续章节进行详细介绍。

11.2.3 对象的创建与使用

对象是类的具象化，也称对象为类的实例化。类是抽象的，而对象是具体的。例如，人是一个“类”，但是具体的某一个人则是一个“对象”；“汽车”是一个类，具体的某一辆汽车则是一个“对象”。PHP 中使用 new 运算符创建对象，代码如下。

```
$employee = new Employee();
```

上述代码得到一个具体的员工对象$employee，之后就可以使用该对象去调用成员属性和成员方法。PHP 对象使用“->”符号调用成员属性和成员方法。

【例 11-2】 调用成员属性和成员方法。

```
$employee = new Employee();
$employee->setID("1001");
$employee->setName("刘娜");
echo "员工 ID:" . $employee->eID."<br>";
echo "员工姓名:" . $employee->eName."<br>";
```

首先依次调用 setID( ) 和 setName( ) 方法对成员属性进行赋值，然后输出$eID、$eName 两个属性的值，运行结果如图 11-1 所示。

图 11-1　对象属性与方法

📖 PHP 允许动态设置属性值，即使属性名称拼写错了，PHP 也不会报错，而会把它当作一个新的属性。

11.3 构造方法与析构方法

PHP5 允行在类中定义一个构造方法，具有构造方法的类会在每次创建新对象时自动调用此方法。因此，可以在构造方法中做一些初始化工作。PHP5 中同时支持类同名构造方法和__construct( ) 构造方法，PHP7 则仅支持后者。下面代码演示如何在构造方法中给员工类的成员属性赋初值。

【例 11-3】 通过构造方法给员工类的属性赋初值。

```
class Employee
{
    //成员属性
    public $eID;                    //职工 ID
    public $eName;                  //职工姓名
    //构造方法
    public function __construct($id,$name)
```

```
    {
        $this->eID = $id;
        $this->eName = $name;
    }
}
$employee = new Employee("1001", "刘娜");
echo "员工 ID:" . $employee->eID . "<br>";
echo "员工姓名:" . $employee->eName . "<br>";
```

如果构造方法中包含参数，则在新建对象时需要传递对应的实参给构造方法。本例运行结果与例 11-2 相同。

📖 __construct()构造方法前面是两条英文状态下的下划线。

PHP5 中引入了析构方法__destruct()，当某个对象的所有引用都被删除或者当对象被显式销毁时，会自动执行析构方法。该方法没有参数，可以在该方法中设置一些释放资源的操作。

11.4 类的封装

封装是面向对象的重要概念之一。类的封装是指把对象在运行过程中所需要的资源集合在类的内部，对外只提供访问的接口。本节主要讲解封装的概念及访问修饰符。

11.4.1 封装的概念

封装是指通过对现实事物的共同特征进行分析后，把抽象出的数据和数据操作方法组合起来，形成“类”的过程。封装使得在类外部的程序不需要知道类的具体实现细节，只要掌握类的使用方法即可。无论类内部如何改变，都不会影响类的使用。例如，在饭店点餐时，顾客只需要执行“点餐”操作，就可以得到自己想要的食物，不需要知道厨师制作食物的细节，这些细节已经被封装在“点餐”里面，且无论厨师有没有换人，都不影响顾客买到自己想要的食物。

11.4.2 访问修饰符

在 PHP 中，实现类的封装离不开访问修饰符，访问修饰符决定类的成员属性和成员方法的访问权限。PHP 中包括三种访问修饰符：public、private、protected，作用分别如下。

1）public：在程序的任何地方均可访问它所修饰的成员，是类成员的默认访问修饰符。

2）private：仅能在类内部访问它所修饰的成员。

3）protected：介于 public 和 private 之间，其所修饰的成员只能在类内部或者子类中被访问。

在实际封装类的时候，为了保证类成员的安全，避免类外部元素对类成员进行不可预知的修改，可以使用 protected 或者 private 对无须类外部访问的成员进行修饰。各修饰符的访问权限如表 11-1 所示。

表 11-1　访问修饰符访问权限

访问权限 / 修饰符	本类内部	子类内部	类外部
public	Yes	Yes	Yes
protected	Yes	Yes	No
private	Yes	No	No

11.5　类的继承

继承是面向对象的第二大特征，子类通过继承父类可以得到父类的一些属性和方法，从而提高代码的复用性。本节主要学习继承的概念及应用。

11.5.1　继承的概念

继承是指从一个类中派生出一个或多个类，一般采用父子关系来描述类之间的继承关系。如果一个类 B 继承自另外一个类 A，那么就可以说：类 A 是类 B 的父类，类 B 是类 A 的子类。当两个类之间建立了继承关系之后，子类可以继承父类的属性和方法，同时子类也可以创建自己的属性和方法，从而实现对父类的扩展。

需要注意的是：子类可以直接访问父类的公共成员和保护成员，但不能直接访问父类的私有成员。此外，PHP 中只支持单继承，即一个子类只能继承一个父类。

11.5.2　实现继承

11.5.2　实现继承

PHP 中子类通过 extends 关键字继承父类。下面以打印机为例来说明子类和父类的继承关系。打印机有很多种不同的类型，常见的有：喷墨式打印机、激光打印机等，每种打印机都有自己的打印方法。那么可以把打印机作为父类，把具体的打印机类型作为子类。

首先构造打印机类，无论是哪种打印机都包含名称、价格等属性，且需要实现打印功能，例 11-4 在打印机父类中声明了$name 属性和 print( )方法。

【例 11-4】 子类继承父类。

```
//打印机父类
class Printer
{
    public $name;
    public function __construct()
    {
        $this->name = "打印机父类";
    }
    public function print()
    {
        echo "使用父类的打印功能<br>";
    }
}
```

```
//激光打印机
class LaserPrinter extends Printer
{
}
//喷墨打印机
class InkjetPrinter extends Printer
{
}
$laserPrinter = new LaserPrinter();
echo $laserPrinter->name . "<br>";
$laserPrinter->print();
$inkjetPrinter = new InkjetPrinter();
echo $inkjetPrinter->name . "<br>";
$inkjetPrinter->print();
```

运行结果如图 11-2 所示。

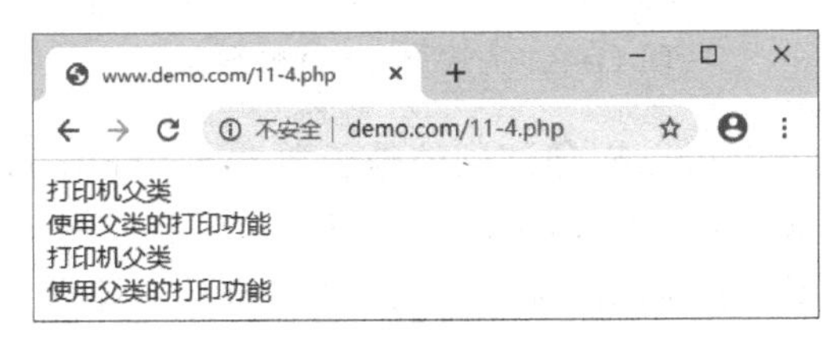

图 11-2　类的继承

两个打印机子类均继承了 Printer 父类，即继承了父类的属性和方法，当访问子类中不存在的成员时，会沿着继承关系向上查找该成员，如果父类拥有该成员，且子类拥有访问权限，则直接调用父类中的成员。

需要注意的是：如果子类没有显式声明构造方法，则子类对象在初始化的时候会自动调用父类的构造方法。上述例子中，子类对象之所以能够输出$name 属性的值，是因为在新建子类对象的时候，自动调用了父类的构造方法完成对$name 属性的赋值。

11.5.3　方法重写与属性覆盖

11.5.3　方法重写与属性覆盖

除了可以访问父类的属性和方法之外，子类也可以通过在子类内部声明和父类同名的方法或属性，实现对父类方法的重写及对父类属性的覆盖。下面演示激光打印机重写父类的 print( )方法及覆盖$name 属性。

【例 11-5】子类重写父类方法及覆盖父类属性。

```
class Printer
{
    //代码和例 11-4 相同,此处省略
}
class LaserPrinter extends Printer
{
    public $name;
    public function __construct()
    {
        $this->name = "激光打印机";
```

```
    }
    public function print()
    {
        echo "使用激光打印机的打印功能";
    }
}
$laserPrinter = new LaserPrinter();
echo $laserPrinter->name . "<br>";
$laserPrinter->print();
```

运行结果如图 11-3 所示。

图 11-3　方法重写与属性覆盖

由结果可以看出，$laserPrinter 对象调用的是子类 LaserPrinter 自己的属性和方法，这是因为：LaserPrinter 子类内部声明了和父类同名的 print( ) 方法、$name 属性，且通过显式声明构造方法对$name 赋值，因此在调用时优先使用子类内部的属性和方法，从而实现了对父类方法的重写及对父类属性的覆盖。

如果父类中的某个方法不希望被重写，可以使用 final 关键字声明该方法。如果一个类被声明为 final，则该类不能被继承。

📖 PHP 子类在重写父类方法或覆盖父类属性时，采用的访问修饰符级别必须低于或等于父类的访问修饰符级别。

子类一旦显式声明了构造方法，就不再使用父类的构造方法，此种情况下，如果子类仍然想使用父类的构造方法，可以在子类中通过 parent 关键字加“::”符号访问父类的属性和方法。

在构造继承关系时，应该尽量把通用的属性和方法放在父类中，而子类中只包含那些子类特有的属性和方法。假设激光打印机类中需要声明纸张数量属性，喷墨打印机类中需要声明墨盒数量属性。可以在父类中声明共同的$name 属性，并分别在两个子类中声明各自特有的属性。

例 11-6

【例 11-6】 子类在构造方法中调用父类构造方法进行父类初始化。

```
//打印机父类
class Printer
{
    public $name;
    public function __construct($name)
    {
        $this->name = $name;
    }
```

```
    }
    //激光打印机
    class LaserPrinter extends Printer
    {
        public $pageNums;                    //可以打印的纸张数量
        public function __construct($name,$pageNums)
        {
            parent::__construct($name);
            $this->pageNums = $pageNums;
        }
        public function display()
        {
            echo $this->name . ",可打印纸张数量:".$this->pageNums."<br>";
        }
    }
    //喷墨打印机
    class InkjetPrinter extends Printer
    {
        public $inkCartridgeNums;
        public function __construct($name,$inkCartridgeNums)
        {
            parent::__construct($name);
            $this->inkCartridgeNums = $inkCartridgeNums;
        }
        public function display()
        {
            echo $this->name . ",墨盒数量:" . $this->inkCartridgeNums . "<br>";
        }
    }
    $laserPrinter = new LaserPrinter("激光打印机", 1500);
    $laserPrinter->display();
    $inkjetPrinter = new InkjetPrinter("喷墨打印机", 4);
    $inkjetPrinter->display();
```

运行结果如图 11-4 所示。

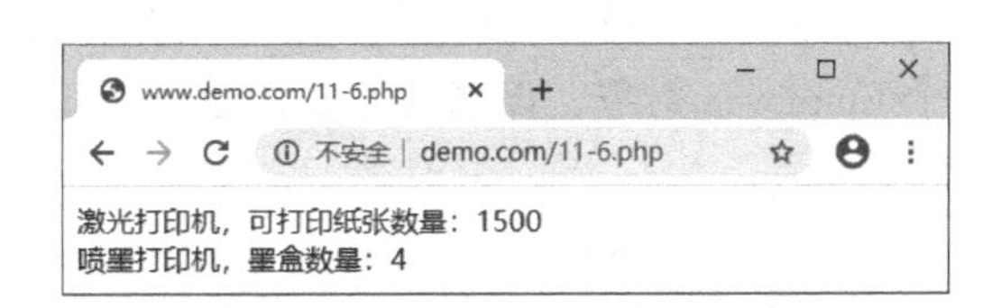

图 11-4　子类在构造方法中调用父类构造方法进行初始化

11.6　静态方法与属性

在面向对象中，有些属性和方法不属于某个具体的对象而属于类，这些属性和方法称为静态属性和静态方法。凡是可以访问类的地方，都可以访问它的静态方法和属性。例如，在员工类中，员工数量不属于任何一个员工对象，它就可以作为员工类的一个静态属性。

在静态方法中不可以访问类的普通属性，但可以访问类的静态属性。在类外部一般通过类名和“::”访问静态成员；在类内部，也可以使用 self 关键字和“::”访问静态成员；

子类访问父类时，还可以使用 parent 关键字和“::”访问父类的静态成员。不同位置访问静态成员的方法总结如表 11-2 所示。

表 11-2　访问静态成员

访 问 位 置	使用的类名或关键字
类外部	类名
类内部	类名、self、static
子类访问父类的静态成员	parent、static

下面的例子在 Employee 类中添加了一个静态属性$employeeNums 用来统计员工数量，静态方法 showNums( )用来显示员工数量。为了突出静态成员的用法，对 Employee 类的其他内容作了简化处理。

【例 11-7】 统计员工数量。

```
class Employee
{
    //静态属性
    public static $employeeNums = 0;
    //构造方法
    public function __construct()
    {
        static::$employeeNums++;
    }
    //静态方法
    public static function showNums()
    {
        echo "当前员工数量为:" . static::$employeeNums;
    }
}
$employee1 = new Employee();
$employee2 = new Employee();
Employee::showNums();
```

首先设置静态属性$employeeNums 的初始值为 0，然后在构造方法中让$employeeNums 进行递增操作，每实例化一个 Employee 对象，该属性的值就会自动加 1，从而实现对员工数量的统计，运行结果如图 11-5 所示。

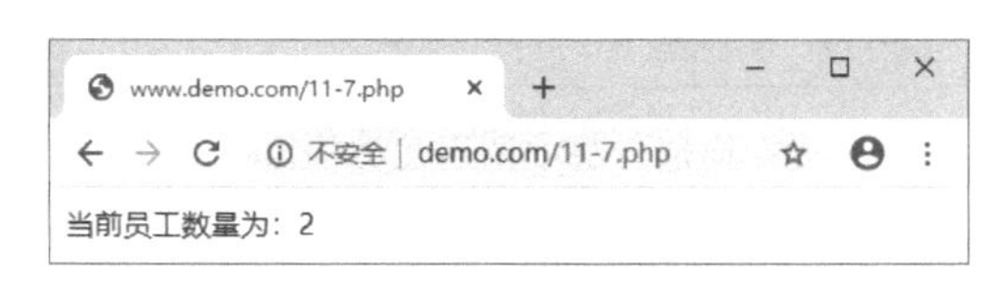

图 11-5　静态成员应用

11.7　抽象类和接口

抽象类是一种特殊的类，它只能被子类继承，无法被实例化为具体的对象。接口则可以提供一系列方法，通过使用抽象类和接口可以在规范代码的同时，增强程序可扩展性，有利于代码维护。本节主要介绍抽象类和接口的概念及应用。

11.7.1 抽象类的定义与应用

抽象类是无法进行实例化的类，一般用于对类进行更高层次的抽象。PHP 用 abstract 关键字定义抽象类，抽象类可以拥有普通的成员属性和成员方法，但至少应该包含一个抽象方法；抽象方法也需要使用 abstract 关键字修饰，且没有方法体，以分号结尾。以构造打印机抽象类为例，代码如下。

```
abstract class Printer
{
    public $name;
    public function setName($name)
    {
        $this->name = $name;
    }
    abstract public function print();
}
```

抽象类可以继承抽象类，但不能对父抽象类中的方法进行重写。非抽象类在继承抽象类时，必须实现抽象类中的所有抽象方法，且实现方法的访问修饰符必须低于或等于抽象方法，否则会报错。

【例 11-8】 子类实现父类的抽象方法。

```
//激光打印机
class LaserPrinter extends Printer
{
    public function print()
    {
        echo "使用激光打印机的打印功能<br>";
    }
}
//喷墨打印机
class InkjetPrinter extends Printer
{
    public function print()
    {
        echo "使用喷墨打印机的打印功能<br>";
    }
}
$laserPrinter = new LaserPrinter();
$laserPrinter->print();
$inkjetPrinter = new InkjetPrinter();
$inkjetPrinter->print();
```

LaserPrinter 和 InkjetPrinter 两个子类继承了抽象类 Printer，因此必须实现 Printer 类的所有抽象方法，它们通过实现抽象方法完成不同的打印功能，运行结果如图 11-6 所示。

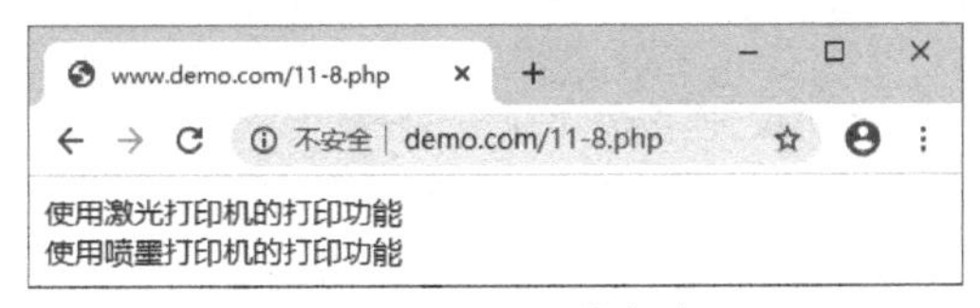

图 11-6 继承抽象类

11.7.2 接口的定义与应用

11.7.2 接口的定义与应用

接口用来提供一组相关的交互功能。接口只能定义功能，但是并不具体实现该功能。例如，笔记本电脑生产好后，需要连接鼠标、U盘等，所以厂家一般会在计算机上预留几个USB插槽，这些插槽都需要遵循USB接口协议，鼠标厂商如果希望自己生产的鼠标能够适配该笔记本电脑，必须设计出能支持USB的接口；同理，U盘厂商也必须遵循该USB接口的协议。因此，接口可以看作交互双方的一个约定，具体的实现由交互实体各自完成即可。

PHP使用interface关键字定义接口，下面代码定义了一个USB接口，并在其中定义了usbAble()方法。

```
interface USB
{
    public function usbAble();
}
```

无论是笔记本电脑，还是鼠标、U盘，都需要继承USB接口实现USB功能。PHP使用implements关键字实现接口，继承接口的非抽象类必须实现接口的所有方法。

【例11-9】接口的应用。

```
//Computer 类
class Computer implements USB
{
    public function usbAble()
    {
        echo "笔记本支持 USB 协议,可以连接<br>";
    }
    public function connect(USB $i)
    {
       $i->usbAble();
    }
}
//Mouse 类
class Mouse implements USB
{
    public function usbAble()
    {
        echo "鼠标支持 USB 协议,连接成功!<br>";
    }
}
//USBDisk 类
class USBDisk implements USB
{
    public function usbAble()
    {
        echo "U 盘支持 USB 协议,连接成功!<br>";
    }
}
$computer = new Computer();
```

```
$mouse = new Mouse();
$usbDisk = new USBDisk();
$computer->connect($mouse);
$computer->connect($usbDisk);
```

其中，Computer 类中额外添加了一个 connect 方法，用于连接其他设备，方法中参数类型为 USB 类型，从而保证无论实参传递的是 Mouse 类型，还是 USBDisk 类型，均可以调用 usbAble( )方法，运行结果如图 11-7 所示。

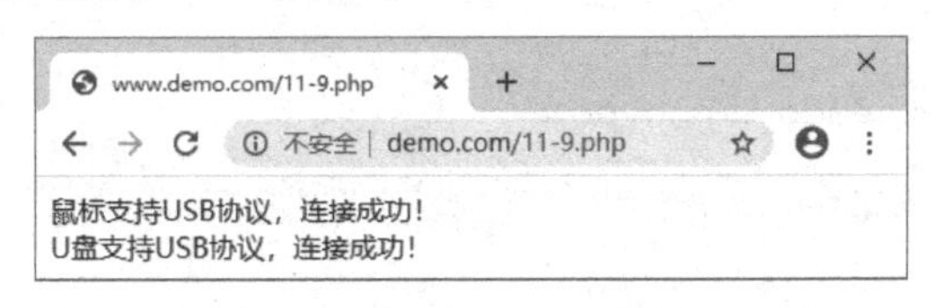

图 11-7　接口应用

PHP 只支持单继承，但可以继承多个接口，相当于变相地支持了多继承。从某种意义上来说，接口也可以看作是特殊的抽象类。如果一个类既继承父类，又实现接口，则必须把父类写在接口前面。

接口和抽象类存在相似之处，但是抽象类更侧重于为子类抽象出共同的属性和方法，当不确定有什么样的子类时，使用接口更加合适。例如，如果笔记本还需要通过 USB 连接散热风扇，则只需要在风扇类中实现 USB 接口即可。

11.8　多态

多态的字面意思是“多种形态”，是面向对象中的第三大特性。在面向对象中，采用多态可以将不同的子类对象都当作一个父类来处理，从而屏蔽子类对象之间的差异，有利于写出通用的代码，且便于对程序进行扩展。本节主要讲解多态的概念及应用。

11.8.1　多态的概念

多态是指同一个行为应用在不同的对象上会有不同的表现，继承可以使子类具有父类的特征，多态则为子类提供了一个模板，不同的子类在实现父类的同一个方法时，表现出不同的方式。例如，动物类 Animal 拥有一个“发声”的方法，子类 Dog 在实现该方法时发出“汪汪汪”的声音，子类 Cat 在实现该方法时发出“喵喵喵”的声音。

11.8.2　实现多态

例 11-10

继承是实现多态的前提，从技术层面而言，多态一般通过子类重写父类的方法或者实现接口中的方法来实现。例如，员工类拥有“工作”方法，不同的员工工作内容不尽相同。下面以员工类为例说明多态的用法。

【例 11-10】多态的应用。

```
class Employee
{
    protected function working()
```

```
        {
        }
    }
    class Accountant extends Employee
    {
        public function working()
        {
            echo "会计正在填制报表.<br>";
        }
    }
    class Programmer extends Employee
    {
        public function working()
        {
            echo "程序员正在编写代码.<br>";
        }
    }
    class Company
    {
        function printworking($obj)
        {
            if ($obj instanceof Employee) {
                $obj->working();
            } else {
                echo "程序出错!";
            }
        }
    }
    $company = new Company();
    $company->printworking(new Accountant());
    $company->printworking(new Programmer());
```

首先，定义员工类 Employee，其中包含 working( )方法。Accountant 类和 Programmer 类在继承 Employee 类时，均对 working( )方法进行了重写。在使用 Company 的对象调用 printworking( )方法时，不同的员工显示各自的工作内容。此外，无论增加多少个 Employee 类的子类，只需要在子类中重写 Employee 类的 working( )方法即可，这就是多态的体现。程序运行结果如图 11-8 所示。

图 11-8　多态应用

11.9　案例：网约车

11.9　案例：网约车

随着移动互联网的普及，各种网约车软件层出不穷，约车形式包括顺风车、租车、快车等。本节以网约车为例，讲解网约车类、顺风车类、租车类的实现，并通过它们之间的继承关系实现车辆信息显示、费用计算等。

11.9.1 案例呈现

本节使用面向对象的思想实现网约车类及其子类的构造。在案例中主要实现以下功能。

1）构造网约车类。

2）通过继承关系构造顺风车和租车两个子类。

3）通过多态完成网约车费用计算功能。

11.9.2 案例分析

把网约车类作为父类，顺风车类和租车类作为网约车类的子类。本节主要对三个类的成员属性和成员方法进行分析。为了突出类的特性，在构造类时对一些成员属性和方法进行了简化处理。

1. 分析成员属性

父类主要包含通用属性即可。网约车一般需要记录车主姓名、汽车颜色、汽车类型、车牌号、每次行程的里程数等，实际应用中可能还需要记录车辆总里程数、购买日期、车座数量等。为了简化模型，父类中仅考虑车主姓名、汽车颜色、汽车类型、车牌号四个属性。

顺风车是网约车的一种形式，顺风车司机为兼职司机。顺风车类一般要考虑起始地点、目的地、出发时间、每千米单价、是否拼车等，此处同样做了简化处理，由于是否拼车决定了不同的计价方式，因此，顺风车类包含每千米单价、总路程里程数、是否拼车三个属性。

租车也是网约车的一种形式，租车一般要考虑租车时间、租车单价、租车形式等，常见的租车形式包括按月租和按天租，此处仅考虑按天租的情况。租车类包含单日价格和租车天数两个属性。

2. 分析成员方法

构造方法中一般完成对类的属性的初始化操作，需要注意的是：在子类的构造方法中，对于父类已经初始化过的属性，子类直接调用父类的构造方法即可，子类只对自己特有的属性进行初始化，但子类的构造方法的参数需要包含所有用到的参数。

本例要完成显示网约车信息和计算用车费用两个功能。由于每个子类都需要显示车辆基本信息，而这些基本信息已经包含在父类的属性中，因此，父类应该包含一个显示车辆信息的方法。由于不同的网约车类型拥有不同的计算费用方法，此处可以构造一个车辆操作接口，并在接口中定义一个计算费用方法，顺风车类和租车类分别通过继承该接口实现各自的费用计算方法。

对于不同类型的网约车的费用计算方法约定如下。

1）顺风车：在实际应用中，顺风车的用车费用一般与行车距离相关，而行车距离又需要依赖地图导航信息。此处对路程计算做简化处理，由顺风车类中的一个随机数方法获得。顺风车的费用计算根据是否拼车分为两种情况：如果是拼车，则总价为每千米单价乘以行驶里程数，再除以2，即只收取一半费用；如果不是拼车，则按照每千米单价乘以距离的方式。如果最终价格不足6元，按6元计算。

2）租车：租车的费用计算方式为单日租车价格乘以租车天数，租车天数通过租车类中的一个方法获得，该方法通过对传入的两个日期计算差值获得租车天数。

11.9.3 案例实现

1. 绘制类图

类图可以用来描述面向对象中的各种关系。顺风车类 CarPooling 和租车类 CarRental 均继承自网约车类 NetCar，且这两个类均实现了 VehicleOperation 接口。本案例涉及的类和接口之间的关系如图 11-9 所示。

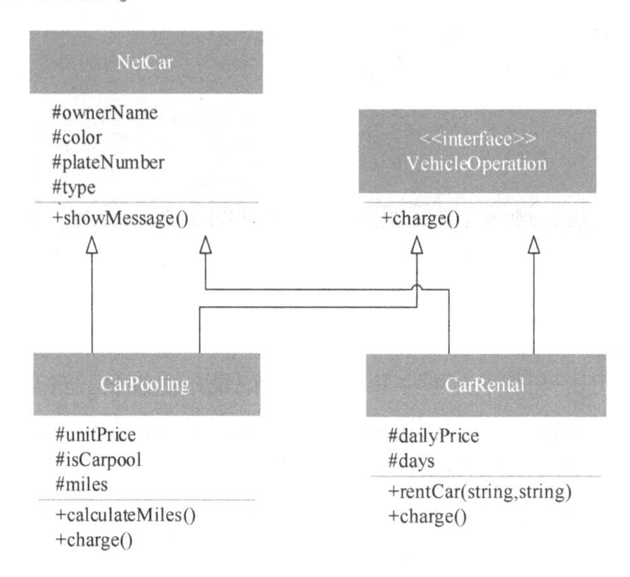

图 11-9　网约车类图

2. 编码实现与测试

通过上节对网约车类及其子类的分析，本案例主要代码编写如下。

接口文件 VehicleOperation. php 的代码如下。

```
//操作接口
interface VehicleOperation
{
    //计费方法
    public function charge();
}
```

网约车类文件 NetCar. class. php 中的代码如下。

```
class NetCar
{
    protected $ownerName;                    //车主姓名
    protected $color;                        //汽车颜色
    protected $type;                         //汽车类型
    protected $plateNumber;                  //车牌号
    public function __construct($ownerName,$color,$type,$plateNumber)
    {
        $this->ownerName = $ownerName;
        $this->color = $color;
        $this->type = $type;
```

```
        $this->plateNumber = $plateNumber;
    }
    public function showMessage()
    {
        //显示已预约的车辆信息
        $str = "您已预约" .$this->color.$this->type . ",";
        $str .= "车牌号:" .$this->plateNumber.",车主:" .$this->ownerName.".
<br>";
        echo $str;
    }
}
```

顺风车类文件 CarPooling. class. php 中的代码如下。

```
class CarPooling extends NetCar implements VehicleOperation
{
    protected$unitPrice;                //每千米单价
    protected$miles;                    //每次行程的里程数
    protected$isCarpool;                //是否拼车
    public function __construct($ownerName,$color,$type,$plateNumber,$unit-
Price,$isCarpool)
    {
        parent::__construct($ownerName,$color,$type,$plateNumber);
        $this->unitPrice = $unitPrice;
        $this->isCarpool = $isCarpool;
    }
    //计算行程里程数
    public function calculateMiles()
    {
        $this->miles = rand(2, 20);
    }
    public function charge()
    {
        //根据是否拼车采用不同计费方式
        if ($this->isCarpool) {
            $price = $this->unitPrice /2 * $this->miles;
        } else
            $price = $this->unitPrice * $this->miles;
        $price = $price < 6 ? 6 :$price;
        echo "本次顺风车行程:" . $this->miles . "公里,费用合计" . $price . "元.<br>";
    }
}
```

租车类文件 CarRental. class. php 中的代码如下。

```
class CarRental extends NetCar implements VehicleOperation
{
    protected $dailyPrice;              //租一天车的价格
    protected $days;                    //租车天数
    public function __construct($ownerName,$color,$type,$plateNumber,$dailyP-
rice)
    {
        parent::__construct($ownerName,$color,$type,$plateNumber);
```

```
        $this->dailyPrice = $dailyPrice;
    }
    public function rentCar($startDate,$endDate)
    {
        $d1 =strtotime($startDate);
        $d2 =strtotime($endDate);
        if ($d2 <$d1) {
            echo "结束时间不能早于开始时间";
            return;
        }
        //计算租车天数
        $this->days = ceil(($d2 -$d1) / (60 * 60 * 24));
    }
    public function charge()
    {
        $price = $this->dailyPrice * $this->days;
        echo "您的租车单价为:" .$this->dailyPrice . "元,时间:" .$this->days . "天,费
用合计" . $price . "元.<br>";
    }
}
```

新建文件“11.9.php”，在文件中输入以下代码对本案例进行测试。

```
require_once './CarPooling.class.php';
require_once './CarRental.class.php';
//实例化顺风车类
$carPooling = new CarPooling("李娜", "香槟金色", "别克凯越", "豫Z•2679E", 3, true);
$carPooling->showMessage();
$carPooling->calculateMiles();
$carPooling->charge();
echo "<br>";
//实例化租车类
$rentCar = new CarRental("张明", "白色", "大众迈腾", "豫Z•8731J", 300);
$rentCar->showMessage();
$rentCar->rentCar("2020-03-01", "2020-03-05");
$rentCar->charge();
```

顺风车实例通过调用 calculateMiles( )方法获得行驶里程数，租车实例通过 rentCar( )方法得到租车天数，运行结果如图 11-10 所示。

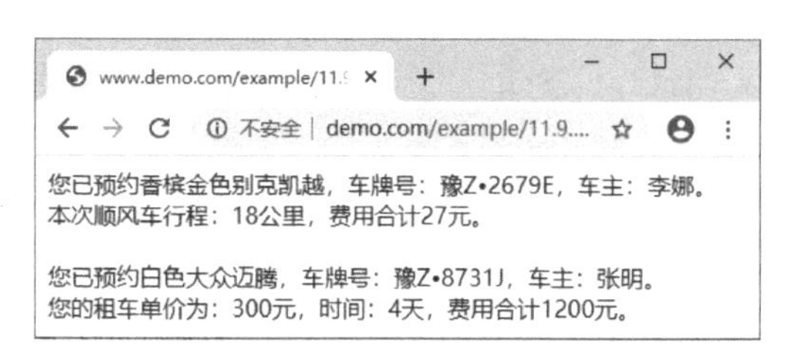

图 11-10　网约车实例

11.10　常用的魔术方法

PHP 通过实现魔术方法完成特定功能。魔术方法的名称一般以两条下划线开头，例如，

__construct()、__destruct()，这些方法的定义在创建类时默认已经存在，魔术方法的访问修饰符均为 public。

11.10.1 __set()和__get()方法

__set()方法用于对类中不存在的或不可见的属性进行赋值，包含两个参数：第 1 个参数代表属性名称，第 2 个参数代表属性的值。下面通过例 11-11 演示__set()方法的用法。

【例 11-11】 __set()方法的用法。

```
class Employee
{
    //成员属性
    public $ID;              //员工 ID
    protected $name;         //员工姓名
    private $age;            //年龄
    public function __set($name,$value)
    {
        $this->$name = $value;
        echo $name."赋值成功!<br>";
    }
}
$employee = new Employee();
$employee->ID = "1001";
$employee->name = "刘娜";
$employee->age = 20;
$employee->department = "软件开发部";
```

运行结果如图 11-11 所示。

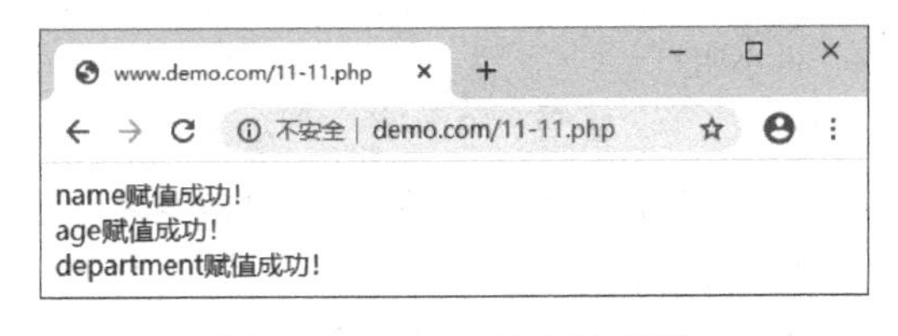

图 11-11 __set()方法应用

当通过对象给属性赋值时，访问权限为 public 的属性并不会通过__set()方法赋值，而访问权限为 protected、private 的属性以及类中不存在的属性均会自动调用__set()方法进行赋值。

当程序中调用一个不存在的或不可见的类的属性时，PHP 会自动调用__get()方法获取该属性的值。在例 11-11 中的 Employee 类中添加如下代码。

```
public function __get($name)
{
    return $name."取值成功!<br>";
}
```

并将例 11-11 中的最后 4 条赋值语句替换为以下输出语句。

```
echo $employee->ID;
echo $employee->name;
```

```
echo $employee->age;
echo $employee->department;
```

运行结果如图 11-12 所示。

图 11-12　__get( )方法应用

与__set( )方法相同，在类外对属性进行访问时，PHP 会自动调用__get( )方法获取访问权限为 protected、private 的属性的值，以及类中不存在的属性的值，但不能获得访问权限为 public 的属性值。

11.10.2　__clone( )方法

__clone( )方法在使用 clone 关键字进行克隆操作时会自动被调用，主要用于解决对象中特殊属性的复制操作。

从 PHP5 开始，引用对象之间赋值之后会指向同一个对象。此时，如果修改其中一个对象的值，另外一个对象的值也会随之改变。例如，利用例 11-3 中的 Employee 类创建一个$employee1 对象，并把$employee1 赋给$employee2，改变$employee2 的属性值，$employee1 的值也会同步改变，代码如下。

```
$employee1 = new Employee("1001", "刘娜");
$employee2 = $employee1;
$employee2->eName = "杨小明";
echo $employee1->eName;          //输出结果:杨小明
```

有时，程序中需要复制一个与原对象完全无关的对象副本，可以使用 clone 关键字实现。下列代码克隆了一个和$employee1 对象一样、但却完全无关的对象$employee2。此时，改变$employee1 对象的属性值，$employee2 对象的属性值并不会发生改变。

```
$employee1 = new Employee("1001", "刘娜");
$employee2 = clone $employee1;
$employee1->name = "杨小明";
echo $employee2->name;          //输出结果:刘娜
```

然而，一般数据库中员工 ID 具有唯一性，如果克隆两个数据完全相同的员工对象，那么 ID 的唯一性就无法得到保证。此时，可以在__clone( )方法中对新对象副本中的 ID 属性进行处理，下面演示__clone( )方法的应用。

【例 11-12】 __clone( )方法的用法。

```
class Employee
{
    public $ID;               //员工 ID
    public $name;             //员工姓名
```

```
    public function __construct($id,$name)
    {
        $this->ID = $id;
        $this->name = $name;
    }
    public function __clone()
    {
        $this->ID = "0000";
    }
}
$employee1 = new Employee("1001", "李现");
$employee2 = clone $employee1;
echo "克隆的员工 ID:" . $employee2->ID . "<br>";
echo "克隆的员工姓名:" . $employee2->name . "<br>";
```

运行结果如图 11-13 所示。

图 11-13　__clone( )方法应用

新对象副本$employee2 的 ID 属性值为__clone( )方法中设置的值。需要注意的是，__clone( )方法作用于新对象副本，而不是原对象。对于类中的引用类型属性，如果不希望在克隆对象后共享其属性，也需要在__clone( )方法中显式地克隆该引用属性。

11.10.3　__call( )和__callStatic( )方法

当程序调用类中未声明或没有访问权限的方法时，PHP 会自动调用__call( )方法。还可以借助__call( )方法实现链式调用。该方法包含两个参数，分别为方法名和方法参数。其中，方法参数为数组形式。下面演示__call( )方法的用法。

【例 11-13】 __call( )方法的用法。

```
class Employee
{
    public function work()
    {
        echo "public 方法 work()<br>";
    }
    protected function rest()
    {
        echo "protected 方法 rest()<br>";
    }
    private function eat()
    {
        echo "private 方法 eat()<br>";
    }
    public function __call($method,$arguments)
```

```
    {
        echo "方法名为:" . $method . ",参数为:";
        var_dump($arguments);
        echo "<br>";
    }
}
$employee = new Employee("1001", "刘娜", 20);
$employee->work();
$employee->rest();
$employee->eat();
$employee->say();
$employee->travel("2020-3-10");
```

运行结果如图 11-14 所示。

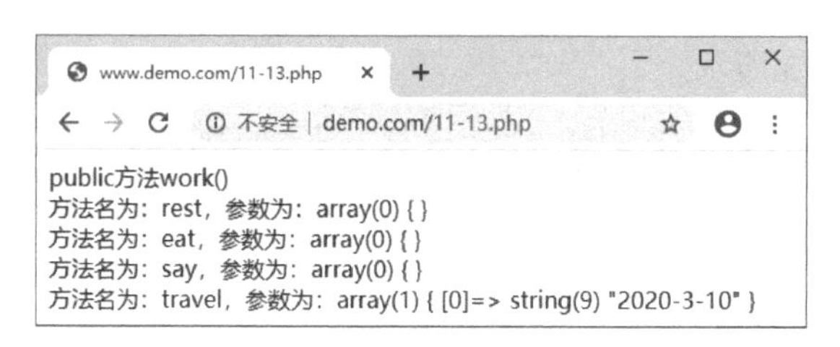

图 11-14　__call( )方法应用

当对象调用成员方法时，除访问权限为 public 的方法外，其他都会自动调用__call( )方法。调用类中不存在的方法时，PHP 也会自动调用__call( )方法。

__callStatic( )方法和__call( )方法作用类似，当调用类中未声明或没有访问权限的静态方法时，PHP 会自动调用__callStatic( )方法。__callStatic( )方法的参数与__call( )方法相同。

【例 11-14】 __callStatic( )方法的用法。

```
class Employee
{
    public static function work()
    {
        echo "静态 public 方法 work()<br>";
    }
    protected static function rest()
    {
        echo "静态 protected 方法 rest()<br>";
    }
    private static function eat()
    {
        echo "静态 private 方法 eat()<br>";
    }
    public static function __callStatic($method, $arguments)
    {
        echo "方法名为:" . $method. ",参数为:";
        var_dump($arguments);
        echo "<br>";
    }
}
```

```
Employee::work();
Employee::rest();
Employee::eat();
Employee::say();
Employee::travel("2020-3-10");
```

运行结果如图 11-15 所示。

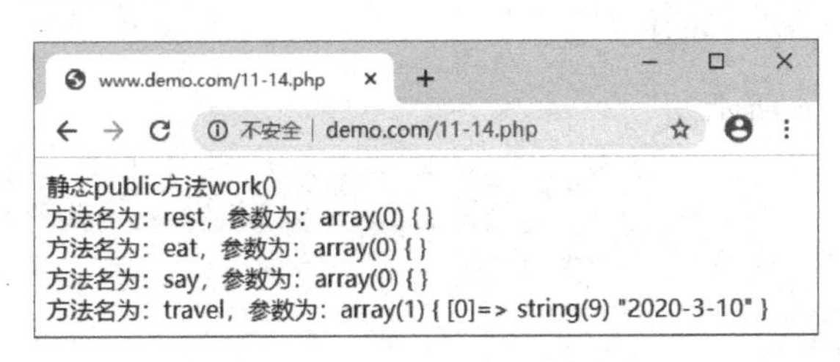

图 11-15　__callStatic( )方法应用

11.10.4　__autoload( )方法

__autoload( )方法用于批量引入外部类文件。当程序需要引入外部类时，会自动调用__autoload( ) 方法。该方法包含一个参数，即待加载的类名。__autoload( )方法会根据参数中的类名在指定路径下查找类文件，并自动加载该类文件。如果文件存在则程序继续执行，否则，程序停止运行并报告错误。

【例 11-15】 自动加载类文件。

本例包含两个测试用类文件：Mouse. php 和 Printer. php。Mouse. php 文件代码如下。

```
class Mouse
{
    public function __construct()
    {
        echo "鼠标类加载成功!<br>";
    }
}
```

Printer. php 文件代码如下。

```
class Printer
{
    public function __construct()
    {
        echo "打印机类加载成功!<br>";
    }
}
```

在当前文件中通过__autoload( )方法自动加载 Mouse 类文件和 Printer 类文件，代码如下。

```
//当前 php 文件
function __autoload($name)
{
   $path = $name . ".php";
   if (file_exists($path)) {
```

```
        require_once($path);
    } else {
        echo "没有找到" . $path . "类";
    }
}
$mouse = new Mouse();
$printer = new Printer();
$computer = new Computer();
```

运行结果如图 11-16 所示。

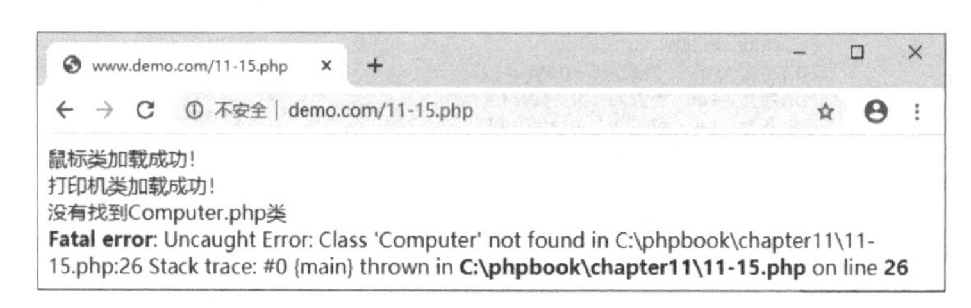

图 11-16　__autoload()方法应用

由于当前文件夹没有 Computer 类，因此在创建 Computer 类对象时程序报错。

📖 从 PHP7.2 开始，不再推荐使用__autoload()方法，可以使用 spl_autoload_register()方法代替。

11.11　单例模式

设计模式可以看作是针对特定环境下某一类问题给出的解决方案，它往往是经过无数人的反复验证，从而总结出的一套技术方案。PHP 包含很多种设计模式，本节主要学习单例模式的概念及实现。

11.11.1　单例模式的概念

单例模式是指一个类只能拥有一个实例对象的设计模式。在某些情况下，希望某个类在整个项目中只创建一个对象，例如，系统需要有一个配置类来存储某些配置信息，如果该类可以多次进行实例化，则无法知晓具体是哪个类对象修改了配置文件，最好的方式是只让该类实例化一次，使用单例模式可以很方便地解决这个问题。此外，PHP 是服务器端脚本语言，PHP 程序中一般会包含大量数据库操作，使用单例模式可以避免重复创建数据库连接对象。

11.11.2　实现的原理

11.11.2　单例模式

一个设计模式的核心应该包括名称、问题、解决方案和效果四部分。单例模式的前两部分已经在上一节说明，单例模式只允许类实例化一个对象，主要通过以下三个步骤实现。

（1）私有化构造方法

在类外部实例化类对象时，一般要通过 new 运算符创建对象，此时一定会调用构造方法。如果把构造方法设为私有，则在类外部无法通过 new 运算符创建对象，从而强制该类无法从外部进行实例化。

（2）私有化克隆方法

除了通过 new 运算符获得类的对象外，还可以通过 clone 关键字克隆对象。克隆对象时一定会调用__clone( )方法。因此，将__clone( )方法设置为私有可以避免对象被克隆。

（3）定义静态方法

在私有化构造方法和克隆方法之后，无法通过构造方法或者克隆方法创建类的对象，而类的非静态方法必须由对象调用，因此只能通过静态方法获得类的对象。为避免外部类修改实例对象，需要添加一个私有静态属性来保存类的实例，这样外部类就无法访问该实例对象了。

11.11.3 代码实现

本节通过单例模式实现一个配置信息类，主要通过私有化构造方法和克隆方法、设置私有静态属性和方法来实现。

【例 11-16】 单例模式。

```
class Configuration
{
    //设置私有静态实例对象
    private static $instance = null;
    //保存配置参数
    private $setting = [];
    //1.私有化构造方法:禁止从类外部实例化
    private function __construct()
    {
    }
    //2.私有化克隆方法:禁止从外部克隆对象
    private function __clone()
    {
    }
    //3.利用静态方法生成唯一实例
    public static function getInstance()
    {
        //判断当前类的实例是否存在,如果不存在则创建类实例对象
        if (self::$instance == null) {
            self::$instance = new self();
        }
        //返回类实例对象
        return self::$instance;
    }
    //设置配置数据
    public function set($index,$value)
    {
        $this->setting[$index] = $value;
    }
    //获取配置数据
    public function get($index)
    {
```

```
        return $this->setting[$index];
    }
}
//创建 Configuration 实例
$config1 = Configuration::getInstance();
$config2 = Configuration::getInstance();
//验证参数设置情况
$config1->set("IP", "192.168.0.172");
echo $config2->get("IP"); //输出结果:192.168.0.172
```

单例模式的实例创建过程隐藏在类的静态方法中，不便于查看类之间的依赖关系。尽管如此，使用单例模式可以避免在系统中不必要地传递对象，有助于改良特定环境下的系统设计。

11.12 常用类的封装

由于面向对象的封装性、继承性和多态性，使得采用面向对象思想设计的程序具有易复用、易维护、易扩展等特点。本节主要讲解数据库操作类、文件上传类和验证码类的封装。

11.12.1 数据库操作类

11.12.1 数据库操作类

前面章节已经学习过使用 MySQLi 扩展提供的数据库操作函数进行增、删、改、查的基本方法，这些方法在使用时常常需要重复书写，不便于在多个项目中进行复用。为了便于访问数据库，可以把访问数据库的操作封装成一个数据库操作类。

PHP 在操作数据库时，一般包含连接数据库、设置字符集、执行 SQL 语句、查询数据库表并返回数据和关闭数据库连接等操作。下面分析数据库操作类中需要包含的成员属性和成员方法。

1. 成员属性

在访问不同的数据库时，使用的主机名、用户名、密码、数据库名称、字符集编码等也不尽相同，这些参数需要在创建对象时动态传递进来，因此，可以把这些基本信息作为数据库操作类的私有成员属性。

在实际使用数据库操作类时，如果每次都对其进行实例化，则每个数据库对象都需要和数据库连接一次。为了避免频繁创建数据库操作对象、降低服务器压力，本例采用单例模式构建数据库操作类，因此类中需要有一个私有静态实例属性。此外，在设置字符集、执行 SQL 语句等操作时，都需要用到数据库连接对象，因此把数据库连接对象也设置为类的属性。数据库操作类 MySQLDB 的成员属性设置如下。

```
class MySQLDB
{
    private $dbConfig = array(
        "host" => "localhost",
        "port" => "3306",
        "user" =>"",
        "pwd" => "",
```

```
        "dbName" => "",
        "charset" => "utf8"
    );
    private $link = null;
    private static $instance = null;
}
```

2. 成员方法

为实现连接数据库、设置字符集、执行 SQL 语句、查询数据库表并返回数据和关闭数据库连接等操作，数据库操作类需要给每个操作设计一个对应的方法。

（1）构造方法

构造方法主要完成属性初始化、连接数据库、设置字符集三个基本操作，代码如下。

```
private function __construct($params = array())
{
    $this->initAttribute($params);
    $this->connectDB();
    $this->setCharset();
}
private function initAttribute($params)
{
    $this->dbConfig = array_merge($this->dbConfig, $params);
}
protected function connectDB()
{
    $host = $this->dbConfig["host"];
    $port = $this->dbConfig["port"];
    $user = $this->dbConfig["user"];
    $pwd = $this->dbConfig["pwd"];
    $dbName = $this->dbConfig["dbName"];
    if ($link =mysqli_connect($host, $user, $pwd, $dbName, $port)) {
        $this->link = $link;
    } else {
        die("数据库连接失败!" . mysqli_connect_error());
    }
}
protected function setCharset()
{
    $charSet = $this->dbConfig["charset"];
    mysqli_set_charset($this->link, $charSet);
}
```

initAttribute( )方法用于完成对属性的初始化工作，该方法中使用 array_merge 函数对创建对象时传给构造方法的参数和当前成员属性$dbConfig 进行合并。connectDB( )方法完成连接数据库操作，如果连接成功，则把连接对象赋给成员属性$link；否则，退出当前脚本并显示错误信息。setCharset( )方法用于设置字符集，字符编码类型由属性 dbConfig 中的参数提供。

（2）执行 SQL 语句方法

数据库连接成功后，接下来定义 query( )方法执行 SQL 语句，代码如下。

```
public function query($sql, $type, $data)
{
    $stmt = mysqli_prepare($this->link, $sql);
    if (!$stmt) {
        die("SQL 语句错误:" . mysqli_error($this->link));
    }
    if (!empty($data)) {
        $params = [$stmt, $type];
        foreach ($data as & $v) {
            $params[] =& $v;
        }
        call_user_func_array("mysqli_stmt_bind_param", $params);
    }
    $sign =mysqli_stmt_execute($stmt);
    if (!$sign) {
        exit($sql . "语句执行失败!");
    }
    $row =mysqli_stmt_affected_rows($stmt);
    if ($row >= 0) {
        return mysqli_stmt_affected_rows($stmt);
    } else
        return $stmt;
}
```

在对数据库进行操作时，为避免 SQL 注入攻击，使用 mysqli_prepare( )方法对 SQL 语句进行预处理。如果 SQL 语句中包含参数，则利用 call_user_func_array( )方法实现对 mysqli_stmt_bind_param( )方法的动态参数绑定。最后，如果是增、删、改语句，返回数据库受影响行数；否则返回通过预处理后的 SQL 语句对象。

在对表进行数据查询时，可分为两种情况：返回单行数据和返回多行数据，针对这两种需求分别设计了相应的方法。

（3）查询单条数据方法

fetchRow( )方法用于从数据表中查询单行数据。该方法首先通过 query( )方法获得预处理语句对象，然后通过 mysqli_stmt_get_result( )方法获得查询结果集，最后以关联数组形式返回查询数据。代码如下。

```
public function fetchRow($sql, $type = "", $data = "")
{
    $stmt = $this->query($sql, $type, $data);
    $result =mysqli_stmt_get_result($stmt);
    return mysqli_fetch_assoc($result);
}
```

（4）查询多条数据方法

fetchAll( )方法用于从数据表中查询多行数据。该方法和 fetchRow( )方法的区别在于 fetchAll( )方法返回包含查询到的所有数据的关联数组。代码如下。

```
public function fetchAll($sql, $type = "", $data = "")
{
    $stmt = $this->query($sql, $type, $data);
    $result =mysqli_stmt_get_result($stmt);
    return mysqli_fetch_all($result, MYSQLI_ASSOC);
}
```

(5) 关闭数据库连接方法

数据库操作结束后，需要关闭数据库连接，一般使用 closeDB( )方法，代码如下。

```
//关闭数据库连接
public function closeDB()
{
    mysqli_close($this->link);
    echo "数据库连接已关闭!";
}
```

3. 代码测试

以查询编号为“1001”的员工信息为例对部分功能进行测试，新建一个 PHP 文件，并在文件中添加如下代码。

```
//引入数据库操作类文件
include "./MySQLDB.php";
$config = array("host" => "localhost",
    "port" => "3306",
    "user" => "root",
    "pwd" => "root",
    "charset" => "utf8",
    "dbName" => "employeeDB");
//获得数据库对象实例
$db = MySQLDB::getInstance($config);
$data = array(1001);

$sql = "select * from emp where e_id=?";

$result = $db->fetchRow($sql, "i", $data);
if (is_array($result)) {
    foreach ($result as $key => $value) {
        echo $value . " ";
    }
} else {
    echo "经查询,无此条记录!";
}
```

上述代码中，$config 数组包含连接数据库的必要参数，并传递给 MySQLDB 类中获取实例的方法。

11.12.2 文件上传类

11.12.2 文件上传类

在提交表单时，有时需要对文件进行上传。前面章节已经学习过借助超全局变量$_FILES 实现上传文件的方法，为了便于在不同项目中复用文件上传程序，可以把文件上传封装成类。本节主要介绍文件上传类的设计及实现。

当表单中有文件需要上传时，PHP 脚本一般需要经过获取文件信息、出错时给出提示、判断文件类型和大小、移动临时文件至指定位置等步骤完成上传操作。接下来分析文件上传类的成员属性和成员方法。

1. 成员属性

为避免频繁创建文件上传类的对象，文件上传类也采用单例模式进行设计，因此该类中必须包含一个私有静态实例对象。在文件上传时，需要对上传路径、文件最大字节数等进行设定，因此类中需要包含文件大小、文件大小的上限等属性。服务器对上传文件一般采用统一的命名规则，在命名时用到了文件前缀、文件后缀、原名称等属性，最后生成文件的新名称。此外，移动上传文件时还需要用到临时文件，因此也将上传的临时文件作为类的一个属性。文件上传类 UploadFile 的成员属性设置如下。

```
class UploadFile
{
    //静态私有实例对象
    private static $instance = null;
    //文件上传路径
    protected $path = "upload/";
    //允许上传文件的大小上限
    protected $maxSize = 5 * 1024 * 1024;
    //文件大小
    protected $size;
    //文件默认前缀
    protected $prefix = "up_";
    //文件后缀
    protected $suffix;
    //文件原名称
    protected $oldName;
    //上传的临时文件
    protected $tmpName;
    //文件新名称
    protected $newName;
}
```

2. 成员方法

为了实现文件上传，需要依次完成判断上传路径是否可用、获取文件信息、检验文件大小、检验文件类型、移动文件至指定目录等过程。因此，需要对上述过程分别设计对应的方法，并依次在 upload( )方法中调用。程序在获得 UploadFile 类的实例后，只需要调用 upload( )方法即可实现文件上传，upload( )方法代码如下。

```
public function upload($key, $allowSuffix)
{
    //判断路径是否可用
    $this->checkPath();
    //获取文件信息
    $this->getFileInfo($key);
    //检查文件的大小
    $this->checkSize();
    //检查文件后缀是否符合要求
    $this->checkSuffix($allowSuffix);
    //移动文件至指定目录
    $this->moveFile();
}
```

其中，参数$key 是文件上传元素的 name 属性值；$allowSuffix 为允许上传的文件类型，两者皆由调用时从类外传入。下面分别介绍 upload( )方法中包含的各个方法。

(1) 判断路径是否可用

checkPath( )方法用于检测路径是否存在、是否是目录，如果路径不存在或者不是目录，则依据$path 属性创建目录，代码如下。

```
protected function checkPath()
{
    //判断有没有设置路径
    if (empty($this->path)) {
        $this->getErrorInfo(-1);
        exit;
    }
    //如果文件夹不存在或者不是目录,则创建文件夹
    if (!file_exists($this->path) || !is_dir($this->path)) {
        mkdir($this->path, 0777, true);
    }
}
```

（2）获取文件信息

确定上传目录可用后，则通过 getFileInfo( ) 方法获得文件信息，该方法首先根据 $_FILES[$key]["error"]的值判断文件是否上传成功，如果文件上传成功后，则获取文件的信息，否则给出相应错误提示，代码如下。

```
protected function getFileInfo($key)
{
    $error = $_FILES[$key]["error"];
    if ($error) {
        $this->getErrorInfo($error);
        exit;
    }
    //获得文件名称
    $this->oldName = $_FILES[$key]["name"];
    //获得文件大小
    $this->size = $_FILES[$key]["size"];
    //获得文件的临时名称
    $this->tmpName = $_FILES[$key]["tmp_name"];
    //获得文件后缀
    $this->suffix =pathinfo($this->oldName)["extension"];
}
```

（3）检查文件大小

checkSize( )方法用于检查上传文件的大小是否超过成员属性 maxSize 设定的值，代码如下。

```
protected function checkSize()
{
    if ($this->size > $this->maxSize) {
        $this->getErrorInfo(-2);
        exit;
    }
}
```

（4）检查文件扩展名

checkSuffix( )方法用于对上传文件的类型进行判断，合法的扩展名通过形参传递进来。在验证文件扩展名时，统一把扩展名转为小写后再判断，代码如下。

```
protected function checkSuffix($allowSuffix)
{
    $this->suffix =strtolower($this->suffix);
    if (!in_array($this->suffix, $allowSuffix)) {
        $this->getErrorInfo(-3);
        return false;
    }
    return true;
}
```

(5) 移动文件至指定目录

moveFile( )方法用于移动文件至指定目录，为了便于对上传文件进行统一管理，且保证上传文件命名的唯一性，由“默认前缀”“唯一 ID”“文件后缀”三部分构成上传文件的新名称。代码如下。

```
protected function moveFile()
{
    $this->newName = $this->prefix . uniqid() . "." . $this->suffix;
    if (is_uploaded_file($this->tmpName)) {
        if (move_uploaded_file($this->tmpName, $this->path . $this->newName)) {
            echo "<script>alert('上传成功!');</script>";
        } else {
            $this->getErrorInfo(-5);
            exit;
        }
    } else {
        $this->getErrorInfo(-4);
        exit;
    }
}
```

(6) 显示错误信息

上述方法中均用到了 getErrorInfo( )方法，该方法用于根据错误编码显示对应错误信息，代码如下。

```
protected function getErrorInfo($errorNumber)
{
    switch ($errorNumber) {
        case -1:
            echo "文件路径没有设置";
            break;
        case -2:
            echo "文件超过指定大小";
            break;
        case -3:
            echo "文件后缀不符合";
            break;
        case -4:
            echo "不是上传文件";
            break;
        case -5:
            echo "文件移动失败";
```

```
            break;
        case 1:
            echo "超出 php.ini 设置的 upload_max_filesize 选项的值";
            break;
        case 2:
            echo "超出 html 表单中 max_file_size 选项的值";
            break;
        case 3:
            echo "只有部分文件被上传";
            break;
        case 4:
            echo "没有文件被上传";
            break;
        case 6:
            echo "找不到临时文件";
            break;
        case 7:
            echo "文件写入失败";
            break;
        default:
            echo "未知错误";
    }
}
```

3. 代码测试

对文件上传类进行测试，首先创建一个 PHP 文件“11-18uploadfile.php”，并在该文件中添加如下代码。

```
include_once "./UploadFile.php";
//允许文件类型数组
$allowSuffix = ["jpg", "jpeg", "gif", "bmp", "png", "txt"];
//通过静态方法获得实例对象
$uploadFile = UploadFile::getInstance();
$uploadFile->upload("file", $allowSuffix);
```

首先引入 UploadFile 类文件，$allowSuffix 数组中保存允许上传的文件类型，并作为实参传递给 upload()方法。在实际应用中，如果已经确定允许上传的文件类型，也可以把文件类型数组以成员属性方式设置在类的内部。

其次，建立一个 HTML 页面，并在页面中添加一个表单，该表单中包括一个文件上传控件和一个提交按钮，代码如下。

```
<!DOCTYPE html>
<head>
    <meta charset="UTF-8"/>
    <title>文件上传</title>
</head>
<body>
<form action="11-18uploadfile.php" method="post" enctype="multipart/form-data">
    <input type="file" name="file" value="">
    <input type="submit" value="上传"/>
</form>
</body>
</html>
```

页面运行效果如图 11-17 所示。

图 11-17　上传文件页面

单击页面中的“选择文件”按钮，选择文件后，单击“上传”按钮，正常情况下文件被上传到 upload 文件夹中，并可以看到“上传成功！”的提示信息。

11.12.3　验证码类

在网站上进行表单数据提交时，为了保护网络安全，避免机器暴力破解数据密码等危害，一般会在表单提交之前要求用户输入验证码进行验证。验证码包括数字验证码、字母验证码、文字验证码、图片验证码等多种形式。前面章节已经学习过使用 GD 库中的函数生成验证码。为了便于对生成验证码的代码进行复用，可以把生成验证码的过程封装成类。本节主要讲解验证码类的封装过程。

生成验证码一般包含创建图像、生成验证码字符串、绘制验证码、绘制干扰点、绘制干扰线条、显示图片等步骤。接下来分析验证码类中需要包含的成员属性和成员方法。

1. 成员属性

在生成验证码图片时，需要指定验证码的宽度、高度、字符个数、字符类型、干扰点数目、干扰线数目等信息，这些均作为验证码类的属性。在绘制图像、绘制线条等操作中都需要用到图像对象，在绘制字符串、保存到 session 中时，均需要用到验证码字符串，所以把图像对象和验证码字符串也设置为该类的属性。验证码类 VerificationCode 的属性设置如下。

```
class VerificationCode
{
    private $width;                //验证码宽度
    private $height;               //验证码高度
    private $codeNum;              //验证码中的字符数
    private $type;                 //验证码中字符类型
    private $dotNum;               //验证码干扰点数目
    private $lineNum;              //验证码干扰线数目
    private $image;                //验证码图片
    private $chars;                //验证码字符串
}
```

2. 成员方法

VerificationCode 类的构造方法主要完成对成员属性的初始化工作，构造方法的参数$params 用来给类的成员属性进行赋值，代码如下。

```
function __construct($params = [])
{
    $keys =array_keys(get_class_vars(__CLASS__));
    foreach ($params as $key => $value) {
        if (in_array($key, $keys)) {
```

```
            $this->$key = $params[$key];
        }
    }
}
```

通过 getImage( )方法生成验证码图像，针对生成验证码的步骤，该方法中还调用相应方法来实现，代码如下。

```
public function getImage($sessionKey)
{
    //创建图像
    $this->image = $this->createImage();
    //生成随机验证码字符串
    $this->chars = $this->createChars();
    //绘制验证码
    $this->drawCode();
    //绘制干扰点
    $this->interferenceDots();
    //绘制干扰线条
    $this->interferenceLines();
    //显示图片
    header("Content-type:image/png");
    imagepng($this->image);
    //释放与 image 关联的内存
    imagedestroy($this->image);
    //启动 session,并将验证码字符串存到 session 中
session_start();
    $_SESSION[$sessionKey] = $this->chars;
}
```

下面依次介绍生成验证码过程中用到的自定义方法。

（1）创建图像

createImage( )方法用于创建验证码图像，在该方法中首先通过 imagecreatetruecolor( )方法生成一幅指定宽、高的图像；然后通过 imagecolorallocate( )方法生成背景色，为了突出验证码字符，背景色采用偏亮的颜色，其红、绿、蓝三个色值采用 200~255 之间的三个随机整数；最后通过 imagefill( )方法填充背景色。代码如下。

```
private function createImage()
{
    $image =imagecreatetruecolor($this->width, $this->height);
    $color =imagecolorallocate($image, mt_rand(200,255), mt_rand(200, 255), mt_rand
(200,255));
    imagefill($image, 0, 0, $color);
    return $image;
}
```

（2）生成随机验证码字符串

createChars( )方法用于生成随机验证码字符串，在生成验证码字符串时，本例提供了三种选择：数字、字母、字母和数字。代码如下。

```
//1 代表只有数字,2 代表只有字母,3 代表同时包含字母和数字.
private function createChars()
```

```
{
    if ($this->type == 1) {
        $chars = implode("", range(0, 9));
    } else if ($this->type == 2) {
        $chars = implode("", range("A", "Z"));
    } elseif ($this->type == 3) {
        $chars = implode("", array_merge(range(0, 9), range("A", "Z")));
    }
    $chars =str_shuffle($chars);//打乱字符串排序
    if ($this->codeNum > strlen($chars)) {
        exit("验证码位数必须小于" . strlen($chars));
    }
    $chars =substr($chars, 0, $this->codeNum);
    return $chars;
}
```

(3) 绘制验证码

drawCode( )方法用于绘制验证码字符串。每位验证码字符的颜色由 imagecolorallocate( )方法随机生成，为增强与背景的对比，验证码字符颜色采用偏暗色系，颜色取值范围为0~200。最后通过 imagettftext( )方法绘制每位验证码，代码如下。

```
public function drawCode()
{
    $font_file = __DIR__ . "\ARIALNI.TTF";
    for ($i = 0; $i < $this->codeNum; $i++) {
        $color = imagecolorallocate($this->image, mt_rand(0, 200), mt_rand(0,
200), mt_rand(0, 200));
        $x =mt_rand(1, 5) + $this->width /4 * $i;
        $y =mt_rand(1, 5) + $this->height * 2 /3;
        imagettftext($this->image, 20, 0, $x, $y, $color, $font_file, $this->
chars[$i]);
    }
}
```

(4) 绘制干扰点

interferenceDots( )方法用于绘制干扰像素点，成员属性$dotNum 指定干扰像素点的个数，生成干扰点的代码如下。

```
private function interferenceDots()
{
    for ($i = 0; $i < $this->dotNum; $i++) {
        $color = imagecolorallocate($this->image, mt_rand(0, 255), mt_rand(0,
255), mt_rand(0, 255));
        imagesetpixel($this->image, mt_rand(0, $this->width - 1), mt_rand(0,
$this->height - 1), $color);
    }
}
```

(5) 绘制干扰线

interferenceLines( )方法用于绘制干扰线条，成员属性$lineNum 指定干扰线条的数目，生成干扰线条的代码如下。

```
private function interferenceLines()
{
    for ($i = 0; $i < $this->lineNum; $i++) {
```

```
        $color = imagecolorallocate($this->image, mt_rand(0, 255), mt_rand(0, 
255), mt_rand(0, 255));
        imageline($this->image, mt_rand(0, $this->width - 1), mt_rand(0, $this->
height - 1), mt_rand(0, $this->width - 1), mt_rand(0, $this->height - 1), $color);
    }
}
```

3. 代码测试

新建一个“11-19. php”文件，在该文件中通过实例化验证码类获得一个验证码对象，验证码实例中需要的宽度、高度等参数通过数组传递给构造方法，代码如下。

```
//引入验证码类文件
include "./VerificationCode.php";
//设置验证码参数
$params = array(
    "width" => 100,
    "height" => 40,
    "codeNum" => 4,
    "type" => 3,
    "dotNum" => 50,
    "lineNum" => 4
);
$img = new VerificationCode($params);
$img->getImage("verify");
```

运行该页面可以得到一幅包含 4 位随机验证码的图像。新建一个 HTML 页面，并在页面中添加如下代码。

```
<body>
<label>验证码:</label><img id="verify" src="11-19.php" onclick=getVerify();>
<script type="text/javascript">
    function getVerify() {
        document.getElementById("verify").src = "11-19.php?rd=" + Math.random();
    }
</script>
</body>
```

上述代码中，为 img 元素绑定了一个单击事件，实现单击验证码图片时，可以对验证码进行刷新。为了避免浏览器缓存可能对验证码刷新造成的影响，在页面地址后面拼接了一个由 random( ) 函数生成的随机数。页码运行效果如图 11-18 所示。

图 11-18 验证码类的应用

11.13 实践操作

使用面向对象相关知识设计数据分页类，实现与第 7 章图 7-9 相同的分页效果。

第 12 章　Git

项目开发中，经常使用版本控制系统管理项目代码。Git 是一个功能强大、使用灵活且低开销的版本控制系统，使协作开发变得非常方便。本章主要介绍 Git 的基础命令、Git 分支和远程仓库等。

📖 **本章要点**

- Git 基础命令
- Git 分支
- 远程仓库

12.1　版本控制系统

版本控制系统是用来管理和追踪项目代码或其他类似内容的工具。通过版本控制系统可以对项目代码进行持续追踪和备份、查看和对比每一次变更信息、将文件或者项目的内容恢复到之前的状态等。常用的版本控制系统有集中式和分布式两种。

12.1.1　集中式版本控制系统

集中式版本控制系统（Centralized Version Control System，CVS）便于不同客户端之间的协作开发，拥有一个包含文件所有记录的中央服务器，不同客户端都可以从中央服务器检出文件或者提交更新，如图 12-1 所示。

集中式版本控制系统相比每个客户端都维护一份文件的记录会简单很多。但是，它也有一些严重的缺陷，其中一点是文件所有的记录都保存在一台中央服务器上，假如这台服务器发生宕机，那么在此期间所有开发人员都不能检出和提交文件。如果中央服务器的硬盘受损，备份丢失，那除了开发人员保存在本地的快照，文件的所有记录都会丢失。另外集中式版本控制系统需要联网才能工作，如果检出或提交的文件比较大，需要耗费一些时间。

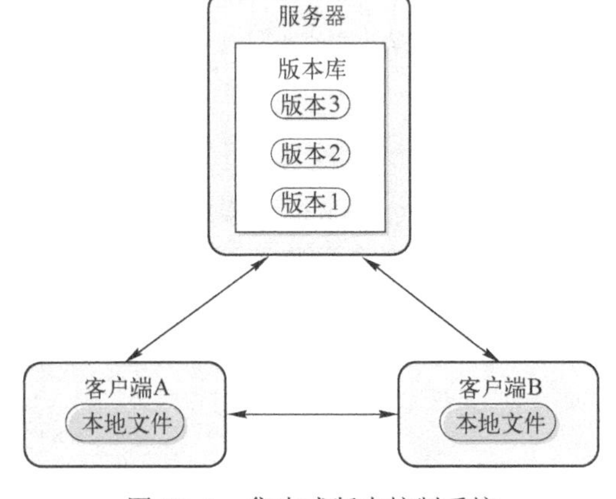

图 12-1　集中式版本控制系统

12.1.2　分布式版本控制系统

分布式版本控制系统是为了解决集中式版本控制系统的问题而出现的，它没有中央服务器，每一个客户端都保存一份版本库，它是代码仓库的完整镜像，如图 12-2 所示。如果服务器发生故障，任何一个客户端的本地镜像都可以用来恢复服务器。分布式版本控制系统不需要联网就可以提交文件。事实上，分布式版本控制系统也有充当“中央服务器”角色的服务器，它用来解决不同开发人员之间的协作问题。

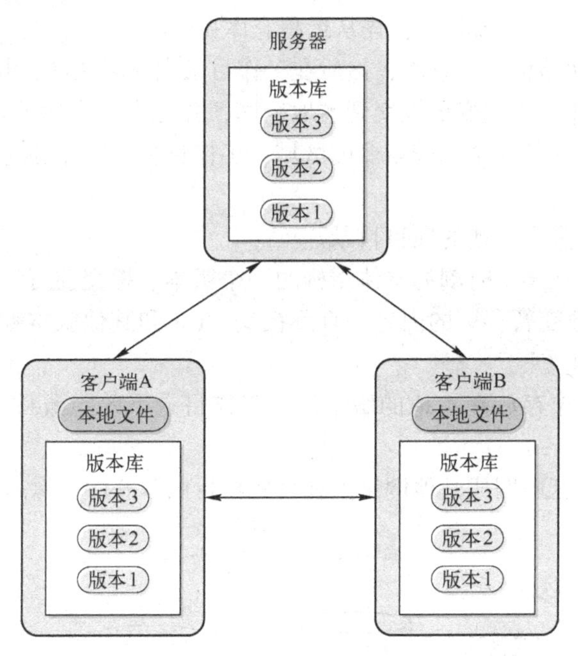

图 12-2　分布式版本控制系统

12.2　Git 概述

Git 是由 Linus Benedict Torvalds 创建的分布式版本控制系统，最初用来管理 Linux 代码，但由于其本身的优点、开源性以及 GitHub 免费提供的 Git 存储等，使得 Git 非常流行。本节主要介绍 Git 的安装和工作流程。

12.2.1　Git 的安装

从 Git 官网（https://git-scm.com/downloads）下载安装程序，运行该安装程序，程序安装过程中采用默认设置即可，安装完成后可以在开始菜单中选择“Git”→“Git Bash”命令，打开 Git Bash 窗口，如图 12-3 所示。

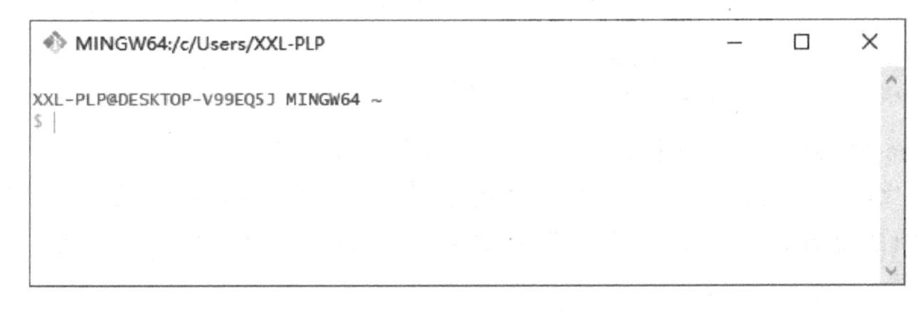

图 12-3　Git Bash 窗口

12.2.2　Git 的工作流程

Git 管理项目代码的一般流程为：先从远程仓库克隆项目到本地，或者在本地初始化一个仓库，然后在工作目录中编辑文件，并且在暂存区中累积修改，最后把这些修改作为一次变更提交到本地仓库，并把本地仓库的提交推送到远程仓库，如图 12-4 所示。其中涉及几个比较重要的区域：工作目录、暂存区（也称为“索引”）、本地仓库和远程仓库。

1）工作目录：克隆到本地的项目目录。

2）暂存区：项目在某个时刻的整体结构的一个版本。提交前可以把所有修改放到暂存区，即可以有条理地改变暂存区的内容，直到提交。Git 和其他版本控制系统的一个不同之处就是有暂存区的概念。

3）本地仓库：一个存放在本地的版本库。工作目录下的隐藏目录 . git 不算工作目录，而是 Git 的版本库。

4）远程仓库：在互联网或其他网络上托管的项目版本仓库，像 GitHub。

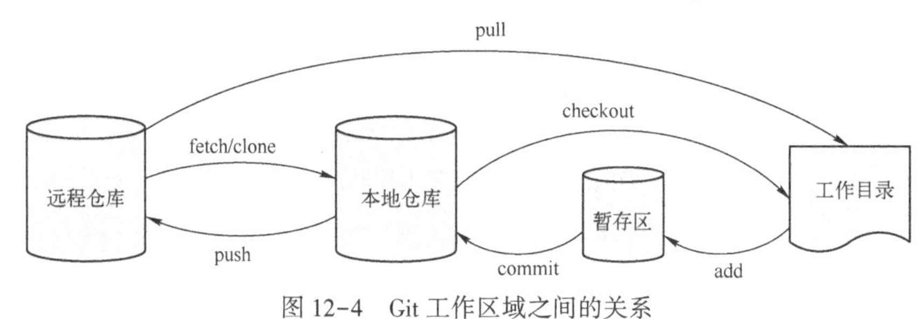

图 12-4　Git 工作区域之间的关系

12.3　Git 的基本配置

在使用 Git 管理项目代码前需要做一些基本的配置，例如，用户名、用户邮箱等。本节介绍 Git 的基本配置，主要包括用户信息、文本编辑器。

12.3.1　用户信息

由于 Git 是分布式版本控制系统，为了记录哪一个用户提交了新的版本，则需要设置用户名和邮箱。例如，设置用户名为 Your Name，邮箱为 Your Email，执行命令如下。

```
$git config --global user.name "Your Name"
$git config --globaluser.email "Your Email"
```

user. name 和 user. email 用来指定配置项为用户名称和邮件地址。其中，--global 选项用来设置用户级的配置，之后该用户在该系统上做任何操作，Git 都会使用这些信息。如果需要在特定项目使用不同的用户名称与邮件地址，可以在工作目录下运行没有--global 选项的命令来配置。

12.3.2　文本编辑器

Git 的一些命令在执行时需要输入信息，例如，提交说明、标签说明等。这时就会调用文本编辑器，默认使用系统的文本编辑器，如果希望使用不同的文本编辑器，可以通过配置 core. editor 来实现。

例如，配置 emacs 作为 Git 的文本编辑器，执行命令如下。

```
$git config --globalcore.editor emacs
```

12.3.3 查看配置

Git 提供的 git config --list 命令可以查看所有的配置信息。

```
$git config --list
```

该命令的部分执行结果如下：

```
user.name=Your Name
user.email=Your Email
```

如果只希望查看某一项的配置信息，可以使用 git config <key>命令，其中 key 指定要查看的配置项。例如，查看 Git 中的用户名，执行命令如下。

```
$git config user.name
```

该命令的执行结果如下：

```
Your Name
```

12.4 Git 基本操作

完成 Git 的相关配置后就可以使用 Git 来管理代码了，本节讲解 Git 的一些基本操作，主要包括获取仓库、添加文件和撤销修改等。

12.4.1 获取 Git 仓库

Git 仓库的作用是保存项目的元数据和对象数据库，是整个 Git 数据库的集合。可以通过两种方式获取 Git 仓库：一种是在现有目录中初始化 Git 仓库；另一种是从其他服务器克隆一个已存在的项目。

1. 在现有目录中初始化 Git 仓库

进入需要初始化为 Git 仓库的目录下，执行 git init 命令，即可将现有目录初始化为一个 Git 仓库。例如，将/Users/name/Documents/Projects/下的 learnGit 目录初始化为 Git 仓库。首先进入该目录，然后执行 git init 命令。

```
$git init
```

该命令的执行结果如下：

```
Initialized empty Git repository in /Users/name/Documents/Projects/learnGit/.git/
```

从执行结果可以看出，已经成功初始化一个空的 Git 仓库。

2. 从服务器克隆已存在的项目

git clone <url>命令可以从服务器克隆一个已存在的项目，该命令默认会在当前目录下创建一个与远程仓库同名的新目录，在其中初始化 .git 目录，并将远程仓库中的所有数据克隆到本地，默认会把整个项目历史中每个文件的所有历史版本都拉取下来。例如，克隆链接地址为 https://github.com/learn/learnGit 的 Git 仓库，执行如下命令。

```
$git clone https://github.com/learn/learnGit
```

如果需要自定义本地仓库的名字，也就是将项目克隆到其他名字的目录中，可以将目录名作为选项传入。例如，将上述 Git 仓库克隆到 learnGit2 目录下，执行如下命令。

```
$git clone https://github.com/learn/learnGit learnGit2
```

Git 支持多种数据传输协议。上面命令使用的是 https:// 协议，也可以使用 git:// 协议或者 SSH 传输协议。

📖 为了避免使用 Git 的过程中遇到一些莫名其妙的问题，请确保目录名（包括父目录）不包含中文。

12.4.2 查看文件状态

12.4.2 查看文件状态 

Git 中的文件有 4 种状态：未跟踪、未修改、已修改和已暂存。其中未修改、已修改和已暂存又统称为已跟踪。

1）未跟踪文件：已经在项目目录中，但是还未添加到 Git 仓库，不参与版本控制的文件。这类文件添加到暂存区后状态变为已暂存。

2）未修改文件：已经添加到 Git 仓库，并且还未修改的文件。这类文件如果被修改，状态将变为已修改。如果被移除，则变为未跟踪。

3）已修改文件：已经添加到 Git 仓库，仅仅做了修改的文件。这类文件添加到暂存区后状态变为已暂存。

4）已暂存文件：加入到暂存区的文件。这类文件提交到仓库后状态变为未修改。

文件状态的生命周期如图 12-5 所示。

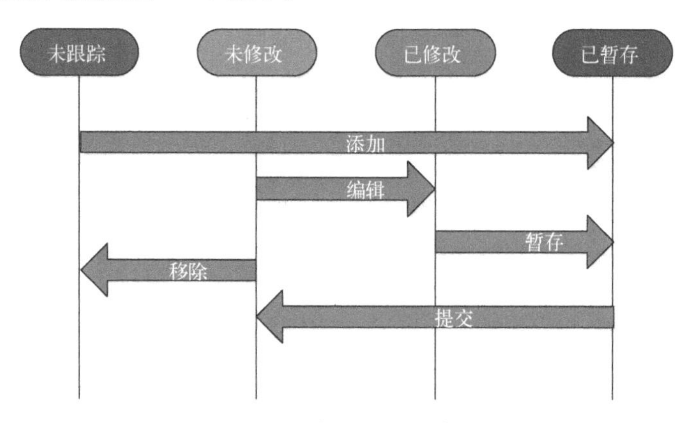

图 12-5 文件状态的生命周期

Git 中的 git status 命令可以查看文件状态。如果是刚刚完成克隆的项目，文件状态都是未修改的。例如，查看 learnGit 仓库的文件状态，执行如下命令。

```
$git status
```

该命令的执行结果如下：

```
On branch master
nothing to commit, working tree clean
```

从执行结果可以看出，当前工作目录是干净的，没有变更需要提交。

12.4.3 添加文件

12.4.3 添加文件 

在 Git 中添加新文件或已修改文件到本地仓库可以分为两步：第一步，使用 git add 命令将文件添加到暂存区；第二步，使用 git commit 命令将文件提交到版本库。

git add 命令将工作目录的变更添加到暂存区，该命令接收文件或目录的路径作为参数，如果参数是目录，则会递归地添加该目录下的所有文件。如果当前工作目录有未跟踪文件，执行该命令后，Git 会开始跟踪文件。例如，添加 readme. txt 文件到暂存区，执行如下命令。

```
$git add readme.txt
```

git add 命令的常用选项如下。

1）-u 选项：将已跟踪文件中修改和删除的文件添加到暂存区，但不包括未跟踪文件。例如：

```
$git add -u
```

2）-A 选项：将所有文件的变更添加到暂存区，包括未跟踪和已跟踪文件。例如：

```
$git add -A
```

git commit 命令可以将暂存区的内容提交到 Git 仓库，该命令可以接收文件或目录的路径名作为参数，如果提供该参数则提交暂存区的指定文件到仓库，如果不提供则提交暂存区的所有内容到仓库。Git 的每次提交都需要写提交说明，通过-m 选项可以添加提交说明，例如：

```
$git commit -m '添加 readme.txt 文件'
```

如果提交说明有多行，则可以只执行 git commit 命令，该命令会打开文本编辑器添加提交说明。一般来说，提交说明应该清晰明了，说明本次提交的目的。

git commit 命令的-a 选项可以将已跟踪文件中的修改和删除文件提交到 Git 仓库，即使它们没有通过 git add 添加到暂存区。

下面通过一个例子来说明添加文件到本地仓库的基本操作。

【例 12-1】 在 learnGit 项目下创建 readme. txt 文件后，将该文件添加到本地仓库。

首先使用 git status 命令查看当前文件状态，执行如下命令。

```
$git status
```

该命令的执行结果如下：

```
On branch master
No commits yet
Untracked files:
(use "git add <file>..." to include in what will be committed)
    readme.txt
nothing added to commit but untracked files present (use "git add" to track)
```

从执行结果可以看出，readme. txt 是未跟踪状态（在 Untracked files 列表下），并且提示可以通过执行 git add 命令跟踪文件，执行该命令将 readme. txt 文件添加到暂存区。

```
$git add readme.txt
```

再次执行 git status 命令查看文件状态。

```
$git status
```

该命令的执行结果如下：

```
On branch master
No commits yet
Changes to be committed:
(use "git rm --cached <file>..." to unstage)
    new file:   readme.txt
```

从执行结果可以看出 readme. txt 文件已经在暂存区了，Changes to be committed 下显示的是已暂存文件。最后提交暂存区变更到 Git 仓库，执行如下命令。

```
$git commit -m 'add readme file'
```

上述命令的执行结果如下：

```
[master (root-commit) 9bd3630] add readme file
1 file changed, 4 insertions(+)
create mode 100644 readme.txt
```

从执行结果可以看到本次提交的一些信息，包括提交到哪个分支（master）、提交 ID（9bd3630）、提交说明（add readme file）和修改信息（1 file changed，4 insertions(+)）等。

📖 提交时记录的是暂存区的内容，所有未进入暂存区的内容都不会提交。

12.4.4 移除文件

在 Git 中移除一个文件，首先需要将它从已跟踪文件列表中移除，也就是从暂存区中移除，再提交变更到仓库。

git rm 命令可以从暂存区或同时从暂存区和工作目录中移除一个文件。该命令接收文件或目录的路径名作为参数，如果参数是目录，则会移除该目录下的所有文件，如果移除的目录下存在子目录，则需要使用-r 选项递归地移除。

例如，从暂存区和工作目录中移除未修改文件 temp. php，执行如下命令。

```
$git rm temp.php
```

如果需要移除已暂存的文件，也就是修改并添加到暂存区的文件，则可以使用-f 选项强制移除。例如，移除已暂存文件 temp. php，执行如下命令。

```
$git rm -f temp.php
```

如果希望把文件保留在工作目录，只是从暂存区移除，可以使用--cached 选项。例如，从暂存区移除 temp. php 文件，执行如下命令。

```
$git rm --cached temp.php
```

如果只是移除未跟踪文件，可以使用普通的 rm 命令。

下面通过一个例子来说明移除文件的基本操作。

【例 12-2】 从 learnGit 项目中移除 temp. php 文件，temp. php 为未修改文件。

首先使用 git rm 命令将文件从暂存区和工作目录中移除。

```
$git rm temp.php
```

该命令的执行结果如下：

```
rm 'temp.php'
```

随后使用 git status 命令查看当前的文件状态。

```
$git status
```

该命令的执行结果如下：

```
On branch master
Changes to be committed:
(use "git reset HEAD <file>..." tounstage)
    deleted:temp.php
```

从执行结果可以看出暂存区已经记录 temp. php 文件的删除状态。然后通过 git commit 命令将变更提交到 Git 仓库。

```
$git commit -m 'delete temp.php file'
```

该命令的执行结果如下：

```
[master c8f952c] delete temp.php file
1 file changed, 10 deletions(-)
delete mode 100644 temp.php
```

从执行结果可以看出 temp. php 文件已经从 Git 仓库中删除了。需要注意的是，虽然当前版本删除了 temp. php 文件，但是该文件在历史版本中的记录是不会删除的。

12.4.5 重命名文件

Git 提供了 git mv <source> <destination>命令进行重命名操作，该命令可以重命名一个文件、目录或符号链接，其中第一个参数 source 是原名称，第二个参数 destination 是目标名称。例如，将 learnGit 项目中的 readme. txt 文件重命名为 readme. md，执行如下命令。

```
$git mv readme.txt readme.md
```

上述的 git mv readme. txt readme. md 命令相当于下面三条命令。

```
$mv readme.txt readme.md
$git rm readme.txt
$git add readme.md
```

不管使用哪种方式重命名文件，结果均相同，唯一的区别在于 git mv 只需要输入一条命令而不是三条命令，比较方便。

12.4.6 撤销操作

在项目开发中，可能因为一些失误需要撤销之前的操作，一般会有三种场景。

1. 撤销工作目录的变更

如果不小心引入错误到项目中，但还没有将修改添加到暂存区，这种情况可以通过 git checkout -- <file>命令将文件恢复到与暂存区一致。注意命令中的“--”不能省略，如果没有“--”，就是切换分支的含义了。

例如，在修改 learnGit 项目的 readme. md 文件时不小心出错了，需要撤销修改。首先运行 git status 命令查看文件状态。

```
$git status
```

该命令的执行结果如下：

```
On branch master
Changes not staged for commit:
(use "git add <file>..." to update what will be committed)
(use "git checkout -- <file>..." to discard changes in working directory)

    modified:  readme.md

no changes added to commit (use "git add" and/or "git commit -a")
```

从执行结果可以看出，文件变更还未添加到暂存区，并且 Git 也提示可以通过 git checkout -- <file>来撤销工作目录的变更。执行 git checkout -- <file>命令来撤销修改。

```
$git checkout -- readme.md
```

随后使用 git status 查看当前的文件状态。

```
$git status
```

该命令的执行结果如下：

```
On branch master
nothing to commit, working tree clean
```

从执行结果可以看出，readme. md 文件在工作目录的内容已经恢复了。

需要注意两种情况：一种是文件修改后还没有添加到暂存区，这时候撤销修改就恢复到最近一次提交的状态；另一种是文件添加到暂存区后，又做了修改，这时候撤销修改就恢复到暂存区的状态。

2. 撤销暂存区的变更

如果不仅引入错误到工作目录，还将出错的文件添加到了暂存区，这种情况可以使用 git reset 命令来恢复。git reset 命令会调整 HEAD（HEAD 指向当前版本）引用指向给定提交，默认情况下还会更新暂存区以匹配该提交。因此可以使用 git reset HEAD <file>命令撤销暂存区的变更，并且将变更重新放回工作目录。

例如，在修改 learnGit 项目的 readme. md 文件时不小心出错，并且将错误变更添加到了暂存区，需要撤销暂存区和工作目录的修改。首先执行 git reset HEAD <file>命令撤销暂存区的变更。

```
$git reset HEAD readme.md
```

该命令的执行结果如下：

```
Unstaged changes after reset:
M   readme.md
```

然后执行 git checkout -- <file>命令撤销工作目录的变更。

```
$git checkout -- readme.md
```

Git 中有一些用于特殊目的的特殊符号引用，其中 HEAD 表示当前版本，即最新的提交，HEAD^表示上一个版本，上上一个版本是 HEAD^^，HEAD~100 表示往上 100 个版本。

3. 撤销本次提交

如果不仅将错误添加到暂存区，还提交到了版本库，这种情况同样可以使用 git reset 命令来恢复。git reset 命令会调整 HEAD 引用指向给定提交，因此可以通过调整 HEAD 指向上次提交来撤销本次提交。

git reset 命令有三个主要选项：--hard、--mixed 和--soft。

--soft：将 HEAD 指向给定提交，索引和工作目录的内容不变。

--mixed：将 HEAD 指向到给定提交，并且暂存区的内容也会重置到给定提交的状态，而工作目录的内容不会变。这种模式是 git reset 的默认模式。

--hard：不仅将 HEAD 指向到给定提交，也将暂存区和工作目录里的内容重置到给定提交的状态。

例如，把 learnGit 仓库的当前版本 an error commit（该版本包含错误）回退到上一个版本 modified readme file2，并且把暂存区和工作目录也恢复到之前版本的状态，执行如下命令。

```
$git reset --hard HEAD^
```

该命令的执行结果如下：

```
HEAD is now at 1e1883a modified readme file2
```

从执行结果可以看出已经回退到上一个版本 modified readme file2，并且工作区和暂存区的内容也都和上一个版本一致。Git 的版本回退速度非常快，因为 Git 在内部有个指向当前版本的 HEAD 指针，当回退版本时，Git 仅改变 HEAD 指针的指向。

12. 4. 7　查看提交历史和差异

12. 4. 7　查看提交历史和差异

Git 提供了 git log 命令查看仓库的提交历史，默认不加参数的情况下，git log 会按时间顺序展示提交，最新的提交在最上边。例如，查看 learnGit 仓库的提交历史，执行如下命令。

```
$git log
```

该命令的执行结果如下：

```
commit 41b51aa3d5e7571712497426821bb77349952db8 (HEAD -> master)
Author: Your Name<Your Email>
Date:   MonFeb 24 17:10:02 2020 +0800
    add temp file

commit 73985f717b935b431aa7e8b201fedccfd8a7267a
Author:Your Name<Your Email>
Date:   MonFeb 24 16:59:53 2020 +0800

    add .gitignore

commit 9bd3630e866eec8fd8ee861883720d32ed2b7006
Author:Your Name<Your Email>
Date:   MonFeb 24 14:25:44 2020 +0800

    add readme file
```

从执行结果可以看出，Git 中的每个提交都有一个散列 ID（也称为“commit id”）来标识，通过散列 ID 可以唯一确定一个提交。由于输入 40 位的散列 ID 是比较容易出错的，Git 允许使用它的唯一前缀来缩短它。

通过 git log 的选项可以控制展示的内容，将一些选项结合使用会展示更有意义的信息，该命令的常用选项如表 12-1 所示。例如，将--pretty、format 和--graph 选项结合使用，执行如下命令。

```
$git log --pretty=format:"%h %s" --graph
```

该命令的执行结果如下：

```
* 41b51aa add temp file
* 73985f7 add .gitignore
* 9bd3630 add readme file
```

表 12-1　git log 常用选项

选　　项	描　　述
-p	按补丁格式显示每个提交引入的差异
--stat	显示每次提交的文件修改统计信息
--shortstat	只显示 --stat 中最后的行数修改添加移除统计
--name-only	仅在提交信息后显示已修改的文件清单
--name-status	显示新增、修改、删除的文件清单
--abbrevp-commit	仅显示 SHA-1 校验和所有 40 个字符中的前几个字符
--relative-date	使用较短的相对时间而不是完整格式显示日期（例如，“2 weeks ago”）
--graph	在日志旁以 ASCII 图形显示分支与合并历史
--pretty	使用其他格式显示历史提交信息。可用的选项包括 oneline、short、full、fuller 和 format（用来定义自己的格式）

使用 git diff 命令可比较文件的差异，该命令的参数决定使用哪种形式和比较什么，在省略参数的情况下，默认比较工作目录和索引之间的差异。例如，在更新 learnGit 版本库的

readme. md 文件后，查看尚未暂存的文件具体更新了哪些部分，不加参数直接执行 git diff 命令。

```
$git diff
```

该命令的执行结果如下：

```
diff --git a/readme.md b/readme.md
index 59413b1..c685ae5 100644
--- a/readme.md
+++ b/readme.md
@@ -1,4 +1,5 @@
在线考试系统介绍
1、前台功能
2、后台功能
-3、开发前准备
\No newline at end of file
+3、开发前准备
+4、注意事项
\No newline at end of file
```

执行结果的第一行表示这是 git 格式的 diff，进行比较的是 a 版本的 readme. md 文件（变更前）和 b 版本的 readme. md 文件（变更后）；第二行表示两个版本的 git 散列值（暂存区的 59413b1 对象与工作目录的 c685ae5 对象进行比较），最后的六位数字是对象的模式（100 代表普通文件，644 代表文件具有的权限）；第三四行表示进行比较的两个文件，“---”表示变动前的版本，“+++”表示变动后的版本；第五行表示代码变动的位置，用@@作为起首和结束，减号表示第一个文件，1 表示第一行，4 表示连续四行，即表示下面是第一个文件从第一行开始的连续四行。同样的，“+1，5”表示第二个文件从第一行开始的连续五行；后边的部分表示变动的具体内容。以减号（-）开始的行，表示从原始文件删除该行；以加号（+）开始的行，表示在原始文件添加该行；而以空格开始的行是两个版本都有的行。

此外，git diff 命令结合--staged 选项可以查看暂存区和最近一次提交的差异，git diff --staged [commit-id]命令会显示暂存区和给定提交之间的差异，git diff <commit-id>命令会展示工作目录和给定提交的差异，git diff <commit-id> <commit-id>命令会展示两个版本之间的差异。

12.5 Git 分支

分支是在软件项目中启动一条单独的开发线的基本方法，它从一种统一的、原始的状态中分离出来，使开发能在多个方向上同时进行。Git 的分支功能非常轻量，相关操作几乎都是即时完成的，并且分支间的切换也非常迅速。相比其他版本控制系统，Git 鼓励在工作流中频繁使用分支和合并操作。本节讲解 Git 分支的一些基本操作，主要包括创建分支、切换分支、合并分支和分支管理策略等。

12.5.1 创建分支

Git 分支是一个指向某次提交的轻量级可移动指针，在 Git 中创建一个新分支，实际上是创建一个指向现有提交的新指针。

git branch <branch-name>命令会创建一个指向当前提交的新分支。例如，创建一个 develop 分支，执行如下命令。

```
$git branch develop
```

如果希望基于给定提交创建分支，可以使用 git branch <branch-name> <starting-commit> 命令，其中参数 starting-commit 为提交 ID。

12.5.2　切换分支

git branch 命令只新建分支，并没有切换工作目录去使用这个分支，通过 git checkout <branch-name>命令可以切换当前分支到指定分支。例如，切换当前分支到 develop 分支，执行如下命令。

```
$git checkout develop
```

该命令执行结果如下：

```
Switched to a new branch 'develop'
```

通过 git checkout -b <branch-name>命令可以创建并切换分支。例如，创建一个 develop 分支，并切换到该分支，执行如下命令。

```
$git checkout -b develop
```

Git 维护了一个名为 HEAD 的特殊指针，它指向当前所在的本地分支，而本地分支则指向该分支的最新提交。例如，切换到 develop 分支后，HEAD 指针指向 develop 分支，如图 12-6 所示。

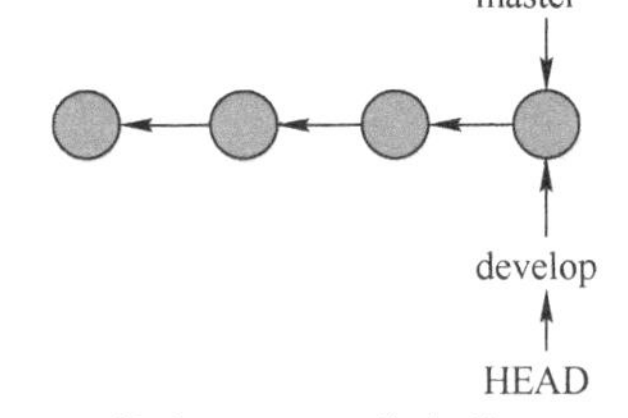

图 12-6　指向 develop 分支的 HEAD 指针

12.5.3　合并分支

12.5.3　合并分支

当某个分支的工作完成后，通常需要将该分支与其他分支合并，以便获取一份更加完善的代码。Git 中的合并操作必须在一个版本库中进行，在一个分支中的修改和另一个分支中的修改没有冲突的情况下，Git 会合并分支内容并创建一个新的提交。

git merge <branch-name>命令把指定分支合并到当前分支。例如，把 develop 分支合并到 master 分支（当前分支指向 master 分支），执行命令如下。

```
$git merge develop
```

该命令的执行结果如下：

```
Updating 1e1883a..ec3a6d7
Fast-forward
readme.md | 3 ++-
1 file changed, 2 insertions(+), 1 deletion(-)
```

从执行结果可以看出，默认采用的合并模式是 Fast-forward 模式。这种模式会直接把

master 分支指向 develop 分支的当前提交，所以速度比较快。此时 master 分支和 develop 分支的指针都指向当前提交，如图 12-7 所示。

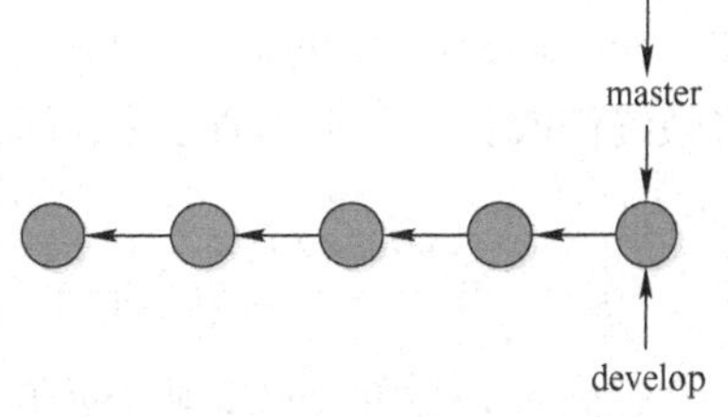

图 12-7　快速合并后的分支指向

git merge 命令的--no-ff 选项可以禁用 Fast-forward 模式，在合并时会生成一个新的提交，便于从提交信息中看出分支信息。由于使用该选项会产生一个新的提交，所以需要通过-m 选项添加提交说明。例如，使用非 Fast-forward 模式将 develop 分支合并到 master 分支（当前分支指向 master 分支），执行如下命令。

```
$git merge --no-ff -m "merged develop" develop
```

该命令的执行结果如下：

```
Merge made by the 'recursive' strategy.
readme.md |3 ++-
1 file changed, 2 insertions(+), 1 deletion(-)
```

由于合并操作是将不同分支的修改合并到一个分支上，如果参与合并操作的分支修改了相同的文件，则可能会引入冲突。如果分支中有冲突，Git 会标记出来冲突部分留给开发人员解决，开发人员解决冲突后需要手动提交。

下面通过一个例子来说明解决冲突的相关操作。

【例 12-3】 learnGit 版本库中，develop 分支和 master 分支都修改了 readme. md 文件，并且在各自分支上都提交了修改，分支指向如图 12-8 所示，将 develop 分支的改动合并到 master 分支。

图 12-8　各自有提交的分支指向

首先将当前分支切换到 master 分支，执行如下命令。

```
$git checkout master
```

然后执行 git merge 命令进行合并。

```
$git merge develop
```

该命令的执行结果如下：

```
Auto-merging readme.md
CONFLICT (content): Merge conflict in readme.md
Automatic merge failed; fix conflicts and then commit the result.
```

从执行结果可以看出，在合并的过程中发生了冲突，并且 Git 提示需要手动处理冲突后再提交。此时查看 readme. md 文件，其内容如下。

```
在线考试系统介绍
.....
5、数据库信息
6、develop 开发须知
<<<<<<< HEAD
7、合作开发
=======
7、冲突解决
>>>>>>> develop
```

Git 会用“<<<<<<<”“=======”和“>>>>>>>”标记发生冲突的文件中不同分支的内容。其中“<<<<<<<”和“=======”中间为当前分支的数据，“=======”和“>>>>>>>”中间为 develop 分支的数据。修改 readme. md 文件保留两个分支的修改，并将最终修改提交到版本库，执行命令如下。

```
$git add readme.md
$git commit -m 'conflicts fixed'
```

提交合并后 learntGit 版本库的分支指向如图 12-9 所示。

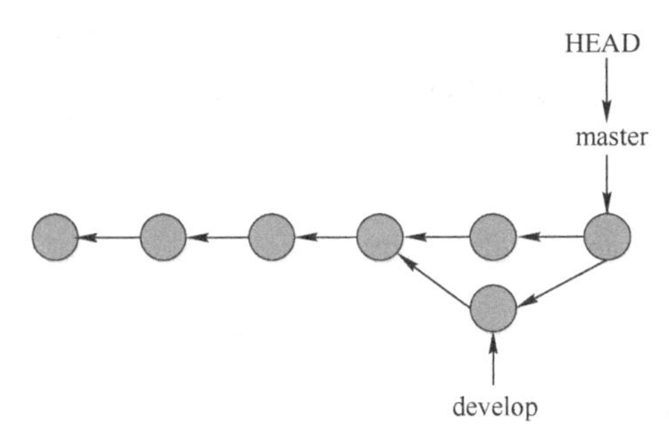

图 12-9　解决冲突并提交后的分支指向

12.5.4　分支管理策略

12.5.4　分支管理策略

由于 Git 的分支功能非常强大，在开发过程中经常会创建和合并分支。为了使提交历史简洁、清晰，需要对分支进行管理，下面介绍下常用的分支管理策略。

（1）master 分支

Git 仓库有且只有一个 master 分支，该分支只存放稳定版的代码，即已经发布版本或即将发布版本的代码。

（2）develop 分支

master 分支是用来发布稳定版本的，日常开发和测试应该在另一个分支进行，也就是 develop 分支。

（3）临时性分支

master 和 develop 分支都是长期分支，除了这两个长期分支，在针对一些特定目的的版本开发时，会创建一些临时分支，常见的分支如下。

1）feature 分支：新功能开发时，会基于 develop 分支创建一个功能分支。开发完成后再合并到 develop 分支，一般命名为 feature-*的形式。

2）fixbug 分支：软件开发过程中，bug 是不可避免的，修补 bug 会在一个新分支进行，该分支基于 master 分支创建。修补完成后，再合并到 master 和 develop 分支，一般命名为 fixbug-*的形式。

3）release 分支：在发布正式版本之前（此时还未合并到 master 分支）需要一个预发布的版本进行测试，预发布分支基于 develop 分支创建，在预发布测试结束后，需要合并到 develop 和 master 分支，一般命名为 release-*的形式。

临时性分支在使用完毕后应该删除，下次需要时再重新创建。

下面通过一个案例来展示分支管理的操作流程。

【例 12-4】 假设同学 A 正在 feature-1 分支开发新功能，这时收到一个修补 bug 的需求。而此时 feature-1 分支的修改还没有提交，因为才开发到一半，还不能提交，但是修补 bug 的任务是重要且紧急的，需要第一时间响应。

首先同学 A 需要将 feature-1 分支的修改储藏起来。git stash 命令可以将已跟踪文件的变更储藏起来，随后在某个分支恢复它。执行 git stash 命令储藏 feature-1 分支未提交的变更。

```
$git stash
```

该命令的执行结果如下：

```
Saved working directory and index state WIP on feature-1: 2df520e conflicts
fixed
```

随后使用 git status 命令查看当前的文件状态。

```
$git status
```

该命令的执行结果如下：

```
On branch feature-1
nothing to commit, working tree clean
```

从执行结果可以看出工作目录都是干净的（除非存在没有被 Git 跟踪的文件）。然后基于 master 分支新建一个 fixbug-1 分支，并在该分支修补 bug、提交修改，执行命令和输出结果如下。

```
$git checkout master
Switched to branch 'master'
$git checkout -b fixbug-1
Switched to a new branch 'fixbug-1'
$git add .
$git commit -m 'fixed bug'
[fixbug-1 ab74061] fixed bug
1 file changed, 2 insertions(+), 1 deletion(-)
```

bug 修补完成后切换到 master 分支，并将 fixbug-1 分支合并到 master 分支，随后删除 fixbug-1 分支，执行命令和输出结果如下。

```
$git checkout master
Switched to branch 'master'
$git merge --no-ff -m "mergedfixbug-1" fixbug-1
Merge made by the 'recursive' strategy.
readme.md |3 ++-
1 file changed, 2 insertions(+), 1 deletion(-)
$git branch -d fixbug-1
Deleted branch fixbug-1 (was ab74061).
```

切换到 feature-1 分支继续新功能的开发。首先恢复储藏内容，有两种方式可以恢复储藏内容：一种是使用 git stash apply 命令，该命令恢复储藏内容后，并不会删除它，需要执行 git stash drop 命令删除；另一种是使用 git stash pop 命令，该命令会恢复最近一次的储藏内容并删除。由于要恢复的是最近一次的储藏，使用 git stash pop 命令。

```
$git stash pop
On branch feature-1
Changes to be committed:
(use "git reset HEAD <file>..." tounstage)
    new file:index.php
Dropped refs/stash@{0} (6fd27f29050c893b89dc4596e753e7955011396e)
```

此时，之前在 feature-1 分支的变更已经恢复，可继续在该分支开发新功能，当新功能开发完成后将 feature-1 分支的提交合并到 develop 分支，然后基于 develop 分支创建 release-1 分支进行预发布测试，测试完成后则合并到 develop 和 master 分支。

12.6　远程仓库

12.6　远程仓库

远程仓库是指在互联网或其他网络上托管的项目版本仓库。当使用 Git 与他人协作开发时，需要一个可以共同访问的中间仓库，也就是远程仓库，参与者即可以从这个仓库拉取数据，也可以推送数据到这个仓库。可以通过两种方式创建远程仓库：搭建 Git 服务器和使用托管服务器。一般采用托管服务器的方式创建远程仓库。GitHub 是最大的 Git 托管平台，本节讲解 GitHub 的基本使用和远程仓库的相关操作。

12.6.1　在 GitHub 上创建仓库

在使用 GitHub 之前，需要拥有一个 GitHub 账号。当拥有一个 GitHub 账号后，可以在 GitHub 上创建一个仓库，然后把本地的 Git 仓库同步到 GitHub，这样 GitHub 上的仓库既可以作为备份，又可以方便与他人协作开发项目。

在 GitHub 官网的右上角可以找到"New Repository"入口，如图 12-10 所示。单击该链接会跳转到创建仓库页面，如图 12-11 所示，填写仓库名字，其他选项可以保持默认设置。

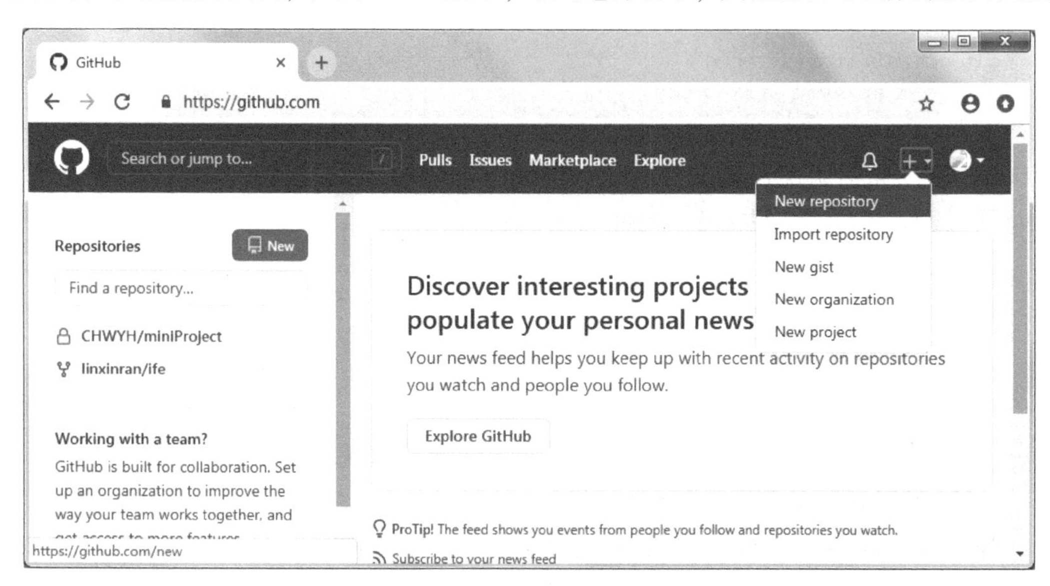

图 12-10　登录后 GitHub 首页

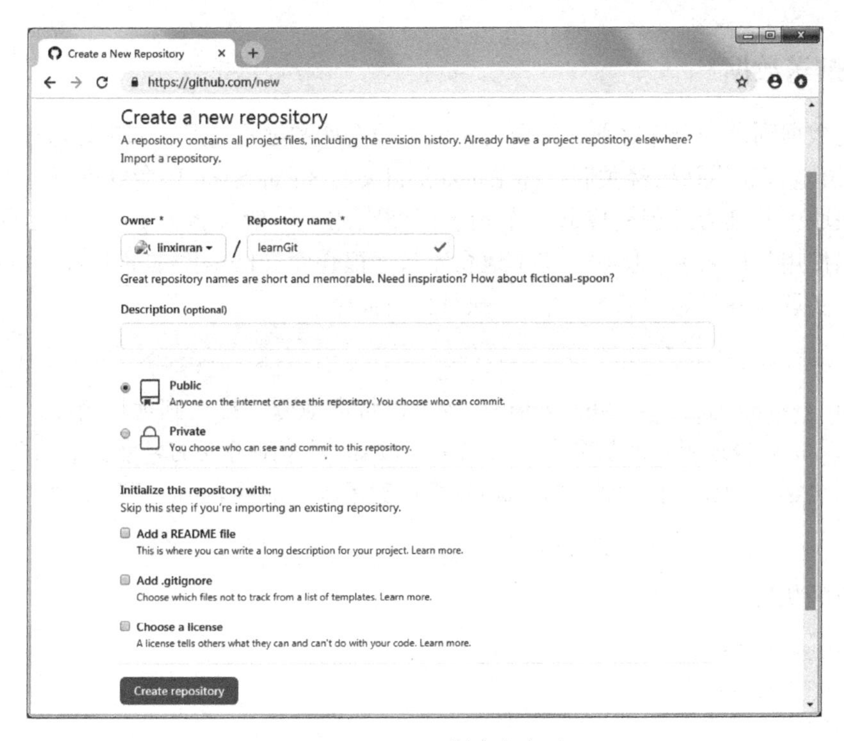

图 12-11　GitHub 创建仓库页面

然后单击“Create repository”按钮，出现如图 12-12 所示的页面表示创建 Git 仓库成功。

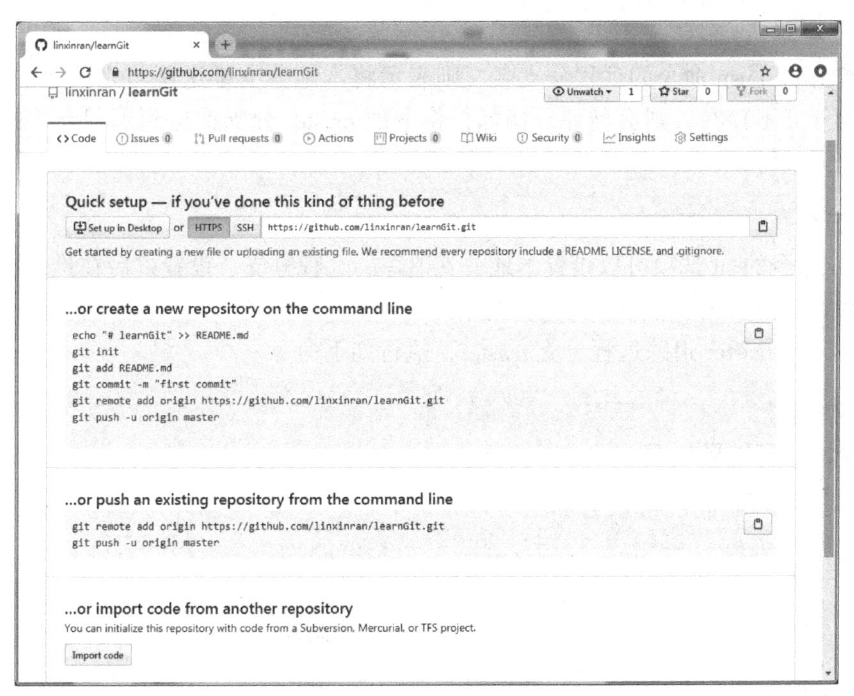

图 12-12　GitHub 成功创建仓库页面

12.6.2 推送数据

在推送数据到远程仓库之前，需要先关联本地仓库和远程仓库，如果是通过 git clone 命令获取的 Git 仓库，默认已经关联。git remote add <shortname> <url>命令可以将本地仓库和远程仓库关联，并且为远程仓库起一个别名以便引用。一般会将 origin 作为远程仓库的别名，也可以使用其他名字。例如，将本地仓库与远程仓库（https://github.com/yourname/learnGit.git）关联，并设置别名为 origin，执行如下命令。

```
$git remote add origin https://github.com/yourname/learnGit.git
```

git push <remote-name> <src>:<dst>命令可以将本地分支推送到远程仓库，其中第一个参数 remote-name 是远程仓库的名字，第二个参数 src 是本地分支的名字，第三个参数 dst 是远程分支的名字。例如，将本地分支 master 推送到远程仓库的 master 分支，执行如下代码。

```
$git push origin master:master
```

该命令的执行结果如下：

```
Enumerating objects: 48, done.
Counting objects: 100% (48/48), done.
Delta compression using up to 12 threads
Compressing objects: 100% (44/44), done.
Writing objects: 100% (48/48), 4.35KiB | 1.45 MiB/s, done.
Total 48 (delta 11), reused 0 (delta 0)
remote: Resolving deltas: 100% (11/11), done.
To https://github.com/yourname/learnGit.git
 * [new branch]      master -> master
```

如果省略 git push 命令的远程分支名，则表示将本地分支推送至与之同名的远程分支，如果该远程分支不存在，则会新建。例如，将本地 master 分支推送到远程仓库的 master 分支，执行如下代码。

```
$git push origin master
```

git push 命令的-u 选项可以设置本地分支追踪的远程分支，设置以后在推送或拉取时可以不加参数直接使用相应命令。例如，把本地仓库的 master 分支推送到远程仓库 origin，并且设置本地分支 master 追踪远程分支 master，执行如下命令。

```
$git push -u origin master
```

该命令的执行结果如下：

```
Enumerating objects: 24, done.
Counting objects: 100% (24/24), done.
Delta compression using up to 12 threads
Compressing objects: 100% (21/21), done.
Writing objects: 100% (24/24), 2.08KiB | 2.08 MiB/s, done.
Total 24 (delta 5), reused 0 (delta 0)
remote: Resolving deltas: 100% (5/5), done.
To https://github.com/yourname/learnGit.git
 * [new branch]      master -> master
Branch 'master' set up to track remote branch 'master' from 'origin'.
```

12.6.3 拉取数据

git pull <remote-name> <src>:<dst>命令可以将远程仓库指定分支的更新合并到本地分支，其中第一个参数 remote-name 是远程仓库的名字，第二个参数 src 是远程分支的名字，第三个参数 dst 是本地分支的名字。如果是拉取远程分支的数据到当前分支，则可以省略本地分支名。例如，拉取远程分支 master 的数据到当前分支，执行如下命令。

```
$git pull origin master
```

该命令的执行结果如下：

```
remote: Enumerating objects: 5, done.
remote: Counting objects: 100% (5/5), done.
remote: Compressing objects: 100% (3/3), done.
remote: Total 3 (delta 2), reused 0 (delta 0), pack-reused 0
Unpacking objects: 100% (3/3), done.
From https://github.com/linxinran/learnGit2
   f776851..5e3ce2d  master     -> origin/master
Updating f776851..5e3ce2d
Fast-forward
readme.md | 3 ++-
1 file changed, 2 insertions(+), 1 deletion(-)
```

12.6.4 查看远程仓库

git remote 命令可以查看远程仓库的信息，该命令会列出每个远程仓库的别名。例如：

```
$git remote
```

该命令的执行结果如下：

```
origin
```

git remote 命令的-v 选项会显示出每个远程仓库对应的 URL。例如：

```
$git remote -v
```

该命令的执行结果如下：

```
origin  https://github.com/yourname/learnGit.git (fetch)
origin  https://github.com/yourname/learnGit.git (push)
```

12.7 标签管理

在发布一个版本时，通常会打个标签来标记这是一个重要版本。Git 有两种基本标签：轻量标签和注释标签。轻量标签只是一个指向某次提交的指针；注释标签则会创建一个完整的对象，包含创建时提供的一条信息。

在 Git 中，创建标签非常简单，首先切换到需要创建标签的分支，然后执行 git tag <tag-name>命令，默认是在当前分支的最新提交上创建标签。例如，在当前分支的当前提交上创建一个轻量标签，执行如下命令。

```
$git tag v1.2
```

git tag 命令的-a 选项可以创建注释标签，并且可以通过-m 选项后边的参数指定标签说明。例如，在 learnGit 仓库当前分支的当前提交上创建注释标签，执行如下命令。

```
$git tag -a v1.3 -m 'version 1.3 release'
```

通过不加参数的 git tag 命令可以查看所有标签，该命令会列出所有标签名。例如：

```
$git tag
```

该命令的执行结果如下：

```
v1.2
v1.3
```

另外，git show <tag-name>命令可以查看某个标签的详细信息。git tag -d <tag-name>命令可以删除标签。

默认情况下，git push 命令不会把标签推送到远程，可以通过 git push <remote-name> <tagname>命令将标签推送到远程仓库。例如，将 learnGit 仓库的标签 v1.3 推送到远程仓库，执行如下命令。

```
$git push origin v1.3
```

该命令的输出结果如下：

```
Total 0 (delta 0), reused 0 (delta 0)
To https://github.com/yourname/learnGit.git
 * [new tag]          v1.3 -> v1.3
```

git push 命令的--tags 选项可以把所有远程仓库没有的标签一次性推送过去。

12.8 实践操作

1）在本地初始化一个 Git 仓库，练习使用 Git 管理一个项目。

2）根据分支管理策略，分组练习多人协作开发。

第 13 章　志愿者服务网的设计与实现

志愿者自愿进行社会公共利益服务而不获取任何回报，他们有着强烈的社会责任感和奉献意识。本章综合使用 PHP、MySQL 等知识设计开发一个志愿者服务网，通过该网站可以更好地普及志愿文化、宣传志愿事迹，号召更多的人加入到志愿服务中。网站分为前台和后台两大模块，实现了数据显示、数据修改、数据删除、多关键词搜索、数据分页、用户登录、无限级分类等多个功能。本章从项目需求分析、数据库设计、系统功能设计与实现、网站发布等多个环节进行详细讲解，涵盖动态网站开发的整个流程。

📖 **本章要点**

- 项目需求分析与设计
- 数据库设计
- 动态网站的开发流程

13.1　需求分析

在志愿者服务网中主要对新闻进行管理，网站包括用户和管理员两种角色，分为前台和后台两大模块，前台用于展示新闻，后台用于对新闻和新闻分类等进行管理。

在前台中应具有以下功能。

1）查看新闻详细内容。

2）查看指定新闻分类下的所有新闻，支持分页显示。

3）根据新闻标题模糊搜索新闻，支持多关键字搜索和对搜索结果进行分页显示。

在后台中应具有以下功能。

1）后台需管理员通过登录验证后才可以进行访问。

2）对新闻进行新增、修改、删除操作，新闻支持图文混排。

3）对新闻分类进行新增、修改、删除操作，新闻分类支持无限级分类。

4）对管理员进行新增、修改、删除操作。

5）管理员可修改自己的密码。

13.2　系统功能设计

根据系统需求分析，将本项目分为前台和后台两个模块，前台模块包含新闻详情、新闻列表、新闻搜索功能，后台模块包含用户登录、新闻管理、分类管理、管理员管理模块，系统功能模块图如图 13-1 所示。

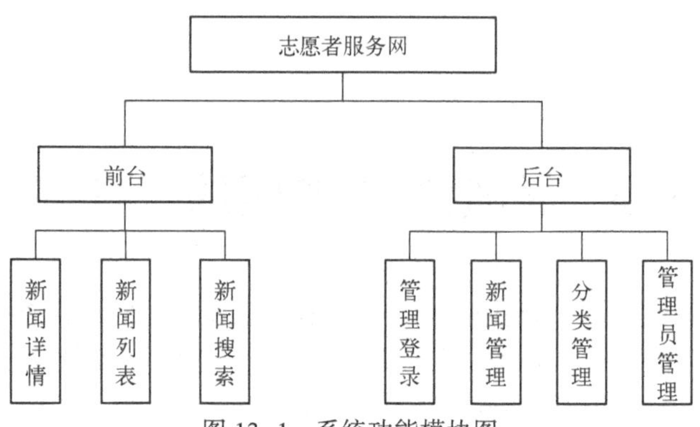

图 13-1　系统功能模块图

13.3　数据库设计

根据需求分析和系统功能设计，在本项目中需要有管理员信息表、新闻信息表、新闻分类表三张数据表，数据表的结构如表 13-1～表 13-3 所示。

表 13-1　管理员信息表 admininfo

字段名称	字段类型	是否允许为空	默认值	备注
userID	varchar(20)	否		账号，主键
userPwd	varchar(32)	否		密码
userName	varchar(20)	否		真实姓名
userRoleID	tinyint(1)	否		角色 ID
addDate	timestamp	否	CURRENT_TIMESTAMP	添加时间

表 13-2　新闻信息表 newsinfo

字段名称	字段类型	是否允许为空	默认值	备注
newsID	int(10)	否		新闻 ID，主键，自增
newsTitle	varchar(100)	否		新闻标题
newsKeyWord	varchar(100)	是		关键词
newsDesc	varchar(255)	是		描述
newsRemark	varchar(255)	是		摘要
newsCID	tinyint(5)	否		所属类别 ID
newsFrom	varchar(20)	是		新闻来源
newsEditor	varchar(20)	是		作者
newsPicUrl	varchar(200)	是		缩略图地址
newsPicKey	tinyint(1)	是		图片新闻标记
newsContent	text	是		新闻内容
newsViews	int(10)	是	0	浏览次数
newsDate	datetime	是		添加时间

表 13-3　新闻分类表 category

名称	类型	空	默认值	备注
id	int(5)	否		主键，自增
cName	varchar(100)	是		栏目名称
pid	int(5)	是		父 ID
addTime	timestamp	是	CURRENT_TIMESTAMP	添加时间

13.4 项目准备

在系统功能实现之前应首先对项目的整体框架结构、公共类和函数进行统一规划和设计，这些准备工作的实施有助于更好地进行后续功能的开发。本节详细介绍项目结构划分和公共类、函数的设计。

13.4.1 项目结构

清晰的项目结构有助于分类管理各类文件和团队间协作开发，也是良好编程风格的体现。在本项目中前台所有的内容位于根目录下，后台所有的内容位于 admin 文件夹中，公共类、函数位于 lib 文件夹中，upload 为前后台共用的上传目录，详细的项目结构如下所示。

```
│  index.php                             ----------------前台主页
│  list.php                              ----------------前台新闻列表页
│  news.php                              ----------------前台新闻详情页
├─css                                    ----------------前台样式目录
├─images                                 ----------------前台图片目录
├─js                                     ----------------前台 JavaScript 目录
├─video                                  ----------------前台视频目录
├─view                                   ----------------前台视图文件目录
├─lib                                    ----------------前、后台公共类、函数目录
│  ├─function .php                       ----------------公共函数
│  ├─MySQLDB.class.php                   ----------------数据库操作类
│  ├─Page.class.php                      ----------------数据分页类
│  ├─VerificationCode.class.php          ----------------验证码类
├─upload                                 ----------------上传目录
├─admin                                  ----------------后台目录
│  ├─css                                 ----------------后台样式目录
│  ├─js                                  ----------------后台 JavaScript 目录
│  ├─Layui                               ----------------Layui 目录
│  ├─ueditor                             ----------------ueditor 编辑器目录
│  └─view                                ----------------后台视图文件目录
```

为便于管理追踪代码和团队协作开发，本项目采用 Git 作为版本控制工具，团队成员在各自的功能分支完成开发任务。首先进入项目目录并执行 git init 命令以初始化本地 Git 仓库，然后在 GitHub 上创建远程仓库来托管项目代码，并执行以下命令关联远程仓库和本地仓库。

```
$git remote add origin https://github.com/yourname/volunteer.git
```

13.4.2 公共类、函数设计

13.4.2 公共类、函数设计

根据系统的功能设计，在本项目中主要用到数据库操作类、验证码类和分页类。这三个类的实现在“面向对象编程”章节已做详细介绍，在此不再赘述。

在公共函数中包含用于生成子孙树的 getSubTree( )函数和使用 Layui 中 layer 模块实现提示信息的 layerAlert( )函数。getSubTree( )函数的实现在 13.5.3 节详细介绍，layerAlert( )函数的实现代码如下。

```
/* * *
 * 使用 layui 的提示信息
 * @param string $msg 弹出消息
 * @param string $icon 图标样式 默认皮肤可以传入 0-6,0 感叹号 1 对号 2 错号 3 问号 4 锁 5
   哭脸 6 笑脸
 * @param string $url 跳转地址
 * @param string $time 自动关闭所需毫秒
 * /
function layerAlert($msg = "", $icon = "", $url = "", $time = "2000")
{
  //加载 layui
  $str = "<script src='layui/layui.js'></script>";
  //调用 layer
  $str .=
    "<script>layui.use('layer',function (){layer.msg('$msg',{icon:$icon,time:$
time,end:function () {location.href = '$url'}});})</script>";
  echo $str;
  exit();
}
```

13.5 后台模块实现

Layui 是一款遵循原生 HTML、CSS、JavaScript 书写与组织的前端 UI 框架，提供了多种页面元素样式和内置模块，可以实现界面的快速开发，在本项目中使用 Layui 实现管理后台界面的布局。本节详细介绍 Layui 的基本使用以及管理员、无限级分类、新闻等模块的实现方法。

13.5.1 Layui 的基本使用

13.5.1 Layui 的基本使用

1. 获取 Layui

可通过 Layui 官方网站下载最新版，它经过了自动化构建，更适合用于生产环境。也可以通过 GitHub 或码云下载完整开发包。

2. 使用 Layui

将解压后的 Layui 目录完整地部署到项目中，然后在新建的页面中引入 layui.css 和 layui.js 文件即实现模块化引入，Layui 的其他模块会在使用时自动引入。使用 Layui 创建的一个基本的页面代码如下。

```
<!DOCTYPE html>
<html>
<head>
  <meta charset="utf-8">
  <meta name = "viewport" content = "width = device - width, initial - scale = 1,
maximum-scale=1">
  <title>开始使用 layui</title>
  <link rel="stylesheet" href="../layui/css/layui.css">
</head>
<body>
```

```
<script src="../layui/layui.js"></script>
<script>
//一般直接写在一个 js 文件中
layui.use(['layer', 'form'], function (){
  var layer =layui.layer
  ,form =layui.form;
  layer.msg('Hello World');
});
</script>
</body>
</html>
```

3. 页面布局

从 Layui 2.0 起加入了栅格系统，栅格系统采用常用的 12 等分规则，内置移动设备、平板、桌面、中等和大型屏幕的多终端适配处理，最低能支持到 IE8，可以实现响应式布局。此外还开放了后台布局方案，可以轻松搭建后台系统。

本项目中使用 Layui 的后台布局方案进行页面布局，效果如图 13-2 所示，采用 iframe 标签实现页面嵌套。后台主页面的实现代码如下。

```
<!DOCTYPE html>
<html>
<head>
  <meta charset="utf-8">
  <meta name="viewport" content="width=device-width, initial-scale=1,
maximum-scale=1">
  <title>志愿者服务网后台管理</title>
  <link rel="stylesheet" href="css/main.css">
  <link rel="stylesheet" href="layui/css/layui.css">
  <script src="layui/layui.js"></script>
  <?php require 'checkLogin.php' ?>
</head>
<body class="layui-layout-body">
<div class="layui-layout layui-layout-admin">
  <div class="layui-header">
    <div class="layui-logo">志愿者服务网后台管理</div>
    <!--头部区域(可配合 layui 已有的水平导航)-->
    <ul class="layui-nav layui-layout-right">
      <li class="layui-nav-item">
        <a href="javascript:;"><?= $_SESSION['userID'] ?></a>
      </li>
      <li class="layui-nav-item"><a href="login.php?logout=true">退出</a></li>
    </ul>
  </div>
  <div class="layui-side layui-bg-black">
    <div class="layui-side-scroll">
      <!-- 左侧导航区域(可配合 layui 已有的垂直导航)-->
      <ul class="layui-nav layui-nav-tree" lay-filter="test">
        <li class="layui-nav-item layui-nav-itemed">
          <a class="" href="javascript:;"><i class="layui-icon layui-icon-
read"></i> 新闻管理</a>
```

```
          <dl class="layui-nav-child">
            <dd><a href="newsList.php" target="_content">查看新闻</a></dd>
            <dd><a href="newsAdd.php" target="_content">添加新闻</a></dd>
          </dl>
        </li>
        <li class="layui-nav-item">
          <a href="javascript:;"><i class="layui-icon layui-icon-list"></i>
 分类管理</a>
          <dl class="layui-nav-child">
            <dd><a href="cateList.php" target="_content">查看分类</a></dd>
            <dd><a href="cateAdd.php" target="_content">添加分类</a></dd>
          </dl>
        </li>
        <li class="layui-nav-item">
          <a href="javascript:;"><i class="layui-icon layui-icon-username">
</i> 管理员管理</a>
          <dl class="layui-nav-child">
            <dd><a href="adminList.php" target="_content">查看管理员</a></dd>
            <dd><a href="adminAdd.php" target="_content">添加管理员</a></dd>
            <dd><a href="adminModifyPwd.php" target="_content">修改密码</a></dd>
          </dl>
        </li>
      </ul>
    </div>
  </div>
  <div class="layui-body">
    <!--内容主体区域 -->
    <div class="titlely-right-title">
      <span class="actived"><i class="layui-icon layui-icon-home"></i><span
id="righttitle">新闻管理</span></span>
    </div>
    <iframe src="newsList.php" name="_content" frameborder="0" scrolling=
"yes" width="100%" height="100%"></iframe>
  </div>
  <div class="layui-footer">
    <!-- 底部固定区域 -->
    欢迎使用志愿者服务网后台管理 V1.0
  </div>
</div>
<script src="layui/layui.js"></script>
<script>
  //JavaScript 代码区域
  layui.use('element', function () {
    var element =layui.element;
  });
</script>
</body>
</html>
```

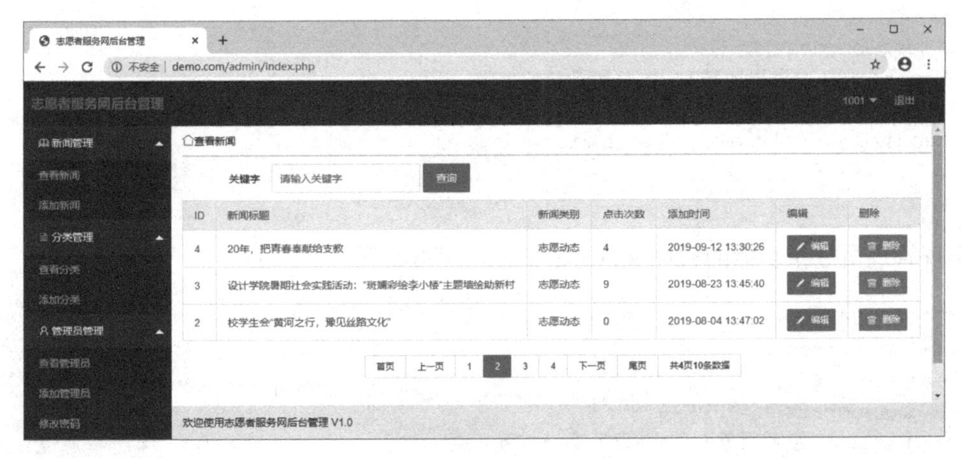

图 13-2　后台主界面

13.5.2　管理员登录模块

13.5.2　管理员登录模块

1. 管理员登录

管理员在进入后台之前需要进行登录验证，登录功能的实现原理是根据用户输入的用户名和密码在管理员表中进行数据查找，若查询有结果则登录成功，否则登录失败。登录成功之后在 Session 中保存相应的会话信息，作为后续验证是否登录的凭证。实现管理员登录功能的数据文件 login.php 代码如下。

```
<?php
require_once "../lib/function.php";
if ($_POST) {
  //验证登录,对获取的数据进行安全过滤
  $data["userID"] = addslashes(strip_tags(trim($_POST["userID"])));
  $data["userPwd"] = addslashes(strip_tags(trim($_POST["userPwd"])));
  //将验证码统一转换为小写进行比较以忽略大小写
  $code = strtolower($_POST["code"]);
  session_start();
  if ($code ==strtolower($_SESSION["verify"])) {
    $sql = "select * from admininfo where userID=? and userPwd=?";
    require "../lib/MySQLDB.class.php";
    $db = MySQLDB::getInstance();
    $res = $db->fetchRow($sql, "ss", $data);
    if ($res) {
      //登录成功保存 Session 并跳转到后台首页
      $_SESSION["userID"] = $res["userID"];
      $_SESSION["role"] = $res["userRoleID"];
      echo "<script>location.href='index.php';</script>";
    } else {
      layerAlert("账号或密码错误!",2,"login.php");
    }
  } else {
    layerAlert("验证码错误!",2,"login.php");
  }
}else if (isset($_GET['logout'])&& $_GET['logout'] == 'true') {
  //注销登录
```

```
  @session_destroy();
  layerAlert("退出成功!",1,"login.php");
}else{
  require_once "view/login.html";
}
?>
```

实现管理员登录功能的视图文件 login. html 代码如下。

```
<!DOCTYPE html>
<html lang="cn">
<head>
    <meta charset="UTF-8">
    <title>志愿者服务网后台管理</title>
    <link rel="stylesheet" href="layui/css/layui.css">
    <link rel="stylesheet" href="css/login.css">
    <style>
        .ly-input img {
            cursor: pointer
        }
    </style>
</head>
<body class="layui-f">
<div class="layui-anim layui-anim-up login-main" id="form-main">
    <form class="layui-form" action="" method="post">
        <h3>志愿者服务网后台管理</h3>
        <div class="ly-input">
            <input type="text" name="userID" required lay-verify="required|
uLen" placeholder="请输入账号" autocomplete="off" class="layui-input">
        </div>
        <div class="ly-input">
            <input type="password" name="userPwd" required lay-verify=
"required" placeholder="请输入密码" autocomplete="off" class="layui-input">
        </div>
        <div class="ly-input">
            <input type="text" name="code" required lay-verify="required
" placeholder="请输入验证码" maxlength="4"  class="layui-input" style="width:
110px;float: left;">
            <img src="code.php" onclick="this.src='code.php?rand='+Math.random()">
        </div>
        <div class="ly-input">
            <button class="layui-btn ly-submit" id="ly-submit" lay-submit lay-
filter="formDemo">登录</button>
        </div>
    </form>
</div>
<script src="js/jquery-1.9.1.min.js"></script>
<script src="layui/layui.js"></script>
<script src="js/login.js"></script>
<script>
    layui.use(['layer','form'], function () {
        var layer =layui.layer,form = layui.form;
        //自定义验证规则
```

```
        form.verify({
            uLen: function (value, item) {
                if (value.length < 3) {
                    return "长度不能小于 3 位!";
                }
            }
        })
        form.on('submit(formDemo)', function (data) {
            $('#ly-submit').submit();
        });
    });
</script>
</body>
</html>
```

Layui 提供了表单验证功能，在待验证的表单元素上添加框架提供的 lay-verify 属性即可，支持内置验证规则和自定义验证规则。在上述代码中对账号、密码、验证码均使用了必填项内置验证规则，账号还添加了对长度验证的自定义验证规则 uLen。管理员登录效果如图 13-3 所示。

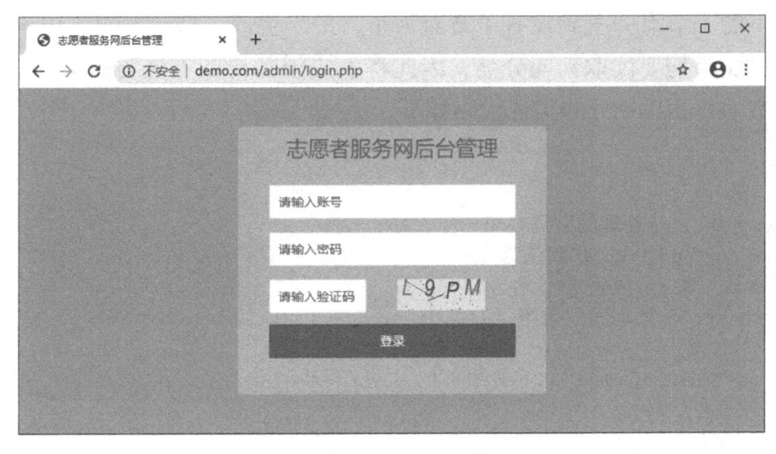

图 13-3　管理员登录

2. 验证登录

由于后台管理的所有操作中均需验证是否已登录，因此将验证用户是否登录的代码单独写在文件 checkLogin. php 中，并在后台所有文件中引入该文件。验证是否登录的代码如下。

```
<?php
require_once "../lib/function .php";
session_start();
if(!isset($_SESSION['userID'])){
    layerAlert("您尚未登录或登录信息已失效!", 5, "login.php");
}
?>
```

对管理员的添加、修改、删除以及修改密码等相关功能在此不再详细介绍，读者可以查阅配套源码进行学习。

管理员模块相关功能测试无误后按以下步骤进行代码提交操作。此后每个功能模块测试之后均应执行本操作。

1）将本地仓库中的所有变更添加到暂存区，执行如下命令。

```
$git add -A
```

2）将暂存区变更提交到本地仓库，执行如下命令。

```
$git commit
```

3）将本地仓库的 local-branch 分支内容合并到 master 分支，执行如下命令。

```
$git chechout master
$git merge local-branch
```

4）推送数据到远程仓库的 romote-branch 分支，执行如下命令。

```
$git push origin master:remote-branch
```

13.5.3 无限级分类模块

13.5.3 无限级分类模块

1. 查看分类

新闻分类支持无限级添加子栏目，在 category 数据表中 pid 字段表示该栏目的父 ID，pid 为 0 的表示该栏目是顶级栏目。在显示栏目信息时采用递归方法查找当前节点下的所有子节点以及子节点下的子节点，直到没有子节点为止，最终生成一棵子孙树。由于在查看分类页面和添加新闻页面时均要读取新闻分类，因此将生成子孙树的方法写在 lib/function.php 中，生成子孙树函数 getSubTree( )的实现代码如下。

```
/* * *
 * 生成子孙树
 * @param $data 待处理的数据数组
 * @param int $pid 父 ID 默认为 0
 * @param int $lev 级别 默认为 0
 * @return array 处理后的数组
 * /
function getSubTree($data, $pid = 0, $lev = 0)
{
  static $tree = array();
  foreach ($data as $key => $value) {
    //当前处理的元素是否是要查找的子节点
    if ($value["pid"] == $pid) {
      //增加 lev 值
      $value["lev"] = $lev;
      //处理栏目名称 增加"|"和"----"
      $str = ($lev == 0) ?"" : "|";
      $value["cName"] = str_repeat("    ", $value["lev"]) .
$str . str_repeat("----", $value["lev"]) . $value["cName"];
      $tree[] = $value;
      //处理完毕后将本次处理的元素删除,减少下一次遍历的次数,提高效率
      unset($value["$key"]);
      //递归查找以当前元素的 ID 为 PID 的元素
      getSubTree($data, $value["id"], $lev + 1);
    }
  }
  return $tree;
}
```

在显示所有分类信息时，首先查询所有的分类数据，然后调用 getSubTree( )函数对获取的数据进行处理，最后返回包含子孙树的数组数据。实现查看分类功能的数据文件 cateLits. php 的代码如下。

```
<?php
//验证是否登录
require_once "checkLogin.php";
require_once '../lib/MySQLDB.class.php';
$sql = "select * from category order by id asc";
$db=MySQLDB::getInstance();
$rows = $db->fetchAll($sql);
//调用生成子孙树的方法
$cateArr = getSubTree($rows, 0, 0);
require_once "view/cateList.html"
?>
```

实现查看分类功能的视图文件 cateList. html 的代码如下。

```
<!DOCTYPE html>
<html lang="cn">
<head>
    <meta charset="UTF-8">
    <title>查看分类</title>
    <link rel="stylesheet" href="layui/css/layui.css">
    <script src="layui/layui.js"></script>
    <script src="js/jquery-1.9.1.min.js"></script>
</head>
<body>
<div class="layui-fluid">
    <table class="layui-table">
        <thead>
        <tr>
            <th>编号</th>
            <th>类别名称</th>
            <th>添加时间</th>
            <th>编辑</th>
            <th>删除</th>
        </tr>
        </thead>
        <?php
        foreach ($cateArr as $v) {?>
        <tr>
            <td><?= $v['id'] ?></td>
            <td><?= $v['cName'] ?></td>
            <td><?= $v['addTime'] ?></td>
            <td><a class="layui-btn layui-btn-sm" href="cateEdit.php?id=<?=
$v['id'] ?>"><i class="layui-icon layui-icon-edit"></i> 编辑</a></td>
            <td><a class="layui-btn layui-btn-sm layui-btn-danger del" href=
"cateDel.php?id=<?= $v['id'] ?>"><i class="layui-icon layui-icon-delete"></i>
删除</a></td>
        </tr>
        <?php } ?>
    </table>
```

```
</div>
<script>
    layui.use('layer', function () {
        var layer =layui.layer;
        $('.del').on('click', function () {
            var url = $(this).attr('href');
            layer.confirm('将删除当前栏目及其子栏目,确认删除吗?', {icon: 3, title: '温
馨提示'}, function (index) {
                location.href = url;
                layer.close(index);
            });
            return false;
        })
    });
    $(function () {
        $('#righttitle', window.parent.document).text($('title').text());
    });
</script>
</body>
</html>
```

查看分类功能的效果如图 13-4 所示。

图 13-4　查看分类

2. 删除分类

在删除栏目信息时，需要先查询当前栏目下是否存在子栏目，若存在子栏目则应先删除子栏目后才可以删除当前栏目，实现删除栏目功能的文件 cateDel. php 的代码如下。

```
<?php
require_once "checkLogin.php";
require_once '../lib/MySQLDB.class.php';
$db = MySQLDB::getInstance();
$data["id"] = $_GET["id"];
//查询当前栏目下是否有子栏目
$sql = "select cName from category where pid=?";
$rows = $db->fetchAll($sql, "i", $data);
```

```
if (empty($rows)) {
  //删除当前栏目
  $sql = "delete from category where id=?";
  $res = $db->query($sql, "i", $data);
  if ($res) {
    layerAlert("类别删除成功!", 1, "cateList.php");
  } else {
    layerAlert("类别删除失败!", 5, "cateList.php");
  }
} else {
  layerAlert("请先删除当前栏目的子栏目后再进行删除操作!", 5, "cateList.php");
}
?>
```

13.5.4 新闻模块

13.5.4 新闻模块

1. UEditor 编辑器的使用

UEditor 是一套开源的在线 HTML 编辑器，主要用于让用户在网站上获得所见即所得编辑效果，开发人员可以用 UEditor 把传统的多行文本输入框（textarea）替换为可视化的富文本输入框，从而实现新闻的图文混排功能。

将下载的 UEditor 解压后放在 admin 目录下，然后在 HTML 文档中放入一个代表编辑器的容器，并引入编辑器配置文件 ueditor. config. js、编辑器源码文件 ueditor. all. js，最后进行实例化。编辑器有很多可自定义的参数项，可在实例化时传入编辑器，具体使用可参考官方文档。文件上传的相关信息在前后端通信配置文件 php/config. json 中修改。引入 UEditor 的代码如下。

```
<!DOCTYPE HTML>
<html lang="cn">
<head>
    <meta charset="UTF-8">
    <title>ueditor demo</title>
</head>
<body>
    <!--加载编辑器的容器 -->
    <script id="container" name="content" type="text/plain">
        这里写初始化内容
    </script>
    <!--配置文件 -->
    <script type="text/javascript" src=" ueditor/ueditor.config.js"></script>
    <!--编辑器源码文件 -->
    <script type="text/javascript" src=" ueditor/ueditor.all.js"></script>
    <!--实例化编辑器 -->
    <script type="text/javascript">
        varue = UE.getEditor('container');
    </script>
</body>
</html>
```

2. 缩略图的上传与删除

在添加新闻时需要上传文章缩略图，项目中使用 Layui 的文件上传内置模块实现缩略图的异步上传功能。首先在页面中添加一个 button 按钮，然后使用 Layui 中 upload. render(options)方法使其成为一个上传组件，options 为基础参数，它是一个对象，关于参数的具体介绍请查阅官方文档。文件上传成功后将图片的地址保存在隐藏域中，多个缩略图地址之间使用逗号进行分隔。缩略图上传的部分代码如下。

```
<div class="layui-form-item">
    <label class="layui-form-label">缩略图</label>
    <div class="layui-input-block">
        <input type="hidden" name="newsPicUrl" class="layui-input">
        <button type="button" class="layui-btn" id="uploadimg">
            <i class="layui-icon layui-icon-upload"></i>上传缩略图
        </button>
        <div id="thumb_list"></div>
    </div>
</div>
```

在删除缩略图时触发 delimg( )方法，在该方法中使用 Ajax 技术向 imgDel. php 发送一个 POST 请求，同时传递待删除的图片地址，在 imgDel. php 中使用文件相关操作删除该图片，删除成功后更新隐藏域中保存的图片地址。上传和删除缩略图对应的 JavaScript 代码如下。

```
layui.use(['form', 'upload', 'laydate'], function () {
    var form =layui.form;
    var upload =layui.upload;
    var laydate = layui.laydate;
    //日期选择内置模块
    laydate.render({
        elem: '#addTime' //指定元素
        , type: 'datetime'
    });
    //监听提交
    form.on('submit(formDemo)', function (data) {
    });
    //创建一个上传组件
    upload.render({
        elem: '#uploadimg' //指向容器选择器
        , url: 'upload.php' //服务器端上传接口
        , accept: 'images' //允许上传的文件类型
        , field: "imgfile" //设定文件域的字段名
        , size: 2048 //最大允许上传的文件大小
        , done: function (res, index, upload) { //执行上传请求后的回调
            layer.close(layer.index, {isOutAnim: true});
            setTimeout(function () {
                layer.msg(res.msg);
                if (res.code == 1) {
                    var newsPicUrl = $('input[name=newsPicUrl]').val();
                    if (newsPicUrl == "") {
                        $('input[name=newsPicUrl]').val(res.img);
                    } else {
                        $('input[name=newsPicUrl]').val(newsPicUrl + "," + res.img);
                    }
                    var str;
                    str = "<span>";
```

```
                    str = str+'<img src="'+res.img+'" alt="" height="100" width="100">';
                    str = str + '<button type="button" class="layui-btn layui-btn
-danger layui-btn-mini delimg" onclick="delimg(this);" data="' + res.img + '">';
                    str = str + '<i class="layui-icon layui-icon-delete"></i>';
                    str = str + '</button>';
                    str = str + '</span>';
                    $('#thumb_list').append(str);
                }
            }, 500);
        }
        , before: function () {
            var index =layer.load();
        }
    })
});
//删除内容缩略图片
function delimg(obj) {
    var delUrl = $(obj).attr('data');
    $.ajax({
        type: "post",
        url: "imgDel.php",
        data: {'url': delUrl},
        dataType: "json",
        success: function (res) {
            var newsPicUrl = $('input[name=newsPicUrl]').val();
            var str ="";
            if (res.code == 1) {
                //栏目图片文本框中图片地址处理
                if (newsPicUrl == delUrl) {
                    $('input[name=newsPicUrl]').val('');
                } else {
                    str =newsPicUrl.replace(delUrl + ",","");
                    str =str.replace("," + delUrl,"");
                    $('input[name=newsPicUrl]').val(str);
                }
                //删除/移除缩略图
                $(obj).parent().remove();
                layer.msg(res.msg);
            }
            if (res.code == 0) {
                layer.msg(res.msg);
            }
        }
    });
}
```

在添加新闻时判断有无发送 POST 数据，如果没有，则显示添加新闻页面，否则处理 POST 数据完成添加新闻操作。实现添加新闻功能的数据文件 newsAdd.php 的代码如下。

```
<?php
require_once "checkLogin.php";
require_once "../lib/MySQLDB.class.php";
date_default_timezone_set('PRC');
```

```
$db = MySQLDB::getInstance();
if (!empty($_POST)) {
  //处理表单数据,实现添加新闻
  $data = $_POST;
  unset($data["imgfile"]);
  $data["newsPicKey"] = isset($data["newsPicUrl"]) ? 1 : '';
  $sql = "insert into newsinfo
     (newsCID,newsTitle,newsKeyWord,newsDesc,newsRemark,newsEditor,newsDate,
     newsPicUrl,newsContent,newsPicKey) VALUES (?,?,?,?,?,?,?,?,?,?)";
  $res = $db->query($sql, "sssssssssi", $data);
  if ($res) {
    layerAlert("文章添加成功!",1,"newsList.php");
  } else {
    layerAlert("文章添加失败!",5,"newsAdd.php");
  }
}else {
  //查询栏目信息,显示添加页面
  $sql = "select * from category";
  $rows = $db->fetchAll($sql);
  $cateArr = getSubTree($rows, 0, 0);
  //加载视图文件
  require_once "view/newsAdd.html";
}
?>
```

添加新闻功能如图 13-5 所示。

图 13-5 添加新闻

📖 要注意保持 $_POST 中数据与参数绑定的数据一一对应。

13.6 前台模块实现

所有用户无须登录都可以访问前台模块，在前台模块中包含网站首页、新闻列表页、新闻详情页三个页面，本节详细介绍这三个页面中所涉及功能的设计与实现。

13.6.1 网站首页

13.6.1 网站首页 

在如图 13-6 所示的网站首页中，显示最新的 n 条志愿动态、通知公告和图片新闻等信息，主要使用 limit 子句实现数据的查询。将新闻搜索功能和新闻列表功能进行了合并，在 13.6.2 节中做详细介绍。

图 13-6 网站首页

首页数据文件 index.php 的代码如下。

```
<?php
require_once "lib/MySQLDB.class.php";
$db=MySQLDB::getInstance();
//查询通知公告
$sql="select newsID,newsTitle,newsDate from newsinfo where newsCID=3 order by
     newsDate desc,newsID desc limit 0,3";
$noticeData=$db->fetchAll($sql);
//查询志愿动态
$sql="select newsID,newsTitle,newsDate from newsinfo where newsCID=4 order by
     newsDate desc,newsID desc limit 0,6";
$newsData=$db->fetchAll($sql);
//查询图片新闻
```

```
$sql = "select newsID,newsTitle,newsPicUrl from newsinfo where newsPicKey = 1
        order by newsDate desc,newsID desc limit 0,5";
$PicNewsData = $db->fetchAll($sql);
//查询导航
$sql = "select id,cName from category where pid = 0";
$cateData = $db->fetchAll($sql);
//加载视图文件
require_once "view/index.html";
?>
```

在首页的视图文件中，遍历输出查询的数组数据即可实现新闻的显示，在此不再详细介绍其代码实现，读者可自行查阅随书源码。

网站首页、新闻列表页、新闻详情页中页面头部和页面底部部分内容是相同的，为增强代码的可维护性，将头部和底部代码分别保存成独立的文件，在网站首页、新闻列表页、新闻详情页中通过 include 将其引入即可。

13.6.2　新闻列表页

13.6.2　新闻列表页

在如图 13-7 所示的新闻列表页中，可根据接收的栏目 id，分页显示当前栏目下的新闻信息，也可以根据查询关键字分页显示查询结果，且支持多关键词搜索。

图 13-7　新闻列表页

在实现时首先判断有无以 GET 方式发送关键词，若满足条件则对关键词进行拆分并拼接模糊查询语句进行查询；若不满足则根据接收的 cid 查询该分类下的新闻信息。在构造分页导航时，首先获取所有的查询参数，然后更新参数中的 page 值，最后根据页面偏移量输出页码。新闻列表页面对应的数据文件 list. php 代码如下。

```
<?php
if (!isset($_GET["cid"]) && !isset($_GET["keyWord"])) {
  die("参数传递错误!");
} else {
  $link =require_once "lib/MySQLDB.class.php";
  $db = MySQLDB::getInstance();
  //查询导航
  $sql = "select id,cName from category where pid = 0";
```

```
    $cateData = $db->fetchAll($sql);
    //定义每页显示的数据量
    $pageSize = 5;
  //判断是否通过表单提交搜索信息,如需搜索则拼接搜索条件
    if (!empty($_GET["keyWord"])) {
      $type ="";
      unset($data);
      $keyWord = $_GET["keyWord"];
      //根据空格将字符串拆分为多个搜索关键词
      $words = explode(" ", $keyWord);
      $cntSql = "select count(*) cnt from newsinfo where";
      $querySql = "select * from newsinfo where";
      //遍历拼接多个关键词和准备待绑定参数
      foreach ($words as $key => $word) {
        $cntSql .= " newsTitle like ? or";         //注意前面有一个空格
        $querySql .= " newsTitle like ? or";       //注意前面有一个空格
        $type .= "s";
        $data[$key] = "%$word% ";
      }
      //去除右侧多余的 or
      $cntSql = rtrim($cntSql, "or");
      $querySql = rtrim($querySql, "or");
    } else {
      //查询当前栏目对应数据
      $type = "s";
      $data = array();
      $data["cid"] = isset($_GET["cid"]) ? $_GET["cid"] : "";
      //查询当前栏目的名称
      $sql = "select cName from category where id=?";
      $cateNameData = $db->fetchRow($sql, $type, $data);
      $cntSql = "select count(*) cnt from newsinfo where newsCID=?";
      $querySql = "select * from newsinfo where newsCID=?";
    }
  //查询总记录数
    $cntRow = $db->fetchRow($cntSql, $type, $data);
    $cnt = $cntRow["cnt"];
  //向上取整得到总的页数
    $maxPage = ceil($cnt /$pageSize);
  //获取传递的页码并判断$page 值的合法性
    $page = isset($_GET["page"]) ? intval($_GET["page"]) : 1;
    $page = $page > $maxPage ? $maxPage : $page;
    $page = $page < 1 ? 1 : $page;
  //计算读取数据的偏移量
    $offset = ($page - 1) * $pageSize;
  //分页的 SQL 语句
    $querySql .= " order by newsDate desc,newsID desc limit $offset,$pageSize";
    $dataArr = $db->fetchAll($querySql, $type, $data);
  //获取所有 GET 传参
    $params = $_GET;
  //删除原来的 page 参数
    unset($params["page"]);
  //转为 URL encode 的请求字符串
    $queryStr = http_build_query($params);
  //判断添加与 page 参数之间的 & 分隔符
```

```
    $queryStr = $queryStr ? $queryStr . "&" : "";
    //分页导航
    $pageOffset = 3;
    $pageHtml = "";
    if ($page - $pageOffset > 1) {
      $pageHtml .= "<a href='?{$queryStr}page=1'>1 </a>…";
    }
    for ($i = $page - $pageOffset, $len = $page + $pageOffset; $i <= $len && $i <= $maxPage;
      $i++) {
      if ($i > 0) {
        if ($i == $page) {
          $pageHtml .= "<a href='?{$queryStr}page=$i' class='current'>$i </a>";
        } else {
          $pageHtml .= "<a href='?{$queryStr}page=$i'>$i </a>";
        }
      }
    }
    if ($page + $pageOffset < $maxPage) {
      $pageHtml .= "…<a href='?{$queryStr}page=$maxPage'>$maxPage </a>";
    }
  //加载视图模板
    require_once "view/list.html";
  }
  ?>
```

13.6.3 新闻详情页

13.6.3 新闻详情页

在如图 13-8 所示的新闻详情页中，根据接收的新闻 id 查询显示指定新闻的详细内容，并在浏览新闻时自动更新新闻的浏览次数。

图 13-8 新闻详情页

新闻详情页的数据文件 news. php 的代码如下。

```
<?php
if (isset($_GET["id"])) {
  require_once "lib/MySQLDB.class.php";
  $db = MySQLDB::getInstance();
  $data["newsID"] = $_GET["id"];
  //更新浏览次数
  $sql = "update newsinfo set newsViews=newsViews+1 where newsID=?";
  $newsData = $db->query($sql, "i", $data);
  //查询新闻内容
  $sql = "select
       newsTitle, newsKeyWord, newsDesc, newsEditor, newsContent, newsFrom,
       newsViews,newsDate,cName from newsinfo join category on newsinfo.newsCID
       =category.id where newsID=?";
  $newsData = $db->fetchRow($sql, "i", $data);
  //查询导航
  $sql = "select id,cName from category where pid=0";
  $cateData = $db->fetchAll($sql);
  require_once "view/news.html";
} else {
  die("参数传递错误!");
}
?>
```

13.7 网站发布

网站或 Web 应用系统开发完毕后需要部署到服务器上才能为用户提供相关的服务，本节详细介绍租用服务器、配置服务器环境、注册域名、解析域名、压力测试等网站发布的整个流程。

13.7.1 租用服务器

个人用户和中小型企业用户自己架设服务器的成本较高，一般采用在互联网服务提供商（Internet Service Provider，ISP）处租用服务器的形式接入互联网。本节以阿里云提供的云服务器为例讲解服务器的租用。

云服务器（Elastic Compute Service，ECS）是阿里云提供的一种弹性可伸缩的计算服务，用户可以自由选择服务器的地域、架构、分类、镜像、存储等信息，支持包年包月、按量付费和抢占式实例三种付费模式。用户可像组装计算机一样在线选配各种配置，选配购买 ECS 的界面如图 13-9 所示。在选购 ECS 时可综合考虑访问量、并发数、预算等因素选择不同的配置。

13.7.2 管理服务器

服务器启动后，会根据已选择的镜像自动安装操作系统。在阿里云的“管理控制台”可通过 Workbench 或 VNC 方式远程连接服务器进行管理，如果是 Windows 操作系统也可以通过远程桌面进行管理。在服务器上配置 PHP 环境与在本地配置的方法相同，可参考第一章进行环境配置，在此不再赘述。

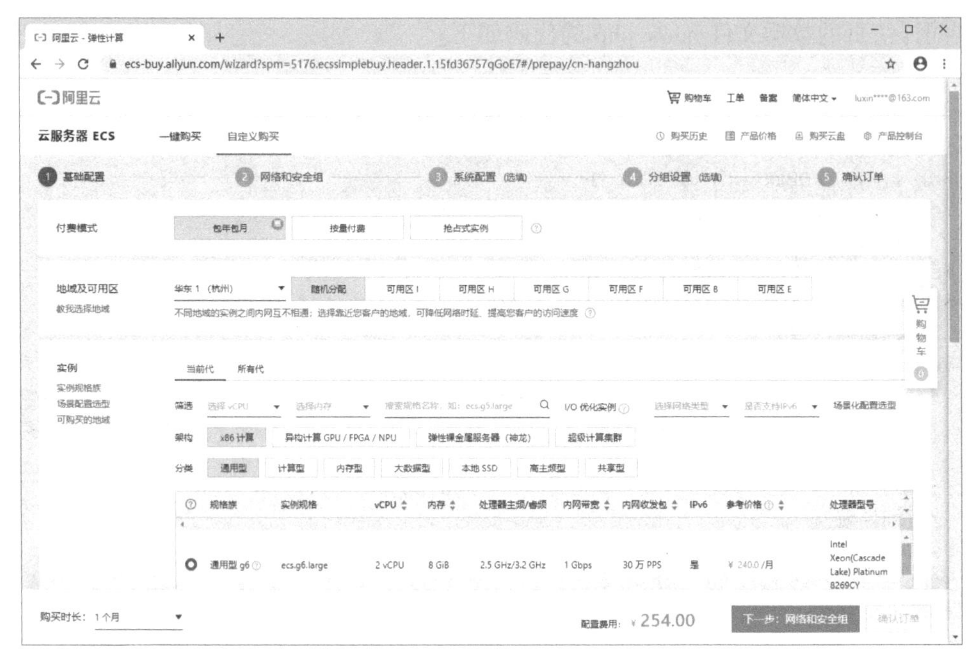

图 13-9　选配购买 ECS

13.7.3　注册域名

网站或 Web 应用系统正式上线前需要有一个域名，以便于用户记忆使用。由 ISP 提供域名注册服务。只要域名尚未被注册即可注册购买，不同类型的域名价格不同，通常是按年付费。阿里云查询购买域名的界面如图 13-10 所示。

图 13-10　查询注册域名

13.7.4　解析域名

域名注册成功之后要想实现正常访问需要完成以下两步操作。

1）将域名解析到所购置的 ECS 服务器的 IP 地址。

进入阿里云的“管理控制台”，单击左侧“域名”菜单进入域名管理，新增一个 A 记录解析，在如图 13-11 所示的界面中填写解析记录，主机记录填写“www”，记录值填写对应的 ECS 服务器的 IP 地址。

图 13-11　解析域名

2）在服务器上新建一个站点，并绑定已注册的域名。

站点的创建方法在 1.4.3 节已做过详细介绍，在此不再赘述。

13.7.5　性能测试

性能测试是软件开发的重要环节之一，通过性能测试可以从响应时间、并发用户数、吞吐量、资源利用率等指标来详细了解软件和服务器的性能。

Pylot 是一款基于 Python 的简单易用、跨平台的性能测试工具，并可以生成测试报告图表。使用 Pylot 前需要安装 Python 2.x 和 numpy、Matplotlib 两个插件。测试前需要修改配置文件 testcases.xml，在<url></url>标签对中写入待测试的域名地址。修改后的配置文件如下所示。

```
<testcases>
    <!-- SAMPLE TEST CASE -->
    <case>
        <url>http://www.demo.com</url>
    </case>
</testcases>
```

然后在命令提示符下执行以下命令即可进行测试。

```
设置同时访问用户数量为 50
python pylot -a 50
设置同时访问用户数量为 50,总测试时间 100 秒
python pylot -a 50 -d 100
```

测试结束后会在 results 文件夹中生成测试报告，在测试报告中可以查阅总请求数（requests）、总错误数（errors）和总接受数据量（data received）等详细数据。

参考文献

［1］李辉，兰义华．PHP+MySQL Web应用开发教程［M］．北京：机械工业出版社，2018.
［2］传智播客高教产品研发部．PHP网站开发实例教程［M］．北京：人民邮电出版社，2015.
［3］汤青松．PHP Web安全开发实战［M］．北京：清华大学出版社，2018.
［4］明日科技．零基础学PHP［M］．长春：吉林大学出版社，2017.
［5］ZANDSTRA M. 深入PHP面向对象、模式与实践［M］.5版．杨文轩，译．北京：人民邮电出版社，2019.
［6］黑马程序员．PHP基础案例教程［M］．北京：人民邮电出版社，2017.
［7］唐四薪，肖望喜，唐琼．PHP动态网站程序设计［M］．北京：人民邮电出版社，2014.
［8］何俊斌，王彩．从零开始学PHP［M］．3版．北京：电子工业出版社，2017.
［9］王爱华，刘锡冬．PHP网站开发项目式教程［M］．北京：人民邮电出版社，2019.
［10］传智播客高教产品研发部．PHP程序设计基础教程［M］．北京：中国铁道出版社，2014.
［11］传智播客高教产品研发部．MySQL数据库入门［M］．北京：清华大学出版社，2015.
［12］高洛峰．细说PHP［M］．4版．北京：电子工业出版社，2019.
［13］黄洪，尚旭光，王子钰．渗透测试基础教程［M］．北京：人民邮电出版社，2018.
［14］未来科技．PHP从零基础到项目实战［M］．北京：中国水利水电出版社，2019.
［15］聚慕课教育研发中心．PHP从入门到项目实践［M］．北京：清华大学出版社，2019.
［16］CHACON S，STRAUB B. 精通Git［M］．2版．门佳，刘梓懿，译．北京：人民邮电出版社，2017.
［17］WESTBY E J H. Git团队协作［M］．章仲毅，译．北京：人民邮电出版社，2017.
［18］LOELIGER J，MCCULLOUGH M. Git版本控制管理［M］．王迪，丁彦，等译．北京：人民邮电出版社，2015.